国家出版基金项目
NATIONAL PUBLICATION FOUNDATION

"十四五"时期
国家重点出版物出版专项规划项目

工业和信息化部"十四五"规划教材建设
重点研究基地精品出版工程

高效毁伤系统丛书

COMBUSTION AND RADIATION PRINCIPLE OF PYROTECHNICS

烟火药燃烧与辐射原理

周遵宁　宁功韬●著

北京理工大学出版社
BEIJING INSTITUTE OF TECHNOLOGY PRESS

图书在版编目（CIP）数据

烟火药燃烧与辐射原理／周遵宁，宁功韬著．－－北
京：北京理工大学出版社，2023.1
ISBN 978－7－5763－2003－9

Ⅰ．①烟… Ⅱ．①周… ②宁… Ⅲ．①烟火剂—燃烧
学②烟火剂—辐射效应 Ⅳ．①TQ567

中国国家版本馆 CIP 数据核字（2023）第 005046 号

出版发行／北京理工大学出版社有限责任公司
社　　　址／北京市海淀区中关村南大街 5 号
邮　　　编／100081
电　　　话／（010）68914775（总编室）
　　　　　　（010）82562903（教材售后服务热线）
　　　　　　（010）68944723（其他图书服务热线）
网　　　址／http：//www.bitpress.com.cn
经　　　销／全国各地新华书店
印　　　刷／三河市华骏印务包装有限公司
开　　　本／710 毫米×1000 毫米　1/16
印　　　张／16.5
彩　　　插／1　　　　　　　　　　　　　　　责任编辑／刘　派
字　　　数／306 千字　　　　　　　　　　　文案编辑／李丁一
版　　　次／2023 年 1 月第 1 版　2023 年 1 月第 1 次印刷　责任校对／周瑞红
定　　　价／88.00 元　　　　　　　　　　　责任印制／李志强

丛书序

国防与国家的安全、民族的尊严和社会的发展息息相关。拥有前沿国防科技和尖端武器装备优势，是实现强军梦、强国梦、中国梦的基石。近年来，我国的国防科技和武器装备取得了跨越式发展，一批具有完全自主知识产权的原创性前沿国防科技成果，对我国乃至世界先进武器装备的研发产生了前所未有的战略性影响。

高效毁伤系统是以提高武器弹药对目标毁伤效能为宗旨的多学科综合性技术体系，是实施高效火力打击的关键技术。我国在含能材料、先进战斗部、智能探测、毁伤效应数值模拟与计算、毁伤效能评估技术等高效毁伤领域均取得了突破性进展。但目前国内该领域的理论体系相对薄弱，不利于高效毁伤技术的持续发展。因此，构建完整的理论体系逐渐成为开展国防学科建设、人才培养和武器装备研制与使用的共识。

《高效毁伤系统丛书》是一项服务于国防和军队现代化建设的大型科技出版工程，也是国内首套系统论述高效毁伤技术的学术丛书。本项目瞄准高效毁伤技术领域国家战略需求和学科发展方向，围绕武器系统智能化、高能火炸药、常规战斗部高效毁伤等领域的基础性、共性关键科学与技术问题进行学术成果转化。

丛书共分三辑，其中，第二辑共 26 分册，涉及武器系统设计与应用、高能火炸药与火工烟火、智能感知与控制、毁伤技术与弹药工程、爆炸冲击与安全防护等兵器学科方向。武器系统设计与应用方向主要涉及武器系统设计理论与方法，武器系统总体设计与技术集成，武器系统分析、仿真、试验与评估等；高能火炸药与火工烟火方向主要涉及高能化合物设计方法与合成化学、高能固体推进剂技术、火炸药安全性等；智能感知与控制方向主要涉及环境、目标信息感知与目标识别，武器的精确定位、导引与控制，瞬态信息处理与信息对抗，新原理、新体制探测与控制技术；毁伤技术与弹药工程方向主要涉及毁伤理论与方法，弹道理论与技术，弹药及战斗部技术，灵巧与智能弹药技术，新型毁伤理论与技术，毁伤效应及评估，毁伤威力仿真与试验；爆炸冲击与安全防护方向主要涉及爆轰理论，炸药能量输出结构，武器系统安全性评估与测试技术，安全事故数值模拟与仿真技术等。

　　本项目是高效毁伤领域的重要知识载体，代表了我国国防科技自主创新能力的发展水平，对促进我国乃至全世界的国防科技工业应用、提升科技创新能力、"两个强国"建设具有重要意义；愿丛书出版能为我国高效毁伤技术的发展提供有力的理论支撑和技术支持，进一步推动高效毁伤技术领域科技协同创新，为促进高效毁伤技术的探索、推动尖端技术的驱动创新、推进高效毁伤技术的发展起到引领和指导作用。

《高效毁伤系统丛书》
编委会

前　言

　　古老的烟火药以其灵活多变的制造工艺和装药结构，充分吸纳了现代新材料、新技术、新工艺，从而使其在光电对抗、含能战斗部、含能材料、民用娱乐烟花等领域的功能和用途被不断创新和发展，已成为现代蓬勃发展的、与时俱进的高科技技术领域之一，在陆、海、空、天等军事领域发挥着不可替代的作用。

　　烟火学所研究的主要内容是烟火药设计及其在燃烧或爆炸化学反应中的光、色、声、烟、热等特种效应与应用。尽管烟火药固相燃烧反应历程很复杂，但存在着一系列的规律性，这些规律性仅运用与其相近的科学领域内所获得的知识来导出和确定是困难的。幸运的是，在科赫希德洛夫斯基（Shidlovski）、艾伦（Ellen）、麦克莱恩（McLain）、康克林（Conkling）、哈特（Hardt）、科桑克（Kosanke）、科赫（Koch）、潘功配等烟火专家的持续努力下，烟火技术正发展成为一门独立的、多学科交叉的应用科学。

　　烟火药燃烧与辐射过程是大多数烟火器材的特点，了解和掌握该过程非常有利于烟火工作者解决一系列重要的实际应用问题。1994 年，作者有幸踏入烟火光电对抗领域，经过 20 多年对该专业领域的探索和研究，深深领悟到从事烟火技术研究所需知识的广度和深度，也感受到应该为该专业发展贡献微薄之力。当前，有关烟火药的燃烧和辐射有一定量的文献和报道，但还未有烟火药燃烧与辐射的系统论述，显然本书就成为这方面的首次尝试。因此，完全可以预料，本书一定会有很多差错和不足，对一些参考文献的理解可能还不是很准确，如蒙指正，作者将非常感谢。

　　本书共分 5 章。

　　第 1 章对烟火药的概念、组成、功能及固相燃烧反应进行了总体概述，以期读者能快速了解烟火药，更易于理解本书的后续内容，而有关详细的烟火药组分及众多的烟火效应内容请读者参阅《烟火学》等相关书籍及论文。

第 2 章介绍了烟火药的点火与传播燃烧知识，明确了点火和传播燃烧界面，对烟火药的传播燃烧历程和燃烧速度进行了较详细的论述。

第 3 章针对约束烟火药的准稳态燃烧进行了模型建立及数值计算研究。

第 4 章是火焰组成及辐射效应。火焰是烟火效应的载体，本章介绍了火焰结构、火焰中炭黑的性能及辐射强度的计算等内容。

第 5 章延续第 4 章的内容，讲述了烟火烟云层的辐射以及将其拓展至嵌入烟火热源的烟云辐射效应和应用研究。

本书第 1 章~第 3 章及第 4 章 4.1 节~4.3 节由北京理工大学机电学院周遵宁教授撰写，第 4 章 4.4 节及第 5 章由中国北方车辆研究所宁功韬高级工程师撰写。本书的写作过程还得到了陈永鹏博士、朱佳伟访问学者以及张辉超、相宁、王楠、张佳伟等硕士的鼎力相助，他们为本书提供了大量的资料，纠正了很多错误，在此向他们表示诚挚感谢。本书的写作还参考了大量国内外同行发表的相关论文和专著，并列入本书参考文献，在此一并向他们表示感谢，感谢他们对烟火技术及对本书的贡献。衷心感谢国家出版基金的资助以及北京理工大学出版社的支持，没有编辑人员的鼓励和支持，本专著是难以完成的，对全体编辑人员所做的大量的细致工作表示感谢。

作　者

2022 年 8 月于北京

目　录

第 1 章

烟火固相反应

燃烧是一种氧化—还原反应，放出一定的热量和（或）气体。物质燃烧时通常伴有物理（诸如速度、温度、压力）变化，大多数情况下伴有火焰或发光现象。

燃烧分为均相燃烧和非均相燃烧。均相燃烧，一般是燃料（即碳和氢）和氧化剂（即氧、氟和氮）结合在同一分子内的分子为化合物形成的燃烧体系，如三硝基甲苯（$C_7H_5N_3O_6$）、环四亚甲基四硝胺（$C_4H_8N_8O_8$）、环三亚甲基三硝胺（$C_3H_6N_6O_6$）、季戊四醇四硝酸酯（$C_5H_8N_4O_{12}$）、三硝酯甘油酯（$C_3H_5N_3O_9$）、叠氮化铅（$Pb(N_3)_2$）、雷汞（$Hg(ONC)_2$）等含能材料。当通过外部刺激达到激活能垒并且分子间化合物的化学键发生断裂时，就会发生燃烧，接下来是能量的快速释放。由于控制机制是化学键的断裂，因此能量释放的时间尺度很小，所以这些材料燃烧释放的能量很高且很快。然而，由于单分子结构性质，它们往往具有不完美的燃料/氧化剂比率并且能量密度相比含能混合物低，如三硝基甲苯的能量密度为 2 094 J/g，而铝和三氧化钼（$Al + MoO_3$）混合物的能量密度为 16 736 J/g。

烟火药不同于具有分子内化合物，是小颗粒材料的物理混合物，是在氧化剂与燃料的物理接触点发生燃烧，属于非均相燃烧。非均相燃烧涉及多相化学反应动力学，比均相燃烧体系的动力学发展得慢，但整个过程至少包括 3 个步骤：①反应物转移到相边界；②相边界反应；③产物从相边界移除。

|1.1　烟火药、推进剂与炸药|

含能材料的特点是能够进行自发（$\Delta G < 0$）和高放热反应（$\Delta H < 0$）。此外，含能材料释放的一定能量总是足以激发电子的跃迁，从而产生已知的发光效应，如辉光、火花和火焰。通常根据含能材料的效应对其进行分类，可分为炸药、推进剂和烟火药（表 1.1）。表 1.2 列出了部分含能材料的主要性能。

表 1.1　含能材料分类

类别	含能材料		
	烟火药	推进剂	单质炸药
反应过程	燃烧	爆燃	爆炸
反应速度	亚音速 < 1 m/s	亚音速 1~1 000 m/s	超音速 ≫ 1 000 m/s
反应产物	主要是浓缩相	主要是气相	主要是气相
氧平衡	富燃料	平衡	平衡—富燃料
燃烧焓	1~30 kJ/g	5~10 kJ/g	5~15 kJ/g
	5~50 kJ/cm³	10~20 kJ/cm³	15~25 kJ/cm³
密度范围	2~10 g/cm³	1.5~2.5 g/cm³	< 2 g/cm³

表 1.2　部分含能材料的主要性能

分类	材料，化学式，重量比率	$\rho/$ $(g \cdot cm^{-3})$	$\Delta_c H/$ $(kJ \cdot g^{-1})$	$\Delta_c H/$ $(kJ \cdot cm^{-3})$	$T_{ig}/$ ℃
高能炸药	环四亚甲基四硝胺（$C_4H_8N_8O_8$）	1.906	9.459	18.028	287
	三硝基甲苯（$C_7H_5N_3O_6$）	1.654	14.979	24.775	300
	季戊四醇四硝酸酯（$C_5H_8N_4O_{12}$）	1.778	8.136	14.465	148
	三硝酸甘油酯（$C_3H_5N_3O_9$）	1.593	6.717	10.699	180
	硝化纤维素（$C_6H_7N_3O_{11}$）14.4wt% N	1.660	9.118	15.135	200
烟火药	硝酸钾（KNO_3）/硫（S_8）/木炭（C）（75%/10%/15%）	1.940	3.790	7.353	260 ~ 320
	铝（Al）粉/高氯酸钾（$KClO_4$）（34%/66%）	2.579	9.780	25.223	446
	铁（Fe）粉/高氯酸钾（$KClO_4$）（20%/80%）	2.916	1.498	4.360	440 ~ 470
	镁 Mg 粉/聚四氟乙烯（PTFE）/氟橡胶（Viton）（60%/30%/10%）	1.889	22.56	42.616	540
	锌粉（Zn）/六氯乙烷（C_2Cl_6）（45%/55%）	3.065	4.220	12.934	420
	钽（Ta）/氟共聚物（THV500）（74%/26%）	5.802	6.338	36.773	310

注：密度 ρ 为理论最大密度（TMD）值；$\Delta_c H/(kJ \cdot g^{-1})$ 中的水为液态；THV500 为四氟乙烯（TFE）、六氟丙烯（HFP）和偏二氟乙烯（VF_2）的共聚物，比率为 60/20/20，$C_{2.223}H_{0.624}F_{3.822}$，密度 $\rho = 2.03$ g/cm^3。

　　含有氧化—还原基因的分子内化合物，是分子（或离子）级的混合，不是靠迁移或扩散将电子供体和受体连在一起，是固有的最亲密的"混合"含能材料。当对小量分子内化合物施以必需的活化能时，这些化合物的电子传递反应是快速的，会发生爆炸，并输出热量、气体和冲击波，这是一种由放热化学反应支持的超音速冲击波。

　　推进剂和烟火药发生亚音速反应。与炸药相比，烟火药的反应速度一般较低。烟火药被压制成一定形状的制品时，燃速为数毫米每秒。粉体状烟火药在密闭条件下也可由燃烧转爆轰，爆速为数百至数千米每秒。

　　炸药与推进剂的反应产物为大量的气体。烟火药按所产生的烟火效应要求，反应产物将会不同，可以是气相物质，也可以是凝聚相物质（即固、液相物质）。如，为获得较好的光效应，白光照明剂的反应产物应含有大量炽热固体微粒；为获得较好的焰色效应，信号剂的反应产物应含有大量的分子或原子蒸汽。发烟剂的燃烧反应产物除含有大量的固体或液体微粒外，尚须有一定量的气体生成物，以利于形成气溶胶。微音剂的燃烧反应产物应为气体，便于产生较好的音响效果。

"Pyrolant"一词旨在定义燃烧时产生热火焰和大量凝聚相产物的含能材料，其起源于 Kuwahara，目的是强调这些材料和推进剂之间的区别。因此，在强调辐射和热传导的地方，通常使用此术语。烟火药还与其他含能材料显著不同，因为它们具有极高的质量和体积燃烧焓，并且密度通常远超过 2.0 g/cm³（表1.2）。

烟火药通常由金属或非金属燃料（如 Al，Mg、Ti、B、Si、Cr 和 S_8）和无机（如 Fe_2O_3，$NaNO_3$，$KClO_4$ 和 $BaCrO_4$）或有机（如 C_2Cl_6 和 $(C_2F_4)_n$）氧化剂或合金（如 Ni 和 Pd）组成。烟火药可产生光、色、气动、热、粒子、烟、声等烟火效应。要产生烟火效应，烟火药反应的临界条件是燃烧而不是爆炸。烟火药一般由直径为 0.25～0.025 mm 的固态颗粒物组成。大多数烟火药的燃烧反应都是固态反应，并且是自含氧（不依赖于大气中的氧）、自持续（自始至终传播）、放热（产生热能）的反应。对于富含燃料的烟火药，燃烧受大气环境压力、氧气或其他环境物质（如氮气或水蒸气）的后燃反应影响（如 MTV 型红外诱饵剂）。

特定烟火药组分的选择应采用化学逻辑方法，需考虑理想的热量输出、燃烧速度、效率、易点燃性、反应产物的物理状态（如固态或气态）以及特种效应（如光强、色、烟等）。应根据期望的烟火效应选择还原剂（燃料），例如对于照明烟火药，使用金属粉末，包括 Mg（和其他碱土金属）、Al、Ti、Fe、Cu、Zn 和 Zr；非金属，如木炭、S 和红磷；类金属，如 Si 和 B 等；以及各种有机材料或天然产物，如面粉、糖等。Mg 是最常见的金属燃料之一。金属燃料还包括合金，如镁铝合金（Mg‒Al 50∶50，Al_3Mg_2 在 Al_2Mg_3 中的固溶体，熔点为 460 ℃）、锆合金、镍—铁合金。更特殊的燃料包括 Be、Cr、Ni 和 W。当然，毒性、有效性、稳定性、安全性、成本以及环境兼容性等因素也必须考虑。

大多数烟火药的比例组成不是根据烟火药组分的化学当量计算出来的，而是试验的结果。因此，烟火药燃烧方程式和反应历程仅能近似计算出来，如果在烟火药中加入无一定化学成分的黏合剂树脂时更是如此。然而，在任何情况下，烟火药反应过程都属于燃烧反应。烟火药的燃烧过程受燃烧端面的影响，并且反应过程沿燃烧端面纵向传播，其不同于沿燃烧端面平行燃烧的点火过程。

烟火药的燃烧与其他需要空气中的氧气参与反应的材料不同，是自供氧的剧烈氧化—还原反应，其燃烧过程不能靠窒息熄灭。使烟火药燃烧得到控制的最有效方法是降低温度，也就是使烟火药的燃烧温度降至点火温度以下，而且必须采用非常快速的冷却措施（如高压水）才有可能终止反应。

烟火药中的每一种组分可有一种或多种用途，组分的多样性决定了烟火药可产生多种多样的特定效应，从而决定了其广泛的应用领域。如扫雷火炬（$Al/Ba(NO_3)_2/PVC$）、延期药（$Ti/KClO_4/BaCrO_4$）、热电池（$Fe/KClO_4$）、点火器（B/KNO_3）、照明剂（$Mg/NaNO_3$）、铝热剂（Al/Fe_2O_3）、遮蔽物（RP/Zr/KNO_3）（RP）、$Al/ZnO/C_2Cl_6$、示踪剂（$MgH_2/SrO_2/PVC$）、作动剂（Ni/Al）等。近年来，烟火药燃烧在新材料的合成中得到越来越多的应用（如钛和碳反应生成碳化钛），烟火技术的发展和研究也正成为迅速扩展的含能材料科学领域的重要部分。

|1.2　烟火固相反应物|

1.2.1　晶体

烟火药基本由固体组分组成。固体具有一定的结构和体积。所观察到的结构将是一个最大限度地发挥组成固态的原子、离子或分子之间有利相互作用的结构。优选的填充排列从原子或分子水平开始，并在整个固体中有规律地重复，产生高度对称的三维形式，称为晶体。所产生的网络称为晶格。理论上，晶体都是空间点阵式结构（图1.1），具有平移对称性，所有原子在晶格位置都是静止的。晶体的最小重复单位即结构单元，叫作晶胞。

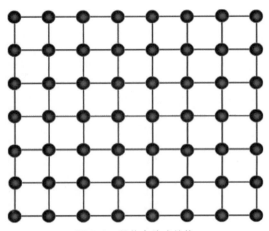

图1.1　晶体点阵式结构

在晶态固体中，几乎没有振动态或过渡态自由度，因此晶格中的扩散是缓慢和困难的。当固体的温度因热量输入而升高时，振动态和过渡态运动增加。在特定温度（熔点）下，这种运动克服了将晶格固定在一起的吸引力，转变为液态。冷却时，液态会随着结晶的发生而返回固态，并通过形成强大的吸引力释放热量。表 1.3 是晶态固体类型。

表 1.3　晶态固体类型

固体类型	构成晶格的单元	吸引力	示例
离子	正负离子	静电引力	KNO_3，$NaCl$
分子	中性分子	偶极子—偶极子吸引力，加上较弱的非极性力	CO_2（干冰），糖
共价	原子	共价键	金刚石（C）
金属	金属原子	分散的电子被吸引到许多金属原子核上	Fe，Al，Mg

固体材料形成的晶格类型取决于晶格单元的大小和形状以及吸引力的性质，存在 6 种基本的晶系：

（1）立方晶系：3 条等长的轴，以直角相交。

（2）四方晶系：3 个轴以直角相交，只有 2 个轴的长度相等。

（3）六方晶系：在 1 个平面上以 60°角相交的 3 条等长轴，第 4 条不同长度的轴垂直于其他 3 条的平面。

（4）正交晶系：3 条不等长的轴，以直角相交。

（5）单斜晶系：3 条长度不等的轴，其中 2 条相交成直角。

（6）三斜晶系：3 条长度不等的轴，没有 1 条相交成直角。

大多数固体是晶体或可能是晶体。缺乏有序晶体排列的固体称为非晶态材料，在结构和性质上类似于刚性液体。玻璃（SiO_2）是无定形固体的典型例子。这类材料在加热时通常会软化，而不是显示出明显的熔点。

结晶固体通常按照把晶体结合成整体的化学键来分类。化学键有共价键、离子键、金属键、氢键和范德华力（分子间）等，其强度一般按上列顺序递降。

共价晶体（如金刚石、硅、灰锡、石墨等），其中原子通过电子对键结合。

离子晶体（如碱金属氯化物、金属氧化物和氢氧化物等），其中组分间电负性的显著差异产生异号电荷间的吸引力。

金属晶体（如铝粉、镁粉等单质金属），其中电子广泛共享，没有由原子对限定的优先取向。

分子晶体（如蔗糖、酚、萘等），通过分子间的范德华力（所有键中最弱的一种）结合，有时通过一个分子的氢原子跟另一个分子的两个末共享电子间的氢键结合。

固体的物理性质在很大程度上取决于晶体的结合力。金刚石和金刚砂很硬，部分原因是其晶体内部的共价键特别强。化学键较强的晶体，由于组成原子较难分离，因而熔点较高。金属因其成键能力没有或几乎没有优先取向，所以金属原子组合体可以经受变形而键不断裂，延展性一般高于其他固体。

由于同样的原子可按几种不同的可能构型键合，因此固体的性质也与特定的晶体结构有关。金刚石和石墨都是完全由碳原子组成的，然而一硬一软。这是因为金刚石的碳原子堆积紧密，增加了原子间的结合力，使其在外部压力下不易移动。石墨的碳原子结合则较为松弛。

采用晶格中重复出现的晶胞的几何对称性表示晶体结构特征，有时也用堆积的紧密性表示。"按照留下最小空隙方式堆积圆球的原则"（空间充分利用律），圆球的自然组合仅有两种方式——不是立方对称就是六方对称。金属晶体往往由单一尺寸的球形分子堆积而成，呈现上述两种对称性。其他晶体由不同形状分子构成。片状分子的堆积有点像碟形，棒状分子并列堆积，梨形分子以各种不同构形聚集成簇，通常都与空间充分利用律相符。

面心立方（FCC）金属（Cu、Ag、Au、Pt、Pb、Ni、Al 等）一般都比六方密堆积（hcp）金属（Ti、Zr、Be）或体心立方（bcc）金属（W、V、Mo、Cr、Fe）有更强的可锻性和延展性，但也有例外的金属值得注意，如Mg（hcp）和 Nb（bcc）是可锻的和有延展性的。影响可锻性和延展性的因素很多，部分取决于晶体结构所具有的密堆积（cp）晶面和方向的数目。

每一个密堆积层占有 3 个密堆积方向（$x - x'$、$y - y'$、$z - z'$）（图 1.2）。这些密堆积方向都是立方体的面对角线，并且有指数（110），这样就总共有 6 个密堆积方向。面心立方金属有 4 组不同的密堆积晶面，其垂直于立方晶胞的体对角线。

1.2.2 缺陷

在所有实际温度中，晶体是不完美的。只有在绝对零度以下，才可以得到完美的晶体。由于原子的振动，许多原子会不可避免地产生错位，因而可以看作是一种缺陷。缺陷只是晶体结构的局部破坏，从统计学的角度来讲缺陷数量

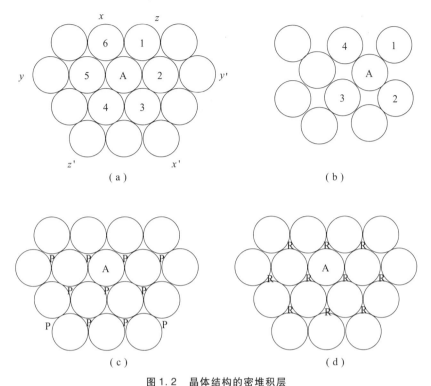

图 1.2　晶体结构的密堆积层

（a）同大小球的 cp 层；（b）具有配位数 4 的非 cp 层；

（c）（d）第 2 cp 层中 P 和 R 位置选择

微不足道。在一些晶体中，缺陷数量可以非常小（≪1%），如高纯度的金刚石或石英。换言之，在晶体中也会存在高浓度的缺陷。在高浓度缺陷的晶体中，经常出现的问题是：缺陷本身是否应被视为形成晶体结构的基本部分，而不是作为理想晶体结构的一些缺陷。这种情况下的晶体，其晶体结构的"完整性"被破坏，已不能用空间点阵来描述，因此不能被称为晶体，而应称为非晶态固体或固溶体。

　　由于缺陷的存在，因而晶体总是不完美的。晶体的各种性能，无不与其存在的各种不同的缺陷相关。实际上，晶体存在的各种缺陷，包括从原子、电子水平的缺陷到亚微观以至显微观等各个层面的缺陷。固相间晶格的扩散和固相化学反应等之所以能够发生，其原因就在于缺陷的存在。缺陷对固体的电导、机械强度和化学反应性有极大的影响。如半导体导电性质几乎完全由外来杂质原子及缺陷决定。

当缺陷达到一定浓度时，会导致自由能降低，在热力学平衡条件下，存在一个自由能的最小值，其代表存在的缺陷数目（图1.3）。

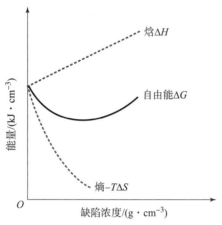

图1.3　完美晶体中缺陷引起的能量变化

下面分析在完美晶体中产生单一空位正离子格点缺陷对自由能的影响。当缺陷占据大量的晶格位置时，需要一定的能量 ΔH，但是也会引发熵的剧增 ΔS。因而，如果晶体含有 1 mol 的正离子，则可能含有 ~10^{23} 个空位，获得的熵称为构型熵，可由玻尔兹曼方程得到

$$S = k\ln W$$

式中，概率 W 与 10^{23} 成正比；此外，在邻近缺陷处晶体结构会受到扰动，还会产生较小的熵变。作为熵增的结果，形成初始缺陷所需的焓超过由熵增所抵消的焓，结果是自由能降低。

$$\Delta G = \Delta H - T\Delta S$$

考虑另一种极端情况，若 10% 的空正离子格位，则由于晶体在已占和空缺的正离子格位方面已经是极为无序，因而引入更多缺陷时导致熵变较小。生成更多缺陷所需的能量将大于任意的熵增，因而这样一种高缺陷浓度不可能是稳定的。大多数的实际材料都处于这两个极端情况之间。

虽然这是一种简化的解释，但可以解释为什么晶体是不完美的。它还说明在热力学平衡时的缺陷数随温度的升高而增大。假定 ΔH 和 ΔS 与温度无关，则随温度的升高，$-T\Delta S$ 项变大，因而自由能的极小值将向较高的缺陷浓度移动。

给定晶体，对每一种可能的缺陷类型都可以得到图1.3所示的曲线，其主要差异在于自由能极小值的位置。占优势的缺陷最容易形成，如具有最小的 ΔH，在最高缺陷浓度处得到自由能的极小值。例如，NaCl 晶体最易形成空位

缺陷（肖特基缺陷）；而 AgCl 晶体正相反，间隙缺陷（弗仑克尔缺陷）占优势。表1.4 汇总了离子晶体中占优势的点缺陷。

表1.4 离子晶体中占优势的点缺陷

晶体	晶体结构	占优势的本征缺陷
碱金属卤化物（Cs 例外）	岩盐，NaCl	肖特基
碱土金属氧化物	岩盐	肖特基
AgCl，AgBr	岩盐	正离子弗仑克尔
卤化铯，TlCl	CsCl	肖特基
BeO	纤锌矿，ZnS	肖特基
碱土金属氟化物，CeO_2，ThO_2	萤石，CaF_2	负离子弗仑克尔

晶格位置固有缺陷一般是指空位和间隙原子所造成的点缺陷。当晶体温度高于绝对零度时，原子吸收热能而发生运动，运动形式是围绕一个平衡位置作振动。当温度越高时，平均热能就越大，振动的幅度也越大，其中有些原子获得足够大的能量，便脱离开它的平衡位置，成为间隙原子，这样在原来的位置上形成了一个空位。这种由于原子热振动而产生的缺陷又称为热缺陷。这些固有缺陷通过提供电子和通过晶格的热传输机制，在固体反应性中起着重要作用。它们还可以大大增强另一种物质扩散到晶格中的能力，从而再次影响反应性。典型点缺陷代表是肖特基缺陷和弗仑克尔缺陷。

肖特基缺陷是整比缺陷。在离子晶体（如卤化物或氧化物）中，为保持电中性，正离子空位和负离子空位成对产生（一对空位格点），晶体体积增大。对每一个肖特基缺陷，为了补偿空位，在晶体表面应有两个额外的原子。在碱金属卤化物中，肖特基缺陷是主要的点缺陷，如图1.4 中的 NaCl。为了维持局部的电中性，不论在晶体内部还是在晶体表面都应存在相等的负离子和正离子空位数。

图1.4 具有正负离子空位的 NaCl 二维肖特基缺陷

空位在晶体中可以随机分布，也可以成对或以较大的簇存在。由于它们均携载有效电荷，异性电荷相互吸引，因而趋向于成对存在。在 NaCl 晶体中，一个负离子空位带有一个净正电荷（+1），原因是空位被 6 个 Na^+ 包围，每一个都带有部分未饱和的正电荷。换言之，负离子空位带有 +1 电荷，将带 -1 电荷的负离子放在空位处，就可恢复局部的电中性。与此类似，正离子空位带有 -1 净电荷。为了解离空位对，必须提供与缔合焓相等的能量，对于 NaCl 晶体来讲，必须提供 1.30 eV（~120 kJ/mol）的缔合焓。

在 NaCl 晶体中，肖特基缺陷数要么非常小，要么非常大，这完全取决于人们的关注点。在室温时，依据 X 射线衍射测定的 NaCl 的晶体结构的平均值是微不足道的数，典型的仅有 10^{-15} 个负离子或正离子格位有可能是空的。另一方面，一粒重 1 mg 的盐（包含 ~10^{19} 个原子）含有 ~10^4 个肖特基缺陷，很难讲这是一个无足轻重的数字。即使在浓度很少时，缺陷的存在也常常影响性质。如肖特基缺陷对 NaCl 的光学和电学性质是重要的。

弗仑克尔缺陷也是一种整比缺陷，它涉及一个原子移出它的晶格位置进入一个通常是空着的间隙位置，其特点是空位和间隙成对产生，晶体密度不变。AgCl（也具有 NaCl 的晶体结构）晶体中弗仑克尔缺陷占优势，Ag 为间隙原子，如图 1.5 所示。间隙格位的性质如图 1.5（b）所示。Ag^+ 被 4 个 Cl^- 成四面体包围，在同样距离上，其也被 4 个 Ag^+ 成四面体包围。间隙 Ag^+ 处于一个八配位的格位上，所以有 4 个 Ag^+ 和 Cl^- 作为最近邻。在间隙 Ag^+ 和它的 4 个相邻的 Cl^- 间大概有某种共价相互作用，这种作用使缺陷稳定化，并且使 AgCl 晶体中的弗仑克尔缺陷比肖特基缺陷更占优。另一方面，对于 NCl，由于 Na^+ "较硬"而具有更强的正离子特性，它处在由另 4 个 Na^+ 按四面体包围的格位上不会很稳定，因此在 NaCl 晶体中没有观察到有值得重视的弗仑克尔缺陷。

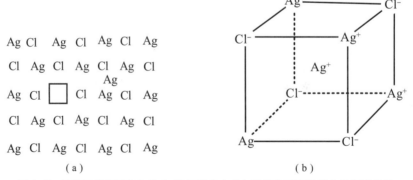

（a）   （b）

图 1.5　具有正负离子空位的 AgCl 二维弗仑克尔缺陷和四面体配位的间隙格位

（a）AgCl 中弗仑克尔缺陷的二维表示；（b）AgCl 四面体配位的间隙格位

与肖特基缺陷一样，弗仑克尔缺陷空位和间隙带有相反电荷，可以彼此吸引成对。这些对是电中性的，但具有偶极性，可以互相吸引形成较大的聚集体或簇。此类簇在非整比晶体中可以在不同组成物相沉淀时起晶核的作用。

在大约 10 K 以上的温度，处于热平衡状态的任何化学计量晶体必然包含肖特基缺陷和弗仑克尔缺陷。尽管形成缺陷时消耗能量，但是由于构型熵的相应补偿增加，从热力学角度看有缺陷的晶体变得更为稳定。

晶格无序也可能由于存在与正常组分不相称的杂质原子。与正常占有格位者相比，占有晶格位置的杂质过大或过小都可能产生缺陷，这种缺陷称为杂质缺陷。就像尼龙长袜中跑丝那样波及整个晶体。与晶格中存在杂质相关的一个常见现象是固体熔点的降低，固体向液体的转变在很宽的温度范围内发生，而不是在更纯的材料中观察到的更高温度下出现急剧的熔点。因此，熔融行为提供了一种检查固体纯度的方便方法，这一特性对于检测用于制造含能混合物的化学品的质量非常有用。

设有 NaCl 离子晶体 58.44 g，其中含有 $2 \times 6.022 \times 10^{23} = 1.204 \times 10^{24}$ 个离子，其密度为 2.165 g/cm^3，每立方厘米中应含 4.46×10^{22} 个离子。假定经过多次重结晶能得到 99.999 9% 纯度的 1 cm^3 的 NaCl 晶体，其仍然可能含有 4.46×10^{16} 个杂质。即使这种高纯物质的一个边长 1 μm 的小立方体，仍可能含有 40 000 个以上的杂质。所含杂质的性质和数量显著影响晶体的化学和物理性质。

位错是整比线缺陷，是一类极其重要的晶体缺陷。溶液或气相的晶体生长机制表明晶体中包含位错。位错对纯金属的影响相对较弱，在某些情况下（硬化处理）对特定的硬度会有相反的效果。固相反应往往在出现位错的晶体活性表面格点处发生。

为了理解位错对晶体力学性质的影响，相关学者研究了对一块包含刃型位错的晶体施加一剪切应力的影响（图 1.6）。晶体的上半部分被向右推，下半部分被向左推。比较图 1.6（a）和图 1.6（b），只要断开键 3 ~ 6 并形成新的键 2 ~ 6，在图 1.6（a）中终止于 2 处的额外半平面可以有效地移动。所以，只要用最小的力，半平面就可以在外应力的方向上移动一个单位距离。如果这一过程继续下去，额外的半平面甚至可以到达晶体的表面，如图 1.6（c）所示。现在只需要找到一种生成半平面的容易的方法，通过一种重复的过程使晶体最终被完全切开。在图 1.6（d）中，假定半平面在晶体的左端生成。每生成一个，在取向相等和符号相反的另一个被留在后面。在左侧，晶体的下半部分已经积累起 5 个半平面（负位错用符号 ┳ 表示）。与此相平衡，在晶体的上半部分有 3 个半平面已经到达了右端，还有 2 个（正位错用符号 ┻ 表示）在晶体内部，并且正处在移出的过程中。

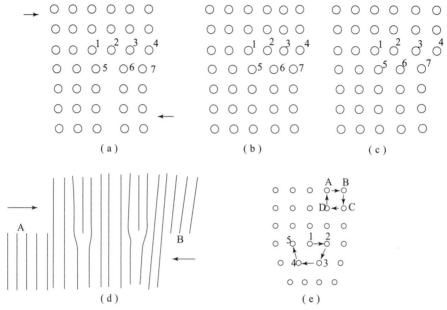

图 1.6　剪切应力作用下刃形位错的迁移

（a）对含刃型位错的晶体施加剪切应力；（b）剪切应力作用下，键 3－6 断开并
形成新键 2－6；（c）持续剪切应力作用下，半平面到达晶体表面；
（d）剪切应力作用下，半平面形成示意；（e）假想的原子到原子的回线

位错的移动在日常生活中有一个类比试验，我们可以拉着移动一条毛毯，最好是一条大毛毯。把一端掀起来拖着走的方法要比把毛毯的一端弄出一个折皱并使这个折皱滑移到它的另一端要费劲得多。

位错运动的过程称为滑移，半平面在相反端的堆积形成突出部或滑移阶。图 1.6（d）的 AB 线代表位错越过它移动的一个平面的投影，因此被称为滑移平面。

位错可以用一个矢量表征，称为 Burgers 矢量 **b**。为了确定 **b** 的数值和方向，就必须围绕位错作一条想象的原子到原子的回线，如图 1.6（e）所示。在晶体的正常区，如 ABCDA 这样一条回线，涉及每方向上的一次单位平移是一个闭合的环，并且它的始点和终点是相同的，都是 A，但是绕位错通过的回线 12345 并不是一条闭合的回线，因为 1 和 5 不重合。Bergers 矢量的数值由距离 1～5 给出，它的方向是 1～5（或 5～1）。对一个刃形位错，在外应力作用下的 **b** 垂直于位错线并且平行于位错线移动的方向，它也平行于剪切方向。

实际上晶体的某些性能并不能完全用晶体的点阵结构来解释，有许多的固

体化合物并不符合定比和倍比定律（化学计量配比），这称为非整比缺陷，如 $Fe_{1-x}O$，Fe 与 O 的原子数之比是一个分数，就不是整数。偏离化学计量与晶格缺陷有关。例如 AB 晶体可能有 A 物种组分空位而没有 B 物种组分空位；另一方面，晶格也可能优先接纳一种组分进入填隙位置。如果是离子晶体，则必须保持电中性。因此给定化合物的晶体如果有过量的填隙阳离子，就必须也有等量的过量的俘获电子，所以非化学计量缺陷一定会影响晶体的电子性质。

1.2.3　固相反应物活化

晶体缺乏完整性的地方（点阵缺陷）就是发生反应的部位，原子级的缺陷对于固相反应的发生和机理有很大影响。物质传输受缺陷的性质和分布的影响很大，因而物质传输决定着反应机理。决定固体参与反应的内在因素包括晶体的结构和内部缺陷、形貌（粒度、孔隙度、表面状况）以及组分的化学反应活性和能量等；外部因素包括反应温度、参与反应的气相物质的分压、电化学反应中电极上的外加电压、射线的辐照、机械处理等。有时有些外部因素也可能影响到甚至改变内在的因素，如对固体进行某些预处理时，如辐照、掺杂、机械粉碎、造粒、加热、在真空或某种气氛中反应等，均能改变固态物质内部结构和缺陷的状况，从而改变其能量状态。因而，参与反应的固体的活化状态对反应机理或反应速度有影响。

储存在晶体中的能量和许多杂质可降低材料的活化能。固体或粉体的制备方式不同，所得到的固体活化状态也不同，可以从热分解、沉淀反应、自二组分体系溶出一组分、添加微量其他成分、由机械能产生的力学化学方法等获得。举例如下。

1. 制备方法引发的活化状态

由燃烧 $Fe_2(SO_4)_3$ 制得的 Fe_2O_3 相比燃烧 $Fe_2(C_2O_4)_3$ 制得的 Fe_2O_3，平均颗粒尺寸大于 $Fe_2(C_2O_4)_3$ 制得的 Fe_2O_3，并且具有较松的结晶结构，即结晶性比较不明显。但在 750 ℃时，CaO 与 $Fe_2(SO_4)_3$ 制得的 Fe_2O_3 反应时的反应速率约为由 $Fe_2(C_2O_4)_3$ 制得的 Fe_2O_3 的 3 倍，也就是其活性更大。但是在 900 ℃以后，由草酸盐制得的 Fe_2O_3 变得更具有活性。显然在更高温度下，较小尺寸（较大的表面积）的结合以及晶体成分迁移率的增加，克服了原先存在的结晶结构较紧凑的弱点。

2. 机械作用增加的反应性

很早以前的单晶或粉末研究已达成共识，固体表面结构因其发生和制备过程的影响与其内部结构存在显著的不同。除了温度和时间外，粉体粒子的尺寸和分布、形状、成型压力、气氛等也是影响固相反应的因素，除了把这些因素抽象出来进行体系研究外，还有必要考虑粒子表面结构的特性。

对于固—固铝热反应：

$$3CuO + 2Al \rightarrow Al_2O_3 + 3Cu + 1\ 208\ kJ$$

只有断开 Al – Al 键所需能量刚好等于形成 Cu – Cu 键吸收的能量时，上式才能成立。如果有一些能量未能吸收，反应热就会减小。实际上此反应产生的温度很高而使铜成单原子气体放出，因此有一些能量并未被吸收用于形成 Cu – Cu 键。

获得反应放出的全部热量的一种方式可能是从原子铝开始。最初是使用前通过铣削、粉碎、雾化和研磨的方式，使尽可能多的 Al – Al 键断裂。当把大块铝晶体粉碎成碎片时，也产生了新的面、棱和角，这些部位的原子结合得不如内部原子那样强。这些部位的原子配位数不足 12，其中有些原子少到只有 3 个或 4 个最邻近原子，拉开它们所需能量小得多。小粒径材料的另外 2 个重要优点是：提高混合物的均匀性和增加反应物的接触面积，从而使扩散更容易进行。

仅仅将晶体分裂成较小的碎片（忽略粉碎的其他效应），按其使较多的原子暴露到粒子表面上的作用衡量，对键断裂或晶格松动没有显著作用。例如铝的密度为 $2.7\ g/cm^3$，原子量为 27，则 1 mol 铝占有的体积为 $10\ cm^3$，含有 6.02×10^{23} 个原子。假定铝粉的粒度为 200 目筛的筛下物，代表性粒子为 140 μm 的立方体，则粒子的体积为 $2.74 \times 10^{-6}\ cm^3$，含有 1.65×10^{17} 个原子。粒子的 6 个表面的总面积是 $1.18 \times 10^{-3}\ cm^2$。再假定表面层原子的厚度为 $5 \times 10^{-8}\ cm$，则 6 个表面层的总体积为 $5.9 \times 10^{-11}\ cm^3$，表面原子的数目是 3.55×10^{12}。因此，结合力弱的表面原子与原子总数之比为 0.002 15%。也就是在边长 140 μm 的粒子中，内部原子占 99.998%，即使在尺寸只有上述 1/10 的粒子中，内部原子仍占总数的 99.98%。表面原子的这一增加量太小，无法用量热计来检测。但是，众多的试验数据已表明，研磨的确能提高反应性，但是与其说是通过粒径减小不如说是通过晶格变形。

固体或粉末与正常结构相比具有过剩能量的上述性质，可根据溶解热、X 射线衍射的情况或散射 X 射线的强度进行测定。

由于这类活化状态表现为固体与固体的化学反应性增加或相变温度的下降，从而增加了很多工程应用问题，其中关于晶体学结构相变问题，虽然认为发生相变的过渡状态有增加化学反应性的效应（Hedvall 效应），但在很多情况下都忽略了这种情况。此外，利用放射线、压力、气氛、电、磁等方法能够把固体活化，这种活化的各种效应，由于与固体反应物的反应经历有关，即使同一物质，也可能发生不同的反应历程。

3. 吸附对活化状态的影响

固相反应物的吸附对固相反应可能起活化作用也可能起抑制作用。典型事例为 HC 发烟剂中 ZnO 的吸附抑制影响。在 HC 发烟剂中采用标准的 ZnO 时，经常出现性能（烟雾量、烟雾颜色、燃烧速度等）不稳定现象。有人曾经认为，性能的这些变化是由于粒径差异引起的。但是在研究均一粒径与燃烧特性的过程中，将 HC 发烟剂中的 ZnO 置于管式炉中，在 900～1 000 ℃煅烧 30～50 min，ZnO 的粒径比煅烧前增大，但是发烟剂的燃烧速度也提高了。化学分析证明热处理降低了 ZnO 中 CO_2（或 $ZnCO_3$）、水分、$Zn(OH)_2$、水溶性盐和硫等的含量，从而解释了性能不稳定现象。另外，煅烧热处理实际上消除了再吸附水分和 CO_2 的倾向。含煅烧 ZnO 的发烟剂的燃烧速度虽然提高了，但是燃烧一致性和贮存稳定性也提高了。

4. 掺杂外来粒子

$KClO_3$ 和 S 混合物的预着火反应温度为 142～144 ℃，164 ℃时发火，而氧化剂 $KClO_3$ 的熔点为 370 ℃，分解温度在 400 ℃以上。按照经典反应理论，$KClO_3$ 和 S 的燃烧反应分为两步进行，第一步是 $KClO_3$ 的分解：

$$2KClO_3 \xrightarrow{400～600\ ℃} 2KCl + 3O_2$$

第二步是 S 的氧化：

$$S + O_2 \rightarrow SO_2$$

但热分析谱图表明，$KClO_3$ 和 S 体系的反应在 142～144 ℃即开始，150 ℃时即出现激烈的放热反应峰，反应并未等到 $KClO_3$ 分解即开始。$KClO_3$ 在其熔点前是不会分解的，即使添加 MnO_2 等催化剂，其不到 200 ℃也不会分解，表明其反应机理不是经典理论的说法。

对 $KClO_3$ 和 S 反应机理的进一步研究表明：一方面在热力学因素（温度）作用下 S 碎片侵入 $KClO_3$ 晶格中，使 $KClO_3$ 晶格"松驰"，从而降低了发火温度，增进了反应性；另一方面，动力学因素导致 S 向 $KClO_3$ 晶格内扩散，随扩散速度加快，反应性增大。当 $KClO_3$ 和 S 受热时，S 首先发生晶相转变，由斜方晶（S_8）转变成单斜晶（S_6），119 ℃时熔化为液相（S_8）。继续加热，液相的硫分裂成 S_3-S_2-S_5 碎片（$\lambda \rightarrow \pi$ 液—液转变）。S 由 $\lambda \rightarrow \pi$ 的转变温度为 140 ℃，S_8 裂成 S_3、S_2 主要在 140 ℃以上发生，159.1 ℃时 S_3 碎片浓度最高，此时动力学扩散占主导，反应速度也最快。S_3碎片比S_8有高得多的扩散速度，它侵入$KClO_3$晶格内，不仅使$KClO_3$晶格"松弛"，同时又造成$KClO_3$晶体出现更多的其他缺陷。随着反应放热量增多，扩散加剧，$KClO_3$的缺陷和活性区不断增加，最终导致$KClO_3$和S在远低于$KClO_3$熔点下发火燃烧（或爆炸）。

若将$KClO_3$溶于蒸馏水中，加入2.8 mol/L浓度的$Cu(ClO_3)_2 \cdot 6H_2O$，使$KClO_3$晶格掺杂外来粒子$Cu(ClO_3)_2$，再与S混合，结果它在室温下放置30 min后即发生了强烈爆炸。这表明掺杂外来离子，使S向$KClO_3$晶格内扩散速率迅猛提高，反应急骤加快。显然，外来粒子的掺杂增加了扩散速率，此时扩散在$KClO_3$和S固相反应中起主导作用。

1.3　烟火固相燃烧反应

烟火燃烧反应是固态粒子间的一类复杂的电子传递或氧化—还原化学反应，是产生各种各样烟火效应的基础。

烟火药的燃烧现象比较复杂，燃烧过程包含从固态到液态进而到气态的相变。状态的改变也包括能量的改变。从固态到液态，或从液态到气态，通常需要向体系净输入能量。液态和固态都是通过构成物质的原子、分子或离子之间的吸引力而结合在一起的。这些吸引力必须被打破或减弱，才能从固体变为液体，并且必须被完全克服，才能使液体转变为蒸汽。当吸引力相互作用并释放能量时，这些相反的方向（即水蒸气冷凝为液态水）与放热过程有关。

当发生相变时，体系将保持恒温（例如，冰在0 ℃和1 atm下融化，或水在100 ℃和1 atm下沸腾）。这是含能材料点火过程中的一个非常重要的因素，因为在相变过程中不会发生温升。因此，吸收水分而潮湿的烟火药（或壁炉中的湿木材）在所有水分被排出之前，温度不会超过100 ℃。如果材料的点火温度超过此温度，则在水被清除且材料温度上升到其发火点之前，不会发生点火。

1.3.1　固相反应

从广义上讲，固相反应是指那些有固态物质参加的反应。一般来说，反应产物之一必须是固态物质的反应，才称得上是固相反应。例如：

固体分解：$CaCO_3 \xrightarrow{\Delta} CaO + CO_2$

固—气相反应：$Al + O_2 \rightarrow Al_2O_3$

固—液相反应：$Mg + 2H_2O \rightarrow Mg(OH)_2 + H_2$

　　狭义上讲，固相反应常指固体与固体间发生化学反应生成新的固体产物的过程。如 1912 年 Hedvall 制成一种陶瓷颜料 Rimmann's Green——$Zn_xCo_{1-x}O$：

$$Co_3O_4（黑色）+ ZnO（白色）\xrightarrow{500 \sim 900℃} 绿色晶体$$

　　在此反应温度下，黑色固体粉末 Co_3O_4（950 ℃时方可转变为 CoO）和白色粉末 ZnO（熔点为 1 800 ℃）均为固态，不可能是气态和液态。这说明发生了固体与固体之间的反应。

　　固相反应通常是由简单的物理、化学过程构成，如化学反应、扩散、结晶、熔融、升华等。与气相反应相比较，固相反应的机理比较复杂。持续固相反应需要有一个物质和能量的扩散或传输过程才能使反应继续进行。物质和能量的传递是通过晶格振动、缺陷运动和离子与电子的迁移来进行。例如，一个初始均匀的固溶体体系，在温度梯度作用下，可以发生分离现象，即热扩散作用；离子晶体中的离子在电场的作用下发生迁移或电解；烧结过程中固体趋向最小表面积，因而使原子从表面曲率大的地方向曲率小的地方扩散。

　　不论是处于何种聚集态的物质，均能观察到其原子或分子的扩散现象。从热力学角度看，只有在绝对零度，才没有扩散。气体分子的扩散是人所共知的，在固体中也会发生原子的输运和不断混合的过程。但由于固体原子间存在很大的内聚力，因此固体原子的扩散要比气体原子的扩散慢几百万倍或几十亿倍。尽管如此，只要固体中的原子或离子分布不均匀，存在着浓度梯度，就会产生使浓度趋向于均匀的扩散流。例如，将两块表面磨平抛光的钢和锌互相紧密接触，在 220 ℃放置 12 小时以后，就可以发现接触面上形成 0.3 mm 厚的扩散层。

　　扩散是由热运动所引起的杂质原子或基质原子的一种输运过程，是由于体系内存在化学势梯度或电化学势梯度的情况下，所发生的原子或离子的定向流动和互相混合的过程，扩散的最终结果是消除这种化学势梯度或电化学势梯度。在没有外界势场的作用时，最后达到体系内组分浓度的均匀分布。化学势和电化学势定义为

$$\mu_i = \bar{G}_i = \left(\frac{\partial G}{\partial n_i}\right)_{P,T,n_i \neq n_j}$$

$$\eta_i = \mu_i + z_i \Phi F$$

式中，G 为体系自由能；n_i 为组分 i 的摩尔分数；z_i 为组分离子 i 的电荷数；Φ 为电势；F 为法拉第常数，F = 96 500 c/mol。因此，化学势的局域变化便是固相反应的推动力。扩散速率与推动力成正比，比例常数就是扩散系数。

扩散在固相反应中的主导作用与晶体缺陷关系很大。完美晶体中扩散是不可能的，只有晶体拥有缺陷（裂缝、位错、空穴、间隙原子或离子等）扩散才有可能。

缺陷的类型和数量决定着扩散的快慢，从而支配着反应性。新碾细的 $KClO_3$ 与 S 混合后的发火温度较低，易发生安全事故。这是由于新碾细的 $KClO_3$ 晶格缺陷增多而有利于 S 向其晶格内扩散，从而使反应性提高。

将新碾细的 $KClO_3$ 置于 46～49 ℃的干燥室内陈化 2～3 周（具有"退火"作用）再配制混合物则很安全。将 $KClO_3$ 先与 $NaHCO_3$ 或 $MgCO_3$ 预混后再与可燃剂混合也很安全。

对于敏感药剂采用表面包覆、遮盖裂缝、抑制气体吸收层等措施均可提高其安全性。相反，为了提高某些药剂的反应性，采取一些有利于"晶格松弛"的技术措施（如晶格变形、机械破碎增加晶格缺陷、掺杂等），均可提高反应性。

对非均相反应而言，固相反应完全由反应焓决定，这是其独特的性质。按照热力学第二定律 $\Delta G = \Delta H - T\Delta S$ 的要求，反应自发条件是 $\Delta G < 0$，式中 G 是吉布斯（Gibbs）自由能，H 是焓，T 是绝对温度，S 是熵。固相反应物生成固相产物的熵变接近 0。考普（Kopp）定律指出，离子比热的总和保持不变。因此 $\Delta G < 0$ 的唯一途径是 ΔH 必须小于 0，也就是说必须是放热反应。固相反应的这种独特性质也与其反应速度有关。

液相或气相反应的动力学可以表示为反应物浓度变化的函数，但是对于固体物质参与的固相反应来说，参与反应组分的原子或离子不是自由地运动，而是受到晶体内聚力的约束，它们参与反应的机会不能用简单的统计规律来描述，因此在固相反应中，反应物的浓度基本没有意义。

不论是哪一类固相反应，分解反应也好，合成反应也好，都可以把反应过程分解为 4 个步骤：①吸着现象，包括吸附和解析；②在界面上或均相区内原子进行反应；③在固体界面上或内部形成新物相的核，即成核反应；④物质通过界面和相区的输运，包括扩散和迁移。

例如，对于一个固态化合物的分解反应，可以认为反应最初发生在某一些局域的点上，随后这些相邻近的星星点点的分解产物聚积成一个个新物相的核，然后核周围的分子继续在核上发生界面反应，直到整个固相分解。试验证明，NH_4ClO_4 晶体的热分解过程的确如此。当在 478 K 加热 NH_4ClO_4 晶体 15 min 后，晶体的 210 晶面上出现一些孤立的核，特别是沿解理面附近尤其明显。从 001 晶面上可以看出这些孤立的核呈现无规律分布。再经过 478 K 加热 40 min 后，发现最初的核停止生长，但是又出现了一些新核。因为 NH_4ClO_4 的热分解产物是气体，所以核表面就表现为热腐蚀小坑，可以利用扫描电子显微镜很清楚地观察到。又如某些金属的氧化反应，开始的时候是在金属表面上吸着氧分子，并发生氧化，在表面上生成氧化物的核，并逐步形成氧化物的膜。如果这层氧化物膜阻止氧分子进入到金属表面的话，那么进一步反应就要依靠在金属与氧化物以及氧化物与氧之间界面上进行的界面反应，也要依赖于物质通过氧化物膜的扩散和传输作用。在各个过程中，往往某一个反应过程进行得比较缓慢，那么整个反应过程的反应速度就受这一步反应所控制，这叫作速率控制过程。

非均相反应的速率控制可分为两类：传输速率控制和相界反应速率控制。在低温和低压下，气体作为反应物之一的反应常常控制相边界的反应速率；然而，在高温下许多反应变成了由传输速率来控制。对于凝聚相反应，传输速率会更慢，因此即使在低温下，也会成为控制反应的传输速率。

1.3.2　固相反应温度

固相反应的开始温度常常远低于反应物的熔点或体系低共熔温度。烟火药中氧化剂的化学性质比金属的化学性质对烟火燃烧反应更有影响。在多数情况下，氧化剂有较低的熔点、转变温度或分解温度，因此氧化剂至少在反应的开始阶段是头等重要的因素。

固体化学的先驱之一——Tammann 教授考虑到晶格运动对反应性的重要性，并使用固体的实际温度除以固体熔点（以 Kelvin 或绝对温度表示）的比率来量化这一概念：

$$\alpha = \frac{T_s}{T_{mp}}$$

式中，T_s 为固体实际温度，K；T_{mp} 为固体熔点温度，K。

Tammann 提出，在 α 值为 0.5（或者在熔点的中点，单位为 K）时，可移动物种向晶格中的扩散应"显著"。后来将此温度称为 Tammann 温度，固体在熔点处具有大约 70% 的振动自由度，并且很可能扩散到晶格中。如果这代表了可能扩散的近似温度，那么它也是良好氧化剂和可移动反应性燃料之间可能发生化学反应的温度。氧化剂在低于熔点的温度下开始以缓慢的速率释放氧气，当达到熔点时，氧气损失的速度对许多氧化剂来说变得非常显著。从安全角度来看，这一点非常重要：在令人惊讶的低温下，存在潜在反应的可能性，特别是存在 S 或有机燃料的情况下。

例如，KNO_3 的熔点为 334 ℃，或 334 + 273 = 607（K）。取该值的一半（303.5 K），然后减去 273，转换为摄氏度（30.5 ℃），这是一个可能在温暖的存储区易找到的温度。表 1.5 列出了一些常见氧化剂及金属镁的 Tammann 温度，可以很好地解释含有 $KClO_3$ 和 KNO_3 的燃料/氧化剂混合物在低温发生的大量不可思议的意外点火的原因。由于氧化剂的分解是放热过程，因而 $KClO_3$ 更容易受到这种现象的影响，它实际上为点火过程提供能量。KNO_3 的显著吸热分解要求在分解开始之前达到较高的温度，并且氧气以显著的速率释放，以便与等待的燃料物种发生反应。

表 1.5 常用氧化剂及金属镁的 Tammann 温度

氧化剂名称	化学式	熔点/℃	熔点/K	Tammann 温度/℃
硝酸钠	$NaNO_3$	307	580	17
硝酸钾	KNO_3	334	607	31
氯酸钾	$KClO_3$	356	629	42
硝酸锶	$Sr(NO_3)_2$	570	843	149
硝酸钡	$Ba(NO_3)_2$	592	865	160
高氯酸钾	$KClO_4$	610	883	168
铬酸铅	$PbCrO_4$	844	1 117	286
三氧化二铁	Fe_2O_3	1 565	1 838	646
镁	Mg	651	924	189

Tammann 温度表示固体氧化剂中可能存在迁移的温度。固相反应的另一个要求是存在反应性燃料或燃料碎片，以接受来自氧化剂释放的氧气，从而产生额外的能量以导致点火。点火需要足够的机动性和足够的能量。同样的逻辑也适用于氧化剂中的氧原子扩散到高熔点固体燃料中，并与表面燃料原子反应产生热量。

1.3.3 基本烟火燃烧反应

在烟火燃烧反应中，烟火药的一些组分（可燃物）被氧化，而另一些组分（氧化剂）则同时被还原。最常见的烟火燃烧反应（放热）为

$$氧化剂 + 燃料 \rightarrow 产物 + 热量$$

如

闪光粉：$3KClO_4 + 8Al \rightarrow 3KCl + 4Al_2O_3 + Q$

铝热剂：$Fe_2O_3 + 2Al \rightarrow Al_2O_3 + 2Fe + Q$

烟火药中的氧化剂在高温下分解释放出有效氧，使燃料氧化燃烧；或者氧化剂与燃料发生固相燃烧反应，产生各种烟火效应。一般电负性大的元素都可作氧化剂，包括富含氧的无机盐（含氧氧化剂）或含高电负性元素的化合物（非含氧氧化剂）。

1. 含氧氧化剂

KNO_3：

$$4KNO_3 \rightarrow 4KNO_2 + 2O_2 \rightarrow 2K_2O + 2N_2 + 5O_2$$

其他金属硝酸盐也具有类似的两步反应。

$KClO_4$：

$$KClO_4 \rightarrow KCl + 2O_2$$

$KClO_3$ 的分解反应与此类似。

Fe_3O_4：

$$Fe_3O_4 \rightarrow 3Fe + 2O_2$$

其他金属氧化物与此类似。

2. 非含氧氧化剂

一些高电负性元素（表 1.6）可取代氧而承担烟火反应氧化剂的功能。

表 1.6　常见元素的电负性值

元素	元素符号	Pauling 电负性值
氟	F	4
氧	O	3.5
氮	N	3
氯	Cl	3
溴	Br	2.8
碳	C	2.5
硫	S	2.5
碘	I	2.5
磷	P	2.1
氢	H	2.1

如在火箭发动机燃料中，采用 S 作为燃料：

$$S + Zn \rightarrow ZnS + Q$$

在空中对抗诱饵弹中采用 PTFE 作为氧化剂，Mg 为燃料：

$$(C_2F_4)_n + 2nMg \rightarrow 2nC + 2nMgF_2 + Q$$

最近的文献还研究了使用（CF）$_n$（也称石墨氟化合物）及其衍生物与 Mg 或其他燃料（如 B、Ti、Si 或硅合金）的烟火药配方。（CF）$_n$ 是一种白色乳状至深灰色的高度疏水性微晶粉末，其是通过石墨或苏长岩在 400～700℃ 的温度下氟化而得到。

在遮蔽烟幕中采用的含氯化合物，如使用 Zn、Al 或 CCl_4 和 C_2Cl_6 产生浓密的灰色烟雾的伯格烟火药，其燃烧产生吸湿性 $ZnCl_2$ 气溶胶烟雾：

$$C_2Cl_6 + 3Zn \rightarrow 3ZnCl_2 + 2C + Q$$

烟火药燃烧形态可能只是高放热的化学反应，火焰和发光并不是烟火药燃烧过程的必然特征，例如，用于产生可见光遮蔽效能的粗蒽型发烟剂或有色发烟剂，燃烧时一般不应产生火焰和发光。

1.3.4　烟火固相反应基本条件

烟火药固相燃烧反应的基本条件是必须同时含有可燃物、氧化剂和达到预着火温度的能量输入。烟火药中的燃料和氧化剂基本都是固体颗粒，它们之间经过物理混合形成烟火药（图1.7）。

图 1.7　镁颗粒（红色）和氧化锰颗粒（绿色）组成烟火药的 SEM 图像（附彩插）

对于反应物的混合，若为气相反应或液相反应，由于反应物发生原子水平的混合，因此，反应物的浓度在整个反应区域是均匀的，可按比较简单的统计法则由所发生的原子或分子的碰撞而开始反应，而且在反应体系的整个区域中反应的进行也是均匀的。此时，反应生成物分子仅对进行反应有质量作用效应的影响，在广泛的范围内，反应体系与空间坐标无关，反应速度可用只含时间的公式来表示。

烟火固相燃烧反应与气相反应或液相反应相比，最显著的不同是：烟火固相燃烧反应不可能达到原子或分子水平的均匀混合，参与反应的固相界面只有接触后才会发生化学反应，为非均相反应。也就是说，在两相的接触部分（或接触点）开始发生反应，反应生成物层一旦形成，为了使反应继续进行，反应物以扩散方式，通过生成物相进行物质传输。空间坐标就成为支配反应速度的因素，总反应速度是由反应物和生成物的界面移动所决定。因此，对烟火固相燃烧反应有影响并且可作为特征考虑的是在发生反应时的反应物混合的均匀性、反应物接触的紧密程度（压制密度，详见第 2 章 2.4.3 节）及与固体所特有的结构和性质有关的因素，如固体反应物的晶体结构、内部缺陷、形貌（粒度、孔隙度、表面状况）以及组分的能量状态等。

发生烟火固相燃烧反应的前提是各反应物的原子必须是物理接触。增大反应物粒子间的接触面，真正解释了烟火燃烧反应速度随药剂压制密度的增加而加快的反应机理。然而，大多数情况下，只有粒子表面的原子可参与反应。对于直径为 25 μm 的颗粒，大约由 10^{15} 个原子组成，而在粒子表面上大约只有 3×10^{-5} 个原子。因此，在正常条件下，几乎没有一种燃料或氧化剂能够参与烟火反应。燃料和氧化剂混合的均匀性和颗粒的大小成为决定能量释放速率以及由此可得到的反应效应的重要因素。合适的粒度和绝对的均匀性对烟火药燃烧反应至关重要。因此，为了使烟火药发生正常的燃烧反应，并产生正常的烟火效应，烟火药的组分间应粒径相当（可通过破碎的方式来实现）并充分混合均匀。在配制良好的烟火药中，一般不能用肉眼识别出每一种组分。

预先降低烟火药反应物的粒子尺寸并把反应物进行混合，如共沉淀或研磨、过筛等操作，其目的都是为了提高反应物间的分散性和接触度（混合的均匀度增强），增强反应性。大多数烟火药在应用时都是经压制或浇注成一定的密度，目的是增强烟火药各组分的接触程度，控制烟火药的固相反应性，缩小其在烟火装置中所占的体积，并使其能有较大的机械强度，提高安全性。但在这些情况下，缺陷结构的发生或者由机械力化学的作用而引起的点阵不整齐，也可以期望会有促进反应的效果。

虽然可以根据粉体粒子尺寸、形状来推断反应物粒子的接触程度，但无论从宏观上或从微观上，都不知道在粗粒子的表面上最初发生接触的机理是什么，也不清楚在广泛范围内原子级接触的起源机理。这个时候可以认为刚刚加热到反应温度就发生了反应，还必须考虑表面上的晶须在发生接触时的行为等。因此，就可能出现把反应的再现性简单地只作为结构敏感性进行说明等问题。

除了要求原子在反应之前必须进行物理接触外，还必须具有足够的能量输入来触发反应。在大多数情况下，烟火药是低爆炸物，只能在输入触发能量（点火）时才会发生燃烧或爆燃。如果外部施加的能量被烟火药有效吸收，固体组分可发生晶相转变、熔化、沸腾和分解。如硝酸钾是离子固体，而离子晶格的疏松性对确定它们的反应性是非常重要的。常温下，晶格存在振动运动，并且随着固体温度的升高，振动的振幅也增大。在熔点附近，维持结晶固体的内聚力崩溃，形成随机取向的液态。如果晶体有足够的振动振幅，液体燃料或燃料碎片将扩散到固体氧化剂的晶格中。一旦产生足够的热量使氧化剂开始分解，也开启了高温燃烧反应，包括单质氧气和燃料原子或自由基，结果是反应速率非常快。

对于要触发的烟火燃烧反应，参与反应的物质应该是具有超过一定阈值的能量，称为 Arrhenius 活化能 E_a。只要通过接收外部能量使部分药剂的温度升高来提供所需的活化能，那么将在能量输入的表面发生化学反应。

定义活化能与反应速率 $k(T)$ 之间的关系为

$$k(T) = A \cdot \exp\left(-\frac{E_a}{RT}\right)$$

式中，A 是指前因子；R 是气体常数；T 是绝对温度。

烟火燃烧反应进程可认为是分两步进行的：①必须有能量输入到体系中（"活化能"）；②反应能产生能量（反应热，准确地应称为反应焓）。第一步可以被认为是打破原来的化学键，第二步则形成新的和更强的化学键（图1.8）。

对于任何给定的温度，原子具有从 0 到非常高能量的热能分布。因此，烟火药中的一些原子具有超过 E_a 的能量，即反应所需的活化能（图1.9）。

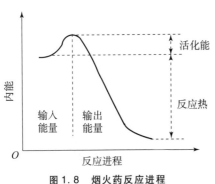

图1.8　烟火药反应进程

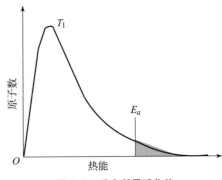

图1.9　反应所需活化能

那么，为什么所有的烟火药在室温下都不反应呢？它们不是不反应，而是反应得非常非常缓慢。在室温下超过 E_a 的原子分数为 10^{12}。30 000 个原子中只有 1 个原子位于粒子表面，燃料和氧化剂表面的接触分数在 1/20。结果，只有 $1/(6 \times 10^{17})$ 个原子才能够参与反应。

随着烟火药温度的升高，能量超过活化能的原子分数大大增加。在图1.10中，尽管 T_2 的温度仍然很低，但是提高温度的结果是，在 T_2 温度发生反应的速率比 T_1 大得多。对于 350 ℃ 的黑火药来讲，超过 E_a 的分子数大约是室

温的 10^8 倍。然而，这仍然只是约 10^{-7} 个分子能够参与反应。只要升高烟火药的温度，就会产生图 1.11 所示的系列结果。在烟火药被点燃之后，由于燃烧本质上是放热的，因此化学反应产生足够的能量来驱动周围反应物达到它们的活化能，从而点燃下一级烟火药。之后，整个反应物重复着点火和能量传递的循环，并在物理上表现为火焰。

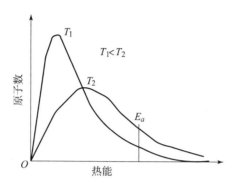

图 1.10　温度升高对烟火药热能分布的影响

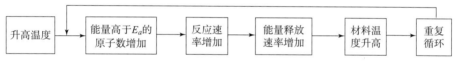

图 1.11　烟火药温度升高导致的燃烧反应过程

　　然而，这与日常观察相反，温度的轻微上升一般不会最终导致烟火药的着火燃烧，原因是对产生的热量只考虑了一半，还必须考虑向周围环境的散热。

　　当升高烟火药的温度（T）时，热反应的产热速率（R_{gain}）成指数增加，基本上遵循阿伦尼乌斯方程：

$$R_{gain} \approx Ae^{BT}$$

式中，A 和 B 是常数。

　　随着温度升高，在几百摄氏度以下，向周围环境的热损失速率（R_{loss}）与烟火药（T）和周围环境（T_a）的温度差大致成正比：

$$R_{loss} \approx k(T - T_a)$$

式中，k 为常数。

　　如果温度升高到 T_1（图 1.12），能量产生速率和损失速率都会增加。若损

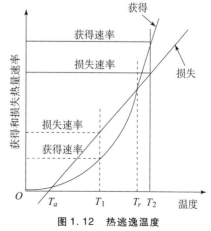

图 1.12　热逃逸温度

失速率比产生速率增加的更多，则该烟火药将冷却并回到室温。对应于曲线上两条线交叉点的温度可以称为热逃逸温度（T_r）。如果温度上升到T_2，高于曲线的交点，温度将继续以加速度上升。这是因为产热速率超过了损失速率，并且随着温度的持续上升，获得和损耗的差异迅速增大。

对于烟火药，T_r 与 E_a（活化能）、ΔH_r（反应焓）和热损失的快慢有关：E_a 低，则 T_r 低；ΔH_r 高，则 T_r 高；大多数药剂趋向于较低的 T_r。

烟火药制品获得热量的速率不受其尺寸的影响，然而，由于绝热效应，热量损失速率取决于烟火药制品尺寸（图1.13）。

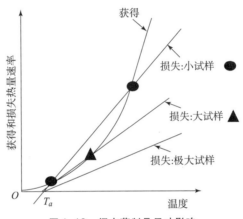

图1.13 烟火药制品尺寸影响

如果烟火药在数量上足够多或绝缘性足够好，升温速率将总是大于热损失速率。在这种情况下，制品会自发点燃。但是，点火时间可能非常长，而且所需烟火药制品的质量可能是天文数字。升温速率受烟火药制品温度的影响，而不受环境温度的影响。然而，热损失速率受环境温度的影响。如果将烟火药放置在一个温度足够高的环境中，就会发生热释放并导致着火。因此，大多数自燃事件发生在炎热潮湿的气候以及封闭的空间环境中（空气交换率最低）。

1.3.5 预着火反应

烟火固相燃烧反应的理论基础主要由 Spice 和 Staveley 的一篇论文导出。他们将铁（Fe）粉与过氧化钡（BaO_2）粉末经干燥混合后，压制成药柱，并将药柱密封于玻璃容器中，然后将此容器放置在加热箱内加热，在不同时间内定量测定玻璃容器内磁性单质铁的消失，以此确定反应进程。$Fe - BaO_2$ 体系的反应式和反应产物为

$$3BaO_2 + 2Fe \rightarrow Fe_2O_3 + 3BaO$$

可以设想此反应可能有 3 种状况:

(1) $2BaO_2 + 热 \rightarrow 2BaO + O_2$, 其中气态 O_2 再与 Fe 粉发生化学反应。

(2) $BaO_2 + 热 \rightarrow BaO_2(液)$, 其中液态 BaO_2 再与 Fe 粉发生化学反应。

(3) 不经过气相或液相的真正固—固相反应。

McLain 根据以下试验情况, 排除了前 2 种反应:

(1) 如果涉及产生气体, 则 O_2 经 Fe_2O_3 层扩散至金属 Fe 粉应是反应速度的决定因素, 但用金属 Fe 粉和气态 O_2 进行的试验结果证明, 它们反应的活化能跟压实粉末中预着火反应的活化能相差悬殊。

(2) BaO_2 在 335 ℃ (预着火反应温度) 保持数小时, 没有可测出的分解压力或 BaO_2 含量的减少。

(3) 把一个 Fe 粉药柱和一个 BaO_2 药柱分别密封到一个抽空的 U 形管两端, 在 335 ℃ 加热 4 h, 两个药柱的重量都没有发生变化。

(4) 在 BaO_2 – Fe 混合物中添加 Fe_2O_3 (BaO_2 分解的催化剂), 预着火反应速度减慢。向混合物中添加 Fe_2O_3 类似于延期药中填加的稀释剂 (如高岭土、特制的硅藻土、惰性稀释剂等), 起降低燃烧速度的作用。

(5) 提高压制药柱时使用的压力 (增加药柱的密度), 导致预着火反应速度加快。这种现象跟设想气体在药剂柱内扩散所预期的结果相反, 但正好与设想晶格单元扩散所预期结果一致。

(6) 在持续抽真空的过程中加热药柱, 其预着火反应的反应速度未降低, 在有些情况下甚至加快。如果涉及气体扩散, 以上 2 种情况都不会出现。

(7) 不会涉及液态, 因为 Fe 的熔点很高, BaO_2 虽然在 400 ℃ (接近预着火反应温度) 熔化, 但在任何时候都未观测到熔化现象。而且在 Fe – $K_2Cr_2O_7$ 压制药柱的反应体系中, 在比 $K_2Cr_2O_7$ 低一百多度的温度下, 也观测到了 Fe – $K_2Cr_2O_7$ 混合物的着火反应。

上述研究证实出现两种反应: 着火反应和预着火反应。预着火反应 (PIR) 是真正的炽热自传播固—固相放热化学反应。预着火期从应用启动点火刺激开始, 到自维持燃烧开始时结束。在这段时间内, 被点燃的那一部分药剂的传热速率、产热速率和热损失速率是很重要的。如果 PIR 是烟火燃烧反应的必然先行阶段, 则必在反应的引发 (反应性) 中起重要作用。如果 PIR 放出的热量少而且慢, 热损失大于热积累, 则 PIR 反应会中止。如果 PIR 放出的热量大且快, 热积累大于热损失, 则出现固体自发加热, 此时反应速度加快, 放热速率增快, 热损失率也会随着温度的升高而增加, 但是由于产热速率大于热损失速率, 从而导致烟火药着火燃烧或爆炸。

1.3.6 氧平衡

烟火药中氧化剂的电势或化合物中氧化基团的电势主要由氧平衡（Ω）决定。该值（以百分比形式给出）表示体系完全燃烧（即燃料的完全和无残渣消耗）的（理论）能力：氧平衡（$\Omega = 0$）表示燃料原子和氧化剂原子的化学计量混合物。负氧平衡（负 Ω 值）表示体系中未燃烧的燃料被留下或需要大气中的氧气（或氮气或水蒸气）才能完全燃烧。正氧平衡表示一个体系中有过量的氧气供燃料原子燃烧。为了获得精确的氧平衡，对所有发生的化学反应有一个基本的、以试验为基础的理解是一个先决条件。在某些情况下，这可能比想象的要复杂。例如，由 75.7% KNO_3、11.7% 木炭、9.7% S 和 2.9% 水分组成的黑火药燃烧反应可近似表示为

$$74KNO_3 + 96C + 30S + 16H_2O \rightarrow 35N_2 + 56CO_2 + 14CO + 3CH_4 + 2H_2S + 4H_2 +$$
$$19K_2CO_3 + 7K_2SO_4 + 8K_2S_2O_3 + 2K_2S + 2KSCN + (NH_4)_2CO_3 + C + S$$

采用一个简化表示法，$C_aH_bN_cO_dCl_eS_f$ 分子（或混合物）的燃烧可以假设为

$$C_aH_bN_cO_dCl_eS_f \rightarrow aCO_2 + \frac{b-e}{2}H_2O + \frac{c}{2}N_2 + eHCl + fSO_2 - \left[(a+f) + \frac{b-e}{4} - \frac{d}{2}\right]O_2$$

该分子（分子质量 M）的氧平衡（Ω）的计算式为

$$\Omega = -\left[(a+f) + \frac{b-e}{4} - \frac{d}{2}\right]\frac{32}{M} \times 100\%$$

氧平衡对反应速率和反应热有重要影响。通过改变氧平衡，可以显著影响这两个因素。

|1.4 烟火燃烧热效应|

热化学是研究伴随化学反应及状态（如蒸发和熔化）变化的热效应。与化学反应放出（或吸收）热量相关的因素包括：①反应物和产物的性质及物质的量；②物质的物理态；③发生反应的温度和压力；④恒容或恒压反应。既然从烟火燃烧反应释放出来的热量显著地影响烟火效应，那么对热化学原理的理解和应用是十分重要的。

1.4.1 热值

传统上，燃料的热值（单位为 MJ/kg）用于量化标准条件（STP）（25℃和

101.3 kPa）下在空气中燃烧产生的最大热量。燃料燃烧释放的热量取决于产物中的水相。如果产物气相中含有水，则总放热值表示为低热值（LHV）。当水蒸气凝结成液体时，可获取额外的能量（等于汽化潜热），则释放的总能量称为高热值（HHV）。可以通过 HHV 减去水从蒸气变为液体过程中释放的能量来计算 LHV：

$$LHV = HHV - \frac{N_{H_2O,P} M_{H_2O} h_{fg}}{N_{fuel} M_{fuel}}$$

式中，$N_{H_2O,P}$ 是产物中水的摩尔数；$h_{fg} = 2.44$ MJ/kg $= 43.92$ MJ/kmol，为 STP 下水的潜热。在燃烧文献中，LHV 通常称为焓或燃烧热（Q_c）。

在常压、控制体积、无做功交换的条件下，可从理论上测定特定燃料的热值。假定在 STP 条件下，1 mol 燃料进入控制体积的入口，反应产物从出口离开。当产物冷却至入口温度，水为液态时所能获得的最大热量。由于常压反应器能量守恒，用 H_P 和 H_R 分别表示产物和反应物的总焓，则

$$- Q_{rxn,P} = H_R - H_P$$

$Q_{rxn,P}$ 为负值，表示体系向周围环境中传递热量。燃料的热值为反应物与产物焓的差值。然而，在燃烧体系中，焓的评估并不简单，因为进入体系的反应物与由于化学反应而出来的产物不同。$Q_{rxn,P}$ 通常被称为反应焓或反应热，下标 P 表示该值是在恒压下得到的。反应焓与燃烧焓有关，即 $Q_{rxn,P} = - Q_C$。

1.4.2　生成焓

在燃烧过程中，反应物被消耗形成产物并释放能量，这种能量来自反应物化学键的重新排列形成产物。标准生成焓 $\Delta \hat{h}_i^o$ 量化了 STP 条件下化学物质的化学键能。物质的生成焓是指在 STP 条件下由其组成元素生成该物质所需的能量，包括摩尔生成焓 $\Delta \hat{h}_i^o$（MJ/kmol）和质量生成焓 $\Delta \hat{h}_i^o$（MJ/kg）。最稳定形式的元素，如 C、H_2、O_2 和 N_2，其生成焓为 0。

当偏离标准条件并伴随着焓变时，对于没有化学反应的热力学体系，理想气体的焓变用显热焓来描述

$$\hat{h}_{si} = \int_{T_0}^{T} \hat{c}_p(T) \, dT$$

式中，下标 i 表示物种 i，T_0 表示标准温度（25 ℃），而^表示量为每摩尔。在标准条件下，任何物种的显热焓均为 0。因此，"绝对"或"总"焓 $\hat{h}_{si}$ 是显热焓和生成焓之和：

$$\hat{h}_i = \Delta \hat{h}_i^0 + \hat{h}_{si}$$

当存在相变时，总焓还包括潜热 $\hat{h}_l$：

$$\hat{h}_i = \Delta\hat{h}_i^0 + \hat{h}_{si} + \hat{h}_l$$

确定物种生成焓的一种途径是使用常压流反应器。例如，用 1 kmol 石墨（C）与 1 kmol 氧气（O_2）在 25℃常压（101.3 kPa）下反应来确定 CO_2 的生成焓。1 kmol CO_2 产物在 25℃时流出反应器，则反应产生的热量传送出该体系，因此 CO_2 的生成焓为 $\Delta\hat{h}_{CO_2}^o = -393.52$ MJ/kmol。这意味着在 25℃ 时，CO_2 比组成元素 C 和 O_2（它们的生成焓为 0）的能量低。对于所有化学物种，生成焓不全是负值。例如，NO 的生成焓 $\Delta\hat{h}_{NO}^o = +90.29$ MJ/kmol，意味着从 O_2 和 N_2 生成 NO 需要供给能量。对于大多数不稳定或自由基物种，如 O、H、N 和 CH_3，生成焓为正值。

1.4.3　燃烧热

使用能量守恒方程，可评估反应物和产物的焓。总焓表达式为

$$-Q_{rxn,P} = H_R - H_P = \sum_i N_{i,R}(\Delta\hat{h}_{i,R}^o + \hat{h}_{si,R}) - \sum_i N_{i,P}(\Delta\hat{h}_{i,P}^o + \hat{h}_{si,P})$$

$$= \left[\sum_i N_{i,R}\Delta\hat{h}_{i,R}^o - \sum_i N_{i,P}\Delta\hat{h}_{i,P}^o \right] + \sum_i N_{i,R}\hat{h}_{si,R} - \sum_i N_{i,P}\hat{h}_{si,P}$$

式中，N_i 是物种 i 的摩尔数。当产物冷却至反应物的条件时，从常压反应器传递至环境中的热量定义为热值。在 STP 条件下，显热项脱离反应物和产物，释放的热量为

$$-Q_{rxn,P}^0 = \sum_i N_{i,R}\Delta\hat{h}_{i,R}^o - \sum_i N_{i,P}\Delta\hat{h}_{i,P}^o$$

在此类试验中为保证完全燃烧，通常使用过量的空气。使用过量的空气不会影响 STP 条件下的 $-Q_{rxn,P}^0$。除非反应混合物被严重地稀释，否则在 STP 条件下产物中的水将是液态。假定产物的水为液态，HHV 为

$$HHV = \frac{-Q_{rxn,P}^0}{N_{fuel}M_{fuel}}$$

$Q_{rxn,P}^0$ 前面的负号保证了 HHV 为正值。

定容反应器比定压反应器更便于试验测定特定燃料的 HHV。对于封闭体系，由能量守恒得到

$$-Q_{rxn,V} = U_R - U_P$$

对于燃烧过程，同一类型的统计必须包括化学键能的变化。利用与焓的关系来评估内能。注意，基于质量的关系式为 $h = u + PV$，基于摩尔的关系式为 $\hat{h} = \hat{u} + \hat{R}_u T$。在 STP 条件下（$T = T_0 = 25$℃），在密闭体系中，反应物的总内能为

$$U_R = H_R - PV = H_R - \sum_i N_{i,R}\hat{R}_u T_0 = \sum_i N_{i,R}\Delta\hat{h}_{i,R}^0 - \sum_i N_{i,R}\hat{R}_u T_0$$

产物的总内能以类似的方式进行评估：

$$U_P = \sum_i N_{i,P} \Delta \hat{h}_{i,P}^0 - \sum_i N_{i,P} \hat{R}_u T_0$$

利用内能关系，可以用焓重新表示定容放热：

$$-Q_{rxn,V}^0 = U_R - U_P = \sum_i N_{i,R} \Delta \hat{h}_{i,R}^o - \sum_i N_{i,R} \hat{R}_u T_0 - \left[\sum_i N_{i,P} \Delta \hat{h}_{i,P}^o - \sum_i N_{i,P} \hat{R}_u T_0 \right]$$

$$= \sum_i N_{i,R} \Delta \hat{h}_{i,R}^o - \sum_i N_{i,P} \Delta \hat{h}_{i,P}^o + \left(\sum_i N_{i,P} - \sum_i N_{i,R} \right) \hat{R}_u T_0$$

因此，燃烧过程的 HHV 为

$$\mathrm{HHV} = \frac{-Q_{rxn,V}^0 - \left(\sum_i N_{i,P} - \sum_i N_{i,R} \right) \hat{R}_u T_0}{N_{fuel} M_{fuel}}$$

式中，N_{fuel} 为燃烧的燃料摩尔数；M_{fuel} 为燃料的分子量。$Q_{rxn,V}^0$ 前面的负号保证 HHV 为正值。对于一般燃料 $C_\alpha H_\beta O_\gamma$，$-Q_{rxn,V}^0$ 与 $-Q_{rxn,P}^0$ 间的区别为

$$\left(\sum_i N_{i,P} - \sum_i N_{i,R} \right) \hat{R}_u T_0 = \Delta N \hat{R}_u T_0 = \left(\frac{\beta}{4} + \frac{\gamma}{2} - 1 \right) \hat{R}_u T_0$$

并且小于 HHV。因此，通常情况下，在恒压或恒容下的反应热之间没有区别。

对于给定的燃料，烟火药单位体积的热量（根据烟火药的理论密度计算）取决于所用的氧化剂。一般来说，对于给定的氧化剂，热量的释放取决于氧化剂阴离子：

$$ClO_4^- > ClO_3^- > NO_3^- > MnO_4^- > SO_4^{2-} > Cr_2O_7^{2-} > CrO_4^{2-}$$

对于给定的氧化剂阴离子，铜盐比铅化合物产生更多的热量，当与相同的燃料反应时，这些化合物中的任何一种产生的热量都比 Na、K、Ca 或 Ba 化合物多。虽然看起来铜盐最好，但由于其点火困难，因此并不常用。

1.4.4　绝热火焰温度

燃烧过程最重要的特征之一是可以达到的燃烧产物的最高温度。当与周围环境没有热量交换时，产物的温度最高，燃烧释放的所有能量用于加热产物。

绝热恒压分析用于计算绝热火焰温度。在此理想条件下，能量守恒为

$$H_P(T_P) = H_R(T_R)$$

式中，

$$H_P(T_P) = \sum_i N_{i,P} \hat{h}_{i,P} = \sum_i N_{i,P} [\Delta \hat{h}_{i,P}^o + \hat{h}_{si,P}(T_P)]$$

$$H_R(T_R) = \sum_i N_{i,R} \hat{h}_{i,R} = \sum_i N_{i,R} [\Delta \hat{h}_{i,R}^o + \hat{h}_{si,R}(T_R)]$$

图 1.14 是如何确定绝热火焰温度的图解说明。在反应物初始温度下，产物混合物焓低于反应物混合物焓。燃烧释放的能量用于加热产物，以满足

$H_P(T_P) = H_R(T_R)$ 条件。

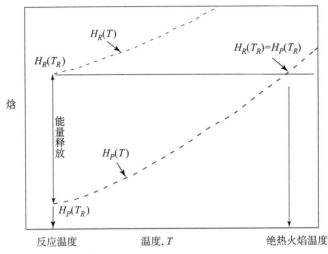

图 1.14　绝热火焰温度图解

在给定反应物焓的情况下，可使用 3 种不同的方法获得产物温度 T_P。

方法 1：常数，平均 c_p

依据 $H_P(T_P) = H_R(T_R)$ 的能量守恒，得到表达式

$$\sum_i N_{i,P}[\Delta\hat{h}_{i,P}^0 + \hat{h}_{si,P}(T_P)] = \sum_i N_{i,R}[\Delta\hat{h}_{i,R}^0 + \hat{h}_{si,R}(T_R)]$$

重排得到

$$\sum_i N_{i,R}\hat{h}_{si,P}(T_P) = -\left(\sum_i N_{i,P}\Delta\hat{h}_{i,P}^0 - \sum_i N_{i,R}\Delta\hat{h}_{i,R}^0\right) + \sum_i N_{i,R}\hat{h}_{si,R}(T_R)$$

$$= -Q_{rxn,p}^0 + \sum_i N_{i,R}\hat{h}_{si,R}(T_R)$$

$\sum_i N_{i,R}\hat{h}_{si,R}(T_R)$ 代表反应混合物在 T_R 和 T_0（25℃）时显热焓的差别。注意，在高燃烧温度下，产物中的水近似为气相，因此，当燃料完全耗尽时

$$-Q_{rxn,p}^0 = \text{LHV} \cdot N_{fuel} \cdot M_{fuel} = \text{LHV} \cdot m_f$$

假定显热焓可近似为

$$\hat{h}_{si,P}(T_P) \approx \hat{c}_{pi}(T_P - T_0)$$

式中，$\hat{c}_{pi}$ 近似为常数，则

$$(T_P - T_0)\sum_i N_{i,P}\hat{c}_{pi} \equiv \hat{c}_p(T_P - T_0)\sum_i N_{i,P} = -Q_{rxn,p}^0 + \sum_i N_{i,R}\hat{h}_{si,R}(T_R)$$

重排方程得到 T_P

$$T_P = T_0 + \frac{-Q_{rxn,p}^0 + \sum_i N_{i,R}\hat{h}_{si,R}(T_R)}{\sum_i N_{i,P}\hat{c}_{pi}} \approx T_R + \frac{-Q_{rxn,p}^0}{\sum_i N_{i,P}\hat{c}_{pi}} = T_R + \frac{LHV \cdot m_f}{\sum_i N_{i,P}\hat{c}_{pi}}$$

对此式采用如下近似：

$$\frac{\sum_i N_{i,R}\hat{h}_{si,R}(T_R)}{\sum_i N_{i,P}\hat{c}_{pi}} = \frac{\sum_i N_{i,R}\hat{c}_{pi,R}(T_R - T_0)}{\sum_i N_{i,P}\hat{c}_{pi}} \approx T_R - T_0$$

当反应物在标准条件下进入燃烧室时，上述方程简化为（因为反应物的显热焓在 T_0 时为 0）

$$T_P = T_0 + \frac{LHV \cdot m_f}{\sum_i N_{i,P}\hat{c}_{pi}}$$

上述程序是通用的，可适用于任何混合物。请注意，比热是温度的函数，因此该方法的精度取决于为比热 $\hat{c}_p$ 选择的值。

如果给出了燃料的热值，则可以对相同的控制体积进行基于质量的分析。由燃料（m_f）和空气（m_a）组成的初始混合物。根据质量守恒，产物的总质量为 $m_f + m_a$。产物的显热焓近似为

$$H_{s,P} = (m_f + m_a) \cdot \bar{c}_{p,P} \cdot (T_P - T_0)$$

式中，$\bar{c}_{p,P}$ 是由反应物和产物的平均温度估计的平均比热值，如 $\bar{c}_{p,P} = c_p(\bar{T})$，式中 $\bar{T} = (T_P + T_R)/2$。同理，反应物的显热焓为

$$H_{s,R} = (m_f + m_a) \cdot \bar{c}_{p,R} \cdot (T_R - T_0)$$

式中，$\bar{c}_{p,R}$ 为反应物的平均温度和标准温度估计的平均比热值，如 $\bar{c}_{p,R} = c_p(\bar{T})$，$\bar{T} = (T_R + T_0)/2$。根据能量守恒，$H_{s,P}$ 等于燃烧释放的热量与反应物显热焓的和，即

$$H_{s,P} = -Q_{rxn,p}^0 + H_{s,R} = m_{fb} \cdot LHV + H_{s,R}$$

式中，m_{fb} 为燃烧的燃料数量。对于 $\varnothing \leqslant 1$，既然在稀混合气中，所有燃料的消耗都有足够的空气，则 $m_{fb} = m_f$。对于富燃料燃烧（$\varnothing > 1$），约束因子是有效空气的量 m_a。因此，对于 $\varnothing > 1$，燃料燃烧的量 $m_{fb} = m_a f_s$，式中 f_s 是燃料与空气的质量计量比率。对于贫燃料混合物（$\varnothing \leqslant 1$），计算的绝热火焰温度为

$$T_P \cong T_0 + \frac{m_f \cdot LHV + (m_a + m_f)\bar{c}_{p,R}(T_R - T_0)}{(m_a + m_f)\bar{c}_{p,P}} \approx T_R + \frac{m_f \cdot LHV}{(m_a + m_f)\bar{c}_{p,P}}$$

$$= T_R + \frac{m_f/m_a \cdot LHV}{(1 + m_f/m_a)\bar{c}_{p,P}} = T_R + \frac{f \cdot LHV}{(1 + f)\bar{c}_{p,P}} = T_R + \frac{\varnothing \cdot f_s \cdot LHV}{(1 + \varnothing \cdot f_s)\bar{c}_{p,P}}$$

式中，$\bar{c}_{p,R} \approx \bar{c}_{p,P}$。同样，对于富燃料混合物（$\varnothing > 1$）

$$T_P = T_R + \frac{f_s \cdot LHV}{(1 + f)\bar{c}_{p,P}} = T_R + \frac{f_s \cdot LHV}{(1 + \varnothing \cdot f_s)\bar{c}_{p,P}}$$

注意，对于富碳化合物燃料，f_s 是非常小的（如甲烷的 $f_s = 0.058$）。因此，对于贫燃料燃烧，产物（火焰）温度几乎与等效比率 $\varnothing$ 呈线性增加。在计量比位置，火焰温度达到峰值。对于富燃料燃烧，火焰温度随 $\varnothing$ 降低。

方法 2：迭代焓平衡

获得火焰温度的更精确的途径是采用迭代设置火焰温度 T_P，直至 $H_P(T_P) \approx H_R(T_R)$。给定反应物的焓，产物焓采用以下表达式：

$$H_P(T_P) = \sum_i N_{i,P} \hat{h}_{i,P} = \sum_i N_{i,P} [\Delta \hat{h}_{i,P}^o + \hat{h}_{si,P}(T_P)] = H_R(T_R) = \sum_i N_{i,R} \hat{h}_{i,R}$$

重排此方程，得到产物显热焓的表达式：

$$\sum_i N_{i,P} \Delta \hat{h}_{i,P}^o + \sum_i N_{i,P} \hat{h}_{si,P}(T_P) = \sum_i N_{i,R} \Delta \hat{h}_{i,R}^o + \sum_i N_{i,R} \hat{h}_{si,R}(T_R)$$

$$\sum_i N_{i,P} \hat{h}_{si,P}(T_P) = \sum_i N_{i,R} \Delta \hat{h}_{i,R}^o - \sum_i N_{i,P} \Delta \hat{h}_{i,P}^o + \sum_i N_{i,R} \hat{h}_{si,R}(T_R)$$

$$\sum_i N_{i,P} \hat{h}_{si,P}(T_P) = -Q_{\text{rxn},p}^0 + \sum_i N_{i,R} \hat{h}_{si,R}(T_R)$$

依据初始设定的火焰温度 T_{P1}，如果 $H_P(T_{P1}) < H_R(T_R)$，得到较高的火焰温度 T_{P2}。重复此过程，直至两个温度非常接近，使 $H_P(T_{f1}) < H_R(T_R) < H_P(T_{f2})$。采用线性插值可以估计产物温度。虽然这个方法更精确，但是仍然假定主要产物是完全燃烧。

方法 3：最小自由能平衡态

分解是指大分子分离形成小分子，如 $2H_2O \leftrightarrow 2H_2 + O_2$。在高温时（环境压力，$T > 1\ 500\ \text{K}$），产物的分解可从燃烧过程中吸收很大一部分能量，从而产物温度比仅用产物主要组分计算的值低。在特定约束条件下（如常数焓，压力或温度），平衡态确定了物种浓度和温度。平衡态火焰温度比方法 1 和方法 2 的温度低。此外，如果在无穷长的时间内，化学反应是有效的，则化学平衡态常用于燃烧机理研究，并作为化学动力学的参考点。在理想状况下，任何化学反应的正向和反向速率是平衡的。通过约定特定的变量（如常压和焓），可采用最小自由能确定化学平衡态，甚至不需要化学动力学知识。

如果考虑完全燃烧，前两种方法可以手动执行，并且只提供快速估计。方法 3 考虑了高温下产物的分解，使其比前两种方法更精确。

1.4.5 典型烟火药燃烧温度

烟火反应产生大量的热量，使用特殊的高温光学方法可以直接测量火焰温度，也可以使用反应热数据和熔化热、汽化热、热容及转变温度等的热化学值估算。计算值一般高于试验值，这是由于忽略了周围环境的热损失以及一些反应产物的吸热分解。

反应产生的相当大的热量被用来熔化和汽化反应产物。反应产物的汽化通常是确定最大火焰温度的限制因素。例如，加热烧杯中 25℃ 的水，在 1 atm 下，水的温度迅速上升到 100℃，在加热 25~100 ℃ 范围的水，每升高 1 ℃ 所需的热量为 4.186 J/g。将 500 g 水从 25 ℃ 升高到 100 ℃ 需要 157 kJ 的能量。然而，一旦水达到 100 ℃，就开始沸腾，水转化为蒸汽状态，温度升高就停止了。将 1 g 水从液体转化为蒸汽需要 2.26 kJ 的热量（水的蒸发热）。在 100 ℃ 时，蒸发 500 g 水，可以计算出需 1 130 kJ 的热量。

烟火反应产物如氧化镁（MgO）和三氧化二铝（Al_2O_3）的蒸发与水类似，趋向于限制烟火火焰达到的峰值温度。一些常见非气体烟火产物的化学式及熔点、沸点如表 1.7 所示。

表 1.7　常见非气体烟火产物的化学式及熔点、沸点

名称	化学式	熔点/℃	沸点/℃
三氧化二铝	Al_2O_3	2 072	2 980
氧化钡	BaO	1 918	~2 000
三氧化二硼	B_2O_3	450	~1 860
氧化镁	MgO	2 852	3 600
氯化钾	KCl	770	1 500（升华）
氧化钾	K_2O	350（分解）	—
二氧化硅	SiO_2	1 610（石英）	2 230
氯化钠	NaCl	801	1 413
氧化钠	Na_2O	1 275（升华）	—
氧化锶	SrO	2 430	~3 000
二氧化钛	TiO_2	1 830~1 850（金红石）	2 500~3 000
二氧化锆	ZrO_2	~2 700	~5 000

氧化剂与金属燃料的二元混合物产生的火焰温度最高，并且氧化剂的选择不会在火焰温度上产生实质性的差异。试验测得的许多氧化剂—镁混合物的燃烧火焰温度接近 3 600℃（MgO 的沸点）；氧化剂—铝药剂的火焰温度接近 3 000 ℃（Al_2O_3 的熔点）。结果是相同氧化剂时，氧化剂—镁火焰的发光强度远大于含铝药剂的火焰发光强度。如果你想得到一个非常明亮、强烈的火焰，可选择锆（Zr）作为燃料，因为 ZrO_2 的沸点接近 5 000 ℃。

对于无金属燃料的药剂，情况并非如此。含有机（含碳）燃料药剂的火焰温度通常低于由氧化剂和金属燃料组成的药剂。火焰温度的降低可能是由于有机燃料的热输出低于金属燃料，以及有机燃料及其副产物的分解和汽化使热量

输出降低。在氧化剂—金属燃料药剂中加入少量有机组分（可能是黏合剂）可显著降低火焰温度，因为含碳材料消耗了用于金属燃料燃烧的部分有效氧。表 1.8 的数据解释了此现象。表 1.8 中氧化剂含量为 55%，镁粉含量为 45%，外加虫胶黏合剂（测量的是距火焰中心 10 mm 处燃烧表面的温度）。有机黏合剂被添加到氧化剂—金属药剂的反应证明了火焰温度降低的另一个原因。

表 1.8　有机燃料对镁—氧化剂混合物火焰温度的影响

黏合剂	近似火焰温度/℃	
	$KClO_4$	$Ba（NO_3）_2$
无虫胶	3 570	3 510
10% 虫胶	2 550	2 550

使用高含氧量的黏合剂，可以使火焰温度的降低最小化。在此类黏合剂中，碳原子已经部分被氧化，因此在燃烧过程中，与纯富碳化合物相比，它们消耗的单位质量（或单位摩尔数）的氧更少。正己烷（C_6H_{14}）和葡萄糖（$C_6H_{12}O_6$）（两者都是 6 个碳原子）燃烧的平衡化学方程式说明了这一点：

$$C_6H_{14} + 9.5O_2 \rightarrow 6CO_2 + 7H_2O$$

$$C_6H_{12}O_6 + 6O_2 \rightarrow 6CO_2 + 6H_2O$$

（第二个反应每摩尔燃料消耗的氧气更少，等同于每克燃料消耗的氧气更少。）

含 KNO_3 的烟火药比含 $KClO_3$ 或 $KClO_4$ 氧化剂制成的类似烟火药的火焰温度要低得多。这是由于 KNO_3 是吸热分解，类似于其他氧化剂与非金属燃料组合有较低的热输出一样。表 1.9 为部分烟火药数据（75% 氧化剂，15% 虫胶，10% 草酸钠）。

表 1.9　氧化剂—虫胶混合物的火焰温度

氧化剂名称	化学式	近似火焰温度/℃
氯酸钾	$KClO_3$	2 160
高氯酸钾	$KClO_4$	2 200
高氯酸铵	NH_4ClO_4	2 200
硝酸钾	KNO_3	1 680

可以限制烟火火焰温度的最后一个因素是不可预料的高温化学。在室温下不易发生的某些反应，在较高温度下很可能发生。如 C 和 MgO 之间的反应。C 可以由火焰中的有机分子产生，金属 Mg 需在 1 100 ℃ 才能成为气体状态。

$$C(s) + MgO(s) \rightarrow CO(g) + Mg(g)$$

　　这是一个强吸热过程,但在高温下是可以反应的,这是由于发生了有利的熵变,固相反应物随机成为蒸汽状态。

　　烟火火焰温度一般为 1 500～3 000℃。表 1.10 为一些常见不同类型烟火药的最大火焰温度。

表 1.10　不同类型烟火药的最大火焰温度

药剂类型	最大火焰温度/℃
闪光,照明	2 500～3 500
固体火箭燃料	2 000～2 900
有色火焰剂	1 200～2 000
烟幕剂	400～1 200

第 2 章

点火与传播燃烧

烟火药燃烧反应的开始通常称为点火，也称为燃烧反应的启动过程。所谓点火指的是使用外部刺激点燃烟火药的能力，以及在无刺激时药剂的稳定性。当将烟火药提高到点火温度时，会发生预着火反应，然后发生点火反应。如果条件有利，反应以恒定的速度移动。传播燃烧是药剂一旦被点燃，药剂的其余部分随着反应向前的推进而反复发生的点火并维持燃烧的过程，可以被认为是"持续的自点火"。因此，点火和传播燃烧过程必须同时考虑。

这两个过程（点火和传播）有许多共同的因素，但也存在一些与外部及内部能量参与有关的差异。

|2.1 烟火药点火|

烟火药必须能够被提供的外部刺激能量可靠地点燃和持续、稳定地燃烧，并在可接受的成本下产生所期望的效应，并且需在制造、运输和储存中保持稳定性。这不是一个容易满足的要求，这也是在制备烟火药时使用相对数量较少的材料的主要原因之一。

必须研究每种烟火药的点火行为，然后可以指定与每种烟火药一起使用的适当点火系统。使用多种类型的能量输入（如热、机械摩擦、机械撞击、电、光、化学或声刺激等）都可以实现烟火药的启动点火。根据反应物的状态和加热速率等因素，每种方法都会产生独特的燃烧特性。传统的方法如火焰、火花、撞击和摩擦，目前仍被用作点火装置。对于易点燃的药剂，可采用黑火药引线燃烧的"火星"点燃，点火序列中可不加过渡药。推进剂的点火方法通常是采用撞击敏感型的高能"引燃药"，其能喷射热粒子和火焰，并快速地点燃推进剂。另一种常见的点火器是电点火头，它由一个电路组成，并用少量的热敏感药剂覆盖终端的小直径桥丝。当电流通过电路时，产生足够的热量点燃桥丝上的药剂并产生火焰，接着点燃点火序列中的下一级药剂。使用电流点火是几十年来许多含能材料点火的最新技术。正在开发的新点火方法是建立热点，例如采用高强度光（如光纤和激光技术），有可能应用在由静电放电和杂散射频（RF）信号引发意外点火的有特殊要求的电点火器中。

对于具有高点火温度的烟火药，就需采用完整的点火序列。点火序列一般由引燃药、过渡药和基本药组成。引燃药是一种可以被引线或其他点火器可靠引燃的易点燃药剂，其所产生的火焰和热颗粒被用来点燃过渡药或基本药。过渡药一般是由引燃药和基本药按一定比例（通常比例为 1:1）混合而成；也可以采用比引燃药钝感的易点燃药剂，其被点燃难易程度介于引燃药和基本药之间。基本药是产生特定烟火效应的混合物，是最钝感、最不易被点燃的药剂。因此，对每一种烟火药都必须采用合适的点火序列。

外部刺激点燃烟火药的过程包括将氧化剂和燃料加热到其点火反应温度（至少是部分药剂），即启动自维持传播燃烧反应所需的最低温度。虽然整个启动点火过程可以简单地描述，但点火机理还不十分清楚。初步认为外部点火刺激转换为热吸收并触发一系列预着火反应，包括晶体转变、相变或一个或多个组分的热分解。

点火的一个要求似乎是氧化剂或燃料为液态（或气态），当二者都是液体或气体时，反应更易进行。低熔点燃料的存在可以大大降低许多药剂的点火温度。当燃料熔化伴随着材料的热分解产生容易氧化的碎片时，尤其如此。硫和有机化合物已多次被用作高能药剂的引燃药，以促进点火（表 2.1）。硫在 119℃ 熔化，而大多数糖、树胶、淀粉和其他有机聚物的熔点或分解温度为 300℃ 或更低。氧化剂和燃料在流体状态时混合得会更均匀，这也是实现点火的第一要求。然而，要实现点火，仍然需要能量以克服活化能。该活化能与氧化剂分解，释放出氧气，以及燃料的活化或分解以接受氧气并形成反应产物有关。

表 2.1　硫和有机燃料对点火温度的影响

编号	名称	化学式	重量百分比/%	点火温度/℃
IA	高氯酸钾	$KClO_4$	66.7	446
	铝	Al	33.3	
IB	高氯酸钾	$KClO_4$	64	360
	铝	Al	22.5	
	硫	S	10	
	三硫化三锑	Sb_2S_3	3.5	
IIA	铬酸钡	$BaCrO_4$	90	615（逸出气体 3.1 ml/g）
	硼	B	10	

编号	名称	化学式	重量百分比/%	点火温度/℃
IIB	铬酸钡	BaCrO$_4$	90	560（逸出气体 29.5 ml/g）
	硼	B	10	
	乙烯醇醋酸酯树脂（VAAR）		+1	
IIIA	硝酸钠	NaNO$_3$	50	772（50 g试样，加热速率50℃/min）
	钛	Ti	50	
IIIB	硝酸钠	NaNO$_3$	50	357
	钛	Ti	50	
	煮沸的亚麻子油		+6	

烟火药中使用了许多氧化剂，如硝酯钾是离子固体，而离子晶格的疏松性对于确定其反应性非常重要。常温下，晶格存在振动运动，并且随着固体温度的升高，振动的振幅也增大。在熔点附近，维持结晶固体的力崩溃，产生随机取向的液态。为了在烟火反应体系中发生反应，燃料和富氧氧化剂阴离子必须在离子或分子水平上紧密结合。如果晶体中的振动振幅足够大，则液体燃料或燃料碎片就可以扩散到固体氧化剂晶格中。一旦产生足够的热量使氧化剂开始分解，也开启了高温燃烧反应，涉及单质氧气和燃料原子或自由基，并可能导致非常快的反应速度。

2.1.1 点火温度

点火温度通常被定义为触发快速、自传播放热反应所需的最低温度。点火温度可以通过几种方法来确定。根据反应物的状态和加热速率等因素，每种方法都产生独特的燃烧特性。每种方法测得的值都会略有不同，但一般都在几度之内，这通常是由测量点火温度的试验条件的不同所致。

热浴法1：将0.1 g样品置于一个小玻璃试管中，将此试管放置在熔融的Wood金属浴中，在5 min内样品被点燃时的最低温度。

热浴法2：采用类似于上述的方法，但以5℃/min的升温速率增加浴温，并采用6.35 mm直径的薄壁黄铜或铝管。样品发生点火时的浴温度被称为点火温度。

热浴法3：采用一系列接近点火时的浴温度，测量的点火时间作为浴温度的函数。绘制结果曲线并推算为零时间的温度。

差热分析：当样品以50℃/min的速度升温时，点火放热开始时的温度。

特定烟火药的点火温度基本不是常数。对于同一烟火药，烟火文献很好地揭示了点火温度的实质差异。组分重量比、混合均匀度、压药压力（如果有的话）、加热速率和试样质量都会影响点火温度的测试。对于同一烟火药，不同人员采用不同的试验方法得到的点火温度的变化范围在 ±25℃ 或更大。哪一个准确呢？都可能准确。原因是每一个点火温度值都是采用特定试验程序的函数。由于差示扫描量热法（DSC）已经发展成为测定含能材料点火温度的主要方法，因而，所报道的烟火药点火温度的变化范围已经变窄。

　　Henkin 和 McGill 在其经典的炸药点火研究中广泛使用的测量点火温度的传统方法，包括将少量（3 mg 或 25 mg，这取决于材料是否预期爆炸或爆燃）药剂置于恒温槽中，并测量发生点火所需的时间。然后将浴温度提高几度，重复试验。随着浴温度的升高，爆炸时间呈指数下降，接近瞬时值。与爆炸无限时间对应的外推温度值被称为最小自点火温度（SIT）。使用这种技术，点火温度被定义为 5 s 内发生点火的浴温度。可绘制此类研究中获得的数据，以产生有意义的信息（图 2.1）。

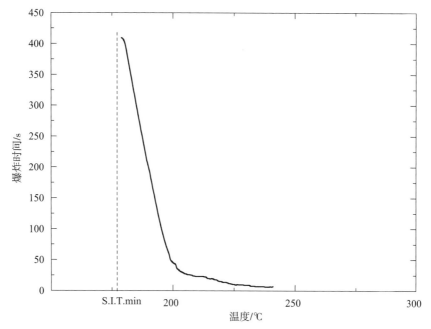

图 2.1　硝化棉爆炸时间与温度的关系

　　从时间与温度研究的数据也可以绘制为对数时间与 $1/T$ 的关系，得到由阿伦尼乌斯方程预测的直线。图 2.2 使用图 2.1 中绘制的相同数据说明了这一概念。从这些曲线的斜率可获得活化能。由于反应机理或其他复杂因素的变化，有时在阿伦尼乌斯图中观察到线性行为的偏差和斜率的突然变化。在图 2.2

中，在图2.1附近的断裂可能原因是该温度下反应机制的变化。

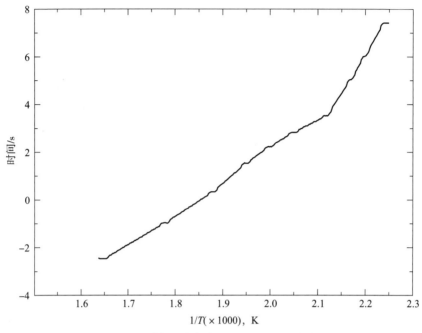

图2.2　硝化纤维素的 Henkin – McGill 曲线

Henkin – McGill 曲线在点火研究中非常有用，为我们提供了有关可能发生点火的温度的重要数据。这些数据在确定高能药剂的最高储存温度特别有用，温度应与无限点火时间一致（远低于图2.1中的瞬时点燃温度，最小的 SIT）。在高于此点的任何温度下，储存期间都可能发生点火。然而，当样品的质量增加并且在材料内发生自加热时，也可能在 SIT 以下发生点火。对小量试样的 SIT 研究永远不应作为热稳定性危害分析的唯一基础。

通过差示扫描量热法（DSC）确定的点火温度通常与 Henkin – McGill 法所获得的点火温度相当吻合。DSC 值在实验室及样品间的重现性较好。加热速率、样品尺寸、均匀性等方面的差异可能会导致热分析技术获得的值发生一些变化。对于点火温度的任何直接比较，最好在相同的试验条件下测试所有感兴趣的药剂，从而将变量数量降至最低。

2.1.2　点火时间

点火时间是点火过程最重要的物理量，定义为从外部激励开始到发生着火所经历的时间。试验测定时常以发生燃烧突变作为标志，如发烟剂产生有压力的浓烟、电热丝中电压—电流特性的变化、或热电偶输出突升、或烟火药的消失等。

如果将烟火药加热到低于"热逃逸温度"(T_r)的任何温度 T_1（图 2.3），则点火时间将是无限的（即不会发生点火）。如果将烟火药升温至 T_2，略高于 T_r，点火时间 t_2 可能很长（小时或天），但会发生点火。当烟火药升温到超过 T_r 的温度（如 T_3）时，点火时间 t_3 变得越来越短，直到看起来几乎是瞬时发生的。

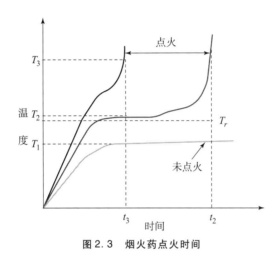

图 2.3　烟火药点火时间

2.1.2.1　烟火点火时间方程

根据热传递的基本方程，一段厚度为 Δx 的烟火药薄片（图 2.4），其高温端 x 处的温度为 T_2，低温端 $x + \Delta x$ 处的温度为 T_1。

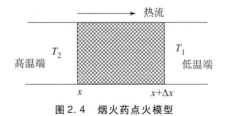

图 2.4　烟火药点火模型

由于温差产生了热流动焓 H，薄片的焓随时间 t 的改变率与流入和流出薄片的热流速率之差相等：

$$- KA \left. \frac{\partial T}{\partial x} \right|_x + KA \left. \frac{\partial T}{\partial x} \right|_{x + \Delta x} = \frac{\partial H}{\partial t} \qquad (2.1)$$

式中，K 为热传导系数，A 为热流通过的面积，则

$$\frac{\partial H}{\partial T} = \rho A \Delta x C \frac{\partial T}{\partial t} \tag{2.2}$$

式中，ρ 为药剂密度；Δx 为薄片厚度；C 为比热。

将式（2.2）代入式（2.1），并把式（2.1）中的第二项按泰勒级数展开，得到

$$-KA \frac{\partial T}{\partial x}\bigg|_x + KA \left\{ \frac{\partial T}{\partial x}\bigg|_x + \frac{\partial^2 T}{\partial x^2} \Delta x \right\} = \rho A \Delta x C \frac{\partial T}{\partial t} \tag{2.3}$$

将式（2.3）的两边同除以 $A\Delta x$，得出

$$K \frac{\partial^2 T}{\partial x^2} = \rho C \frac{\partial T}{\partial t} \tag{2.4}$$

扩散率 $\alpha = K/\rho C$，则式（2.4）成为

$$\frac{\partial T}{\partial t} = \alpha \frac{\partial^2 T}{\partial x^2} \tag{2.5}$$

此式即为热传递的基本方程。

现在可解此方程以确定在任何指定时间的薄片温度。为此，假定以下理想条件：

（1）整个薄片表面被同时点燃；

（2）没有辐射热损失；

（3）容器不产生热传导。

设定薄片温度为变数 y 的函数：

$$T = T(y) \tag{2.6}$$

式中，

$$y = xt^n \tag{2.7}$$

现在可以计算式（2.5）中的各项，首先规定每个 xt 的乘积须用 y 的幂表示，则

$$\frac{\partial T}{\partial t} = \frac{\partial T}{\partial y} \frac{\partial y}{\partial t} \tag{2.8}$$

对式（2.7）微分，得到

$$\frac{\partial y}{\partial t} = nxt^{n-1} \tag{2.9}$$

将式（2.9）代入式（2.8），得到

$$\frac{\partial T}{\partial t} = nxt^{n-1} \frac{\partial T}{\partial y} \tag{2.10}$$

同样可得

$$\frac{\partial T}{\partial x} = \frac{\partial T}{\partial y}\frac{\partial y}{\partial x} \tag{2.11}$$

$$\frac{\partial^2 T}{\partial x^2} = \frac{\partial^2 T}{\partial y^2}\left(\frac{\partial y}{\partial x}\right)^2 + \frac{\partial T}{\partial y}\frac{\partial^2 y}{\partial x^2} \tag{2.12}$$

由式（2.7）得到

$$\frac{\partial y}{\partial x} = t^n \tag{2.13}$$

$$\left(\frac{\partial y}{\partial x}\right)^2 = t^{2n} \tag{2.14}$$

$$\frac{\partial^2 y}{\partial x^2} = 0 \tag{2.15}$$

将式（2.15）和（2.14）代入式（2.12），得到

$$\frac{\partial^2 T}{\partial x^2} = \frac{\partial^2 T}{\partial y^2}t^{2n} \tag{2.16}$$

将式（2.16）和式（2.10）代入热流方程式（2.5）中，得到

$$\frac{\partial T}{\partial y}nxt^{n-1} = \alpha t^{2n}\frac{\partial^2 T}{\partial y^2} \tag{2.17}$$

将式（2.17）两边同除以 nxt^{n-1}，得到

$$\frac{\partial T}{\partial y} = \frac{\alpha}{nxt^{-n-1}}\frac{\partial^2 T}{\partial y^2} \tag{2.18}$$

由于每个 xt 的乘积须用 y 的幂表示，然后 xt^{-n-1} 必须是 y 的一次幂。由于 x 的指数为 1，因此 $xt^{-n-1} = xt^n$，则 $n = -0.5$。式（2.18）转换为

$$\frac{\partial T}{\partial y} = -\frac{2\alpha}{xt^{-1/2}}\frac{\partial^2 T}{\partial y^2} \tag{2.19}$$

由于 $y = xt^n = xt^{-1/2}$，则式（2.19）成为

$$\frac{\partial T}{\partial y} = -\frac{2\alpha}{y}\frac{\partial^2 T}{\partial y^2} \tag{2.20}$$

设参数 $P = \partial T/\partial y$，则

$$\frac{\mathrm{d}P}{\mathrm{d}y} = -\frac{y}{2\alpha}P$$
$$\frac{\mathrm{d}P}{P} = -\frac{y}{2\alpha}\mathrm{d}y \tag{2.21}$$

将式（2.21）微分，得到

$$\ln P = -\frac{y^2}{4\alpha} + C_1$$
$$P = \frac{\mathrm{d}T}{\mathrm{d}y} = C_1\mathrm{e}^{-y^2/4\alpha} \tag{2.22}$$

对式（2.22）积分，得到

$$T = C_1 \int_m^n e^{-y^2/4\alpha} dy + C_2 \qquad (2.23)$$

设 $Z^2 = y^2/4\alpha$，由于 $y = xt^n = xt^{-1/2}$，则

$$Z = \frac{x}{2\sqrt{\alpha t}} \qquad (2.24)$$

将式（2.24）代入式（2.23），得到

$$T = C_1 \int_m^n e^{-Z^2} dZ + C_2 \qquad (2.25)$$

通过对式（2.25）的分析，得出 m 和 n 的值如下：

当 $t \to \infty$ 时，$Z \to 0$

当 $t \to 0$ 时，$Z \to \infty$

当 $x \to 0$ 时，$Z \to 0$

当 $x \to \infty$ 时，$Z \to \infty$

因此，下限 m 为 0 时，n 可假定为 0 与无穷大之间的任何数值。例如 $n = x/2\sqrt{\alpha t}$，则式（2.25）成为

$$T = C_1 \int_0^{x/2\sqrt{\alpha t}} e^{-Z^2} dZ + C_2 \qquad (2.26)$$

现在计算常数 C_1 和 C_2。当时间 t 接近于无穷大时，温度 T 接近于点火温度 T_i。由于当 t 接近无穷大时，式（2.26）的积分上限接近 0，由此得出 $T_i = C_2$。式（2.26）就成为

$$T = C_1 \int_0^{x/2\sqrt{\alpha t}} e^{-Z^2} dZ + T_i \qquad (2.27)$$

当时间 t 接近 0 时，温度 T 接近于环境温度 T_a，Z 接近于无穷大。在这些边界条件下，式（2.27）成为

$$T_a - T_i = C_1 \int_0^{\infty} e^{-Z^2} dZ = C_1 \frac{\sqrt{\pi}}{2} \qquad (2.28)$$

则

$$C_1 = \frac{2(T_a - T_i)}{\sqrt{\pi}} \qquad (2.29)$$

将式（2.29）代入式（2.27），得出

$$T - T_i = \frac{2(T_a - T_i)}{\sqrt{\pi}} \int_0^{x/2\sqrt{\alpha t}} e^{-Z^2} dZ \qquad (2.30)$$

或

$$\frac{T - T_i}{T_a - T_i} = \frac{2}{\sqrt{\pi}} \int_0^{x/2\sqrt{\alpha t}} e^{-Z^2} dZ \tag{2.31}$$

式（2.31）完全符合 Johnson 导出的方程，其将点火温度 T_i、时间为 t 时的薄片中间点 x 处的温度 T、环境温度 T_a（显然低于 T 和 T_i）和扩散率 $\alpha = K/\rho C$ 相互联系起来。

解此方程求得 T，并将其微分后得出烟火药长度上 x 点处的温度梯度：

$$\frac{\partial T}{\partial x} = \frac{T_a - T_i}{\sqrt{\pi \alpha t}} e^{-x^2/4\alpha t} \tag{2.32}$$

式中，t 大于 0，该点进入烟火药的距离为 x，而不是在药柱的两端。

一维热流方程为

$$q_{in} = -KA\frac{\partial T}{\partial x} \tag{2.33}$$

式中，q_{in} 为进入烟火药中的热流速率，将式（2.32）代入式（2.33），得到

$$q_{in} = -KA\frac{T_a - T_i}{\sqrt{\pi \alpha t}} e^{-x^2/4\alpha t} \tag{2.34}$$

当出现平衡条件时，T 为常数（烟火药柱中 x 点处的温度停止变化），则 $x/2\sqrt{\alpha t}$ 的数量也必须等于某一常数，即

$$x/2\sqrt{\alpha t} = G \tag{2.35}$$

则

$$x^2 = 4G^2\alpha t \tag{2.36}$$

$$2x\frac{\partial x}{\partial t} = 4G^2\alpha \tag{2.37}$$

$$\frac{\partial x}{\partial t} = \frac{2G^2\alpha}{x} \tag{2.38}$$

这表明，烟火药柱的线燃烧速度（$\partial x/\partial t$）与恒温 T 时药柱表面的传播速度是相等的。

将式（2.36）代入式（2.34）使指数减低至 e^{-G^2}，将此数简写为常数 F，则式（2.34）成为

$$q_{in} = -\frac{KAF(T_a - T_i)}{\sqrt{\pi \alpha t}} \tag{2.39}$$

由式（2.39）可求解 t，即恒定热流速率 q_{in} 下的点火时间：

$$t = \frac{K^2 A^2 F^2 (T_i - T_a)^2}{\pi \alpha q_{in}^2} = \frac{K\rho CA^2 F^2 (T_i - T_a)^2}{\pi q_{in}^2} \tag{2.40}$$

设烟火药的点火能 E 为

$$E = q_{in}t$$

则

$$E = \frac{K\rho CA^2F^2(T_i - T_a)^2}{\pi q_{in}} \qquad (2.41)$$

式（2.40）的点火时间方程告诉我们，若导热系数高（热量消散快）、密度高（需加热更多的质量）、比热大（升温时每单位质量所需的热量较多）、截面积大（对质量和热损失两者都有影响）和点火温度高（需要较大的升温）时所需的点火时间延长。若热流速率高时，因有更多的热量可用于升温，所以点火时间较短。

例如，计算在高温和低温下点燃一种烟火药所需能量之差。若某种药剂的点火温度为300℃，那么在30℃和 -50℃时的点火时间之比为

$$\frac{t_{30℃}}{t_{-50℃}} = \frac{(300 - 30)^2}{(300 + 50)^2} = 0.6$$

这也说明在较高温度下点燃药剂所需的能量仅为在较低温度下所需能量的60%。点火时间方程也指出了点火不足的非常效应。若只有部分药剂被点燃，它产生的热量就更缓慢。减少一半供热率，点火时间增大4倍。因此，在不均匀压制的烟火药中存在松装点、容器壁有导热损失或减少燃烧面积都能使供热率降低至连续稳定燃烧所需的水平，将引起瞎火或不规律的燃烧时间。

2.1.2.2 点火时间影响因素

目前，点火时间大小常因所选用的点火准则不同而不同。点火时间受到各种因素的影响。

1. 外部刺激能量的影响

烟火药的点火，仍然需要能量克服活化能。该活化能涉及氧化剂的分解，释放出氧气，以及燃料的活化或分解去接受氧并形成反应产物。Shimizu 依据点燃微量烟火药剂所需的能量（活化能 E_a）、微量烟火药燃烧产生的能量（反应热 ΔH_r）以及烟火药燃烧产生的能量回馈给未燃烧药剂的能量（能量反馈 E_f），建立了点火能量图（图2.5）。

烟火药着火活化能低，点火刺激能量 I_s 明显大于 E_a。烟火药很容易被外界刺激能量 I_s 点燃，这种药剂可能发生意外点火（图2.6）。若烟火药着火活化能高，点火刺激能量小于 E_a，则药剂不会被外界刺激能量 I_s 点燃（图2.7）。

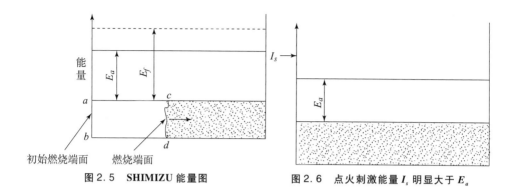

图 2.5　SHIMIZU 能量图　　　　图 2.6　点火刺激能量 I_s 明显大于 E_a

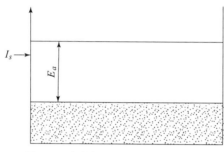

图 2.7　点火刺激能量 I_s 明显小于 E_a

若外部热源单位时间内沿单位药柱表面传播的热量 Q 增加，点火延迟期将降低。一般情况下 $t_{ig}^{1/2} \propto Q^{-n}$，$n$ 为接近于 1 的常数。低 Q 时，$n=1$；高 Q 时，t_{ig} 对 Q 的依赖性随气相扩散和化学反应的进行而降低。

2. 点火条件的影响

提高点火压力，点火时间减小，压力较高时影响较弱，在气相点火理论中又比在异相点火理论中影响大。不过不同的研究者得出的结论常不一致，特别是采用静态方法研究时。在动态方法的研究中又常常难以与温度、流速等的影响区别开。

烟火药的初温高，点火时间小。用热气体点火具点火时所产生的压缩波对烟火药的增压速率增大，点火时间减小；对流点火时，气体流速高，点火时间减小。点火粒子的温度和撞击速度大，点火时间减小。但流速的影响要与压力、环境气体成分的影响区分开；采用热电阻丝点火时，当其热量产生的速度增大时，点火时间减小，但对金属丝的直径不太敏感。

烟火药周围的气体特征对点火时间也有一定的影响，其中氧的质量分数增加或从固相放出的氧化性气体的反应活性增加，都使点火时间减小。对一些烟火药，当氧的质量分数较小或为中等数值时，点火时间变化不大，近似为常数；当氧的质量分数较大时，点火时间迅速减小，在纯氧中趋于最小值。不同的惰性气体对点火时间的影响也不同，一般在给定的氧质量分数时以低分子量的惰性气体进行稀释，点火时间较大。

气体—固体的密度比率或热传导比率增加，点火时间减小；深度热辐射吸收率增加，则表层能量增加，点火时间减小。

烟火药表面粗糙，点火时间减小，特别是在低气流速度情况下更是如此。

3. 烟火药组分和物理化学特性的影响

烟火药中的黏合剂、氧化剂、添加剂等都对 t_{ig} 有一定的影响。

氧化剂和（或）燃料在流体状态时，可以自由地流过其他组分的表面（图2.8），导致混合得更均匀，物理接触中的燃料和氧化剂原子的数量要增加许多，则更多原子的能量超过 E_a，将发生接触和反应，从而反应速率增加，能量产生速率也增加，这样在略低的温度下就能发生能量释放（点火）。因而，要实现传播燃烧，仍然需要能量克服活化能。该活化能涉及氧化剂的分解，释放出氧气，以及燃料的活化或分解去接受氧并形成反应产物。如硝酸钾（纯），$T_m = 334℃$；黑火药（硝酸钾 + 木炭 + 硫），$T_i \approx 330℃$（DTA）。

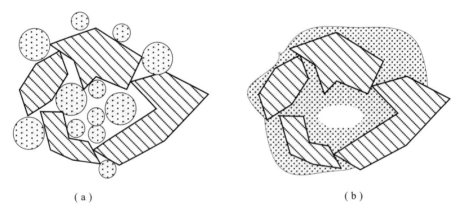

（a）　　　　　　　　　　　　　（b）

图 2.8　烟火药中熔融组分对点火的影响

（a）熔化前；（b）熔化后

氧化剂粒度大，点火时间一般也长，特别是当点火判据是基于光辐射时；但若点火过程中形成了熔融层影响就减小。

燃料挥发性增加，点火时间减小；热分解活化能较大，点火时间也较大。但纯燃料点火时间对汽化热并不敏感。

4. 化学反应的影响

气相反应速率增加（如降低活化能），点火时间减小。从异相反应的固相表面反应特性来看，活化能对点火时间影响非常大；活化能大时，点火时间对基于表面温度的点火准则关系不敏感。反应级数的增大对点火时间影响不大。

|2.2　能量传递机理|

2.2.1　能量反馈与活化能

一旦烟火药被部分点燃，由于烟火药的燃烧本质上是放热的，如果热转化和热传导足以为下一层未反应药剂（预反应药剂）提供足够的热量反馈（通过温度的升高，提升活化能），这样就可以将此层药剂温度提高到点火温度，则会发生进一步的反应，并释放额外的热量，从而发生药剂的燃烧传播反应。若由药剂的燃烧反应产生的热量被转移到周围环境（例如空气、未燃烧的药剂等），则不能保证发生传播燃烧（持续燃烧）。燃烧和爆燃（一种非常快的燃烧）与爆轰不同，它们在反应区和未反应区的药剂之间无显著的压差。发生自传播燃烧反应的最关键因素包括低点火温度（即低活化能，E_a）、产生大量的热量（即高反应热，ΔH_r）、从反应区到预反应区的有效能量反馈（即反馈的能量分数大，F_{fb}）。

若能量反馈大于 E_a，则能量反馈等于 $\Delta H_r \Delta F_{fb}$，因而，燃烧传播不等式为

$$\Delta H_r \Delta F_{fb} > E_a$$

若能量反馈 E_f 小于活化能 E_a，药剂不发生燃烧传播，但可以在强烈的点火刺激下反应，去除刺激后会熄灭。若能量反馈 E_f 比活化能 E_a 稍大，药剂会微弱地传播能量，但很容易被熄灭。若能量反馈 E_f 明显大于活化能 E_f，药剂将急速传播能量，难以熄灭（图2.9）。

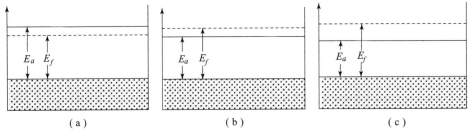

图 2.9   能量反馈 E_f 与活化能关系

（a）能量反馈 E_f 小于活化能 E_a，药剂不发生燃烧传播；（b）能量反馈 E_f 比活化能 E_a 稍大，
药剂会微弱地传播能量；（c）能量反馈 E_f 明显大于活化能 E_a，药剂将急速传播能量

2.2.2 热传导

如果热量传递至烟火药体系或从其体系中传出，体系的温度通常会发生变化。温度变化的大小取决于体系的质量和热容量。热量的传递也可能引起相变，如晶体转变、熔化（或冷凝）、蒸发（或升华）和分解。这些状态变化所涉及的能量，可能与体系温度升高或降低有关。由于燃料和氧化剂在某些情况下必须转化为气态才能进行燃烧过程，因此吸热引起的状态变化在启动燃烧过程中可能极其重要。

烟火药持续稳定燃烧所需的热量反馈通过热传导、对流和辐射三种基本机制中的一种或三者的结合来传递。

热量由高温部分向低温部分的传递称为热传导，简称导热。从微观角度来看，导热是物质的分子、原子和自由电子等微观粒子的热运动而产生的热传递现象。在气体中，导热是气体分子不规则热运动时相互碰撞的结果。高温区气体分子的平均动能大于低温区气体分子的平均动能，不同能量水平的分子相互碰撞的结果，就使热量由高温区传至低温区。在非金属晶体（介电体）内，热量是依靠晶格的热振动波来传递，即依靠原子、分子在其平衡位置附近的振动所形成的弹性波来传递。金属固体是热的良导体，具有有序的晶体结构，富含自由电子，主要依靠自由电子的迁移来导热，晶格振动波对热量传递只起很小的作用。

烟火制品的导热类似于典型的平壁导热。如图2.10 所示的一块平壁，壁厚为 δ，侧表面积为 A，

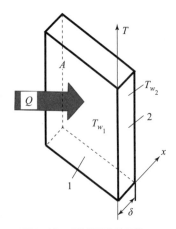

图 2.10   通过平壁的导热

两侧表面分别维持均匀恒定的温度 T_{w_1} 和 T_{w_2}。单位时间内由表面 1 传导到表面 2 的热量（导热量）Q 与平壁两侧表面的温度差 $\Delta T = T_{w_1} - T_{w_2}$ 及侧表面积 A 成正比；与壁厚 δ 成反比，与平壁材料的导热性能有关。写成表达式为

$$Q = \lambda A \frac{T_{w_1} - T_{w_2}}{\delta}$$

式中，Q 为单位时间通过面积 A 的热导量，称为导热热流量，单位为 W；λ 为导热系数或热导率，单位为 W/$(\mathrm{m \cdot K^{-1}})$，其反映材料导热能力的大小。

如果用单位时间内每单位面积所通过的导热量 q 来表示，则

$$q = \frac{Q}{A} = \frac{\lambda}{\delta}(T_{w_1} - T_{w_2})$$

式中，q 为通过单位面积的热流量，称为热流密度，单位为 W/m^2。

由于未燃烧药剂的预热，烟火药的热导率已被证明会影响燃烧速度。预热量通常是烟火药中金属含量的函数，因为它具有较高的热导率。固结度也会影响传热速率。通过将热电偶嵌入压制的烟火药中，测量了固体照明剂的热传导。根据这些数据，可以建立一个模型，将照明剂中某一点的瞬时温度与反应区的瞬时温度联系起来。

2.2.3　辐射传热

辐射传热是另一种热传递方式，不需要传热介质，是指物体由于自身温度的原因而向外发射可见的和不可见的射线（称电磁波或光子）来传递能量的方式。从具有黑体特性的热表面发出的能量为

$$q = \sigma A T^4$$

式中，σ 是 Stefan – Boltzmann 常数；A 是辐射表面积；T 是绝对温度。灰体或非选择性辐射体的发射率与波长无关。在给定的温度下，在任何波长下，单位面积所发射的能量都小于黑体的能量。均为灰体的热和冷物体之间的净热交换量为

$$q_{\mathrm{net}} = q_h - q_c$$

式中，净热交换量是辐射传递到较冷物体的热量 q_h 减去从较冷物体传递到较热物体的热量 q_c 之差，也可以写成

$$q_{\mathrm{net}} = E_h \alpha_c F_{h \to c} A_h \sigma T_h^4 - E_c \alpha_h F_{c \to h} A_c \sigma T_c^4$$

或者应用互易理论，

$$q_{\mathrm{net}} = E_h \alpha_c F_{h \to c} A_h \sigma (T_h^4 - T_c^4) - E_c \alpha_h F_{c \to h} A_c \sigma (T_h^4 - T_c^4)$$

式中，E 是发射率；α 是吸收率；F 是辐射体发射的能量被吸收体吸收的部分；A 是发射面面积；σ 是 Stefan – Boltzmann 常数；T 是绝对温度，下标 h 表示较热

的主体，下标 c 表示较冷的主体。

辐射传热是烟火药燃烧的重要现象。烟火药燃烧火焰和发光粒子发射的热（红外）辐射易被未完全反应的药剂吸收，因而辐射换热是热量返回反应区的重要机制，这种反馈对于维持这种反应的传播燃烧和最大可能的效率很重要。如前所述，辐射传热机制也会影响某些类型纵火剂的效率。在这种情况下，产生容易被目标吸收的辐射物种是有利的。

2.2.4　对流传热

烟火药中的对流和辐射传热模式与后燃烧现象有着更为密切的联系。在多孔材料的燃烧过程中，燃烧产物热气体渗入未反应区域，对流传热大大促进了火焰的传播。颗粒反应物的表面层在对流燃烧过程中首先被点燃，颗粒表面界面温度的变化对确定局部着火条件至关重要。

在强瞬变流中，颗粒表面附近的局部温度场与体积平均温度有明显的偏离。对传热的更恰当的描述要求除了测量整体温度外还要测量界面温度。解决多相流中颗粒材料内部热传导场更详细信息的一种方法是跟踪不同位置的代表性颗粒。然而，当颗粒材料具有高度的流动性时，就像高速燃烧一样，在欧拉多相模型中实现这种方法是很麻烦的，需要一种替代方法。

作为压制烟火药的一种代表性几何结构，考虑一组颗粒微结构（图2.11），其中颗粒的一个部分被单个颗粒之间连通孔隙中的流体湿润。如果忽略粒子间的传导（注：通过相体积温度梯度，将粒子间热传导效应纳入多相混合物能量方程），则可以将详细的传热描述为孤立的单个粒子。在这个多相混合物描述中，详细的热场被分解，从而产生一组独立球体的表面温度。

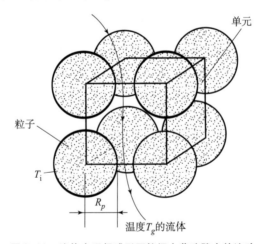

图 2.11　流体在理想球形颗粒烟火药孔隙中的流动

在确定颗粒表面温度的估计值时，考虑了球体在对流换热作用下的瞬态传导。该热力学场由能量平衡描述，其中粒子体积平均温度的增加与其通过对流接收的能量有关：

$$c_s \rho_s V_p \frac{\mathrm{d}}{\mathrm{d}t}\left(\frac{1}{V_p}\int T(r,t)\,\mathrm{d}V\right) = hA_p\left(T_g - T(R_p,t)\right) \tag{2.42}$$

式中，c_s 和 ρ_s 是粒子的比热和密度；A_p 和 V_p 是粒子的表面积和体积；T_g 是瞬态温度；h 代表对流热传递系数。例如，由 Perin 和 Ainstein 给出的对流系数关系为

$$h = \frac{k_g}{R_p}(1 - 0.2Re^{2/3}Pr^{1/3}) \tag{2.43}$$

式中，k_g 是流体热导率；Re 是依据粒子直径的局域 Reynolds 数；Pr 是流体的 Prandlt 数。

在引入分布函数之前，将空间和时间坐标无量纲化为 $\eta = r/R_p$ 和 $\tau = t\alpha_s/R_p^2$，其中 α_s 是粒子的热扩散系数，因此，式（2.42）变成

$$\frac{\mathrm{d}}{\mathrm{d}\tau}\left(\int_0^1 T\eta^2\mathrm{d}\eta\right) = B_i(T_g - T_i) \tag{2.44}$$

式中，T_g 是流体温度；T_i 为粒子界面（或表面）温度；B_i 是 Biot 数，$B_i = hR_p/k$。

Biot 数是控制粒子内部热流的无量纲基本参数。对于较大的 Biot 数（$B_i \to \infty$），粒子表面形成热边界层，热边界层向粒子中心扩散。对于较小的 Biot 数（$B_i \to 0$），粒子表面的温度快速与整个粒子一致。B_i 的中间范围对应于这些热行为的变体。在制定界面温度描述时，首先考察 Biot 数的最大和最小极限，因为它们为复合解提供了必要的要素。

在小 Biot 数的限制下，在粒子表面感测到的任何温度变化都会在其中心迅速感受到。作为近似的热分布，假设

$$\frac{T - T_c}{T_i - T_c} = \eta^m \tag{2.45}$$

式中，$T_i = T(1,\tau)$ 和 $T_c = T(0,\tau)$ 分别是表面和中心温度。对于对流引起的传热，表面通量条件如下：

$$\left.\frac{\partial T}{\partial \eta}\right|_{\eta=1} = B_i(T_g - T_i) \tag{2.46}$$

因此，对于假定的情况，必须执行以下约束：

$$T_i = \frac{B_i T_g + m T_c}{B_i + m} \tag{2.47}$$

将式（2.45）代入式（2.44）产生以下表面温度函数 ζ 随时间的变化：

$$\frac{\mathrm{d}\zeta}{\mathrm{d}\tau} = B_i(T_g - T_i) \tag{2.48}$$

式中,

$$\zeta = \frac{T_c - T_s^0}{3} + \frac{T_i - T_c}{m + 3}$$

T_s^0 表示粒子的初始温度。因此,对于 B_i 数下限,依据表面温度函数给出界面温度(用上标 L 表示)

$$T_i^L = \frac{(m + 3)(3\zeta + T_s^0) + B_i T_g}{m + 3 + B_i} \tag{2.49}$$

在热平衡状态下(如初始状态 $T_g = T_s^0$)不存在热推力,表面温度函数的初始条件为 $\zeta = 0$。初步研究表明,$m = 2$ 是函数形成的合理选择。

在大 Biot 数的反极端,粒子内部的热分布具有边界层结构。因此,假设以下颗粒温度分布:

对于 $\eta \geqslant \delta/R_p$,

$$\frac{T - T_s^0}{T_i - T_s^0} = \left(\frac{\eta - \delta/R_p}{1 - \delta/R_p}\right)^n \tag{2.50}$$

否则, $$T = T_s^0$$

式中,$1 - \delta/R_p$ 是热边界层厚度;T_s^0 是常数。

利用式(2.46),边缘热层的位置与表面温度和对流流体温度有关:

$$\left(1 - \frac{\delta}{R_p}\right)B_i(T_g - T_i) = n(T_i - T_s^0) \tag{2.51}$$

在 $(1 - \delta/R_p) \to 0$ 的极限条件时,将式(2.50)代入式(2.44),得到如下微分表达式:

$$\frac{\mathrm{d}\zeta}{\mathrm{d}\tau} = B_i(T_g - T_i) \tag{2.52}$$

在大的极限 Biot 数情况下,表面温度函数 ζ 的近似表达式为

$$\zeta = \frac{(T_i - T_s^0)(1 - \delta/R_p)}{n + 1} \tag{2.53}$$

注意,一般情况下,积分为

$$\zeta = \frac{T_i - T_s^0}{n + 1}(1 - \delta/R_p)\left\{1 - 2\frac{1 - \delta/R_p}{n + 2} + \frac{2(1 - \delta/R_p)^2}{(n + 2)(n + 3)}\right\}$$

消除 $(1 - \delta/R_p)$,得到

$$\zeta = \frac{3n(T_i - T_s^0)^2}{B_i(n + 1)(T_g - T_i)}\left\{1 - 2\frac{n(T_i - T_s^0)}{B_i(T_g - T_i)(n + 2)} + \frac{2n^2(T_i - T_s^0)^2}{B_i^2(n + 2)(n + 3)(T_g - T_i)^2}\right\}$$

并且高 Biot 数的界面温度 T_i^H 为

$$T_i^H - T_s^0 = \sqrt{\left(\frac{B_i(n+1)\zeta}{2n}\right)^2 + \frac{\zeta B_i(n+1)(T_g - T_s)}{n}} - \frac{B_i(n+1)\zeta}{2n}$$

$$(2.54)$$

因此，$\tau = 0$ 时，$\zeta = 0$。使用适当的拟合指数 $n = 1$。

采用线性加权 T_i^L 和 T_i^H 可以得到 T_i 的复合解：

$$T_i = \frac{W T_i^L + T_i^H}{1 + W} \qquad (2.55)$$

式中，加权函数符合 $B_i \to 0$ 时，$W \to \infty$；$B_i \to \infty$ 时，$W \to 0$。

这个加权函数的一个明显候选值是 $W = 1/B_i$，因此，界面温度模型如下：

$$\frac{\partial \zeta}{\partial t} + v_s \cdot \nabla_\zeta = \frac{\alpha_s B_i}{R_p^2}(T_g - T_i) \qquad (2.56)$$

$$T_i = \frac{5(3\zeta + T_s) + B_i T_g}{(5 - B_i)(1 + B_i)} - \frac{B_i}{1 + B_i}\left[T_s + \sqrt{(B_i\zeta)^2 + 2B_i\zeta(T_g - T_s)} - B_i\zeta\right]$$

$$(2.57)$$

注意，时间变化已被转换成沿固相颗粒速度 v_s 的关系。图 2.12 和图 2.13 为有限差分解的近似值和表面温度以归一化形式 $T_N = (T_i - T_s^0)/(T_g - T_s^0)$ 的瞬态变化的比较。所示解对应于 0.1～10 之间的固定 Biot 数。在 Biot 数的高值和低值的比较中，可看出是非常一致的。

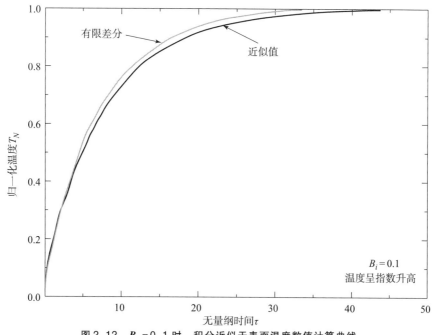

图 2.12　$B_i = 0.1$ 时，积分近似于表面温度数值计算曲线

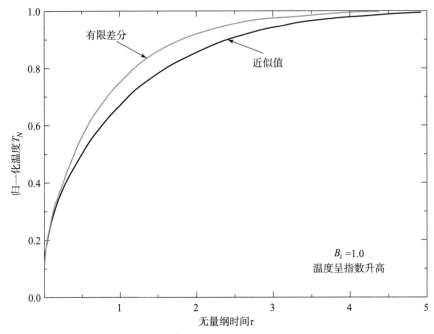

图 2.13 $B_i = 1$ 时，积分近似于表面温度数值计算曲线

|2.3 传播燃烧|

2.3.1 燃烧历程

　　烟火药的燃烧过程本身相当复杂，涉及高温和各种中间体、高能化学物质等。在实际火焰及其紧邻区域中可能存在固态、液态和气态物质。随着反应的进行，形成的产物要么以气体方式逃逸，要么作为固体沉积在反应区中。

　　烟火药的燃烧反应存在几个主要区域（图 2.14）。实际的自传播放热过程发生在反应区 4 中。该区域的特点是高温、火焰和烟幕，以及存在气体和液体材料的可能。在反应区的后面是反应过程中形成的固体产物（除非所有的产物都是气态）。紧接反应区的是受热区 2，是下一层将发生反应的药剂，该层被邻近的反应区加热，可能发生熔化、固—固相转变和低速预点火反应。药剂的导热性是反应区向相邻未反应区传递热量的非常重要的特性。热气体以及热固体和液体颗粒有助于燃烧的传播。

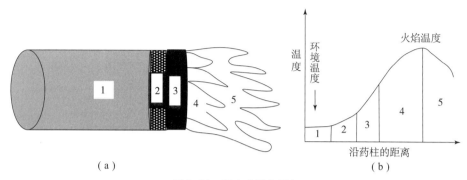

图 2.14 烟火药燃烧历程

（a）燃烧历程图示；（b）温度与沿药柱的距离关系

1—未反应区；2—受热区（可能有固态反应）；3—凝聚相（至少一种液相）中的反应区；

4—气相（可能液滴）中的反应区；5—反应生成物，燃烧产物冷却

传播燃烧反应的特征是移动、高温反应区药剂的持续燃烧。高温区将未反应的起始物料与反应产物分离。该高温区在标准化学反应中未被发现，例如在烧瓶或烧杯中进行的反应，其整个体系具有相同的温度，分子在容器中随机反应。

2.3.2 基本条件

一旦烟火药被部分点燃，若由药剂的燃烧反应产生的热量被转移到周围环境（例如空气、未燃烧的药剂等），则不能保证发生传播（持续燃烧）。如果足够的热量反馈到下一层的未反应药剂（预反应药剂），这样就可以将此层药剂提高到点火温度，燃烧将持续传播。烟火药的传热速率、热量产生和损失都是自蔓延化学反应实现燃烧传播的关键因素。

传播燃烧还取决于组分的粒径和表面积。对于熔点高于或相当于氧化剂熔点的金属燃料，该因素尤为重要。一些细粒度金属（1~5 μm）可能相当危险，包括铝、镁、钛和锆，更不用说纳米级的粒子。这类细粒子在空气中可能会自燃，通常对静电放电非常敏感。出于安全原因，当药剂中含金属粉时，通常会在一定程度上牺牲反应性，并避免超细尺寸颗粒，以尽量减少意外点火。

传播燃烧的最终要求似乎是燃料已达到被氧化的激活温度。对于金属燃料，这通常涉及表面氧化物涂层的剥离，将新鲜金属原子暴露于氧化剂释放的氧气中。当金属温度远高于其塔曼温度并接近其熔点时，该过程往往变得显

著，许多氧化剂—金属燃料体系显示的点火温度与燃料开始熔化的温度一致。例如，对于镁—氧化剂体系的点火温度，通常会观察到 600 ~ 650 ℃ 范围内的点火温度（表 2.2）。表 2.2 显示了各种含镁氧化剂的点火温度接近金属的熔点（649 ℃），此时已除去了氧化镁涂层，新燃料原子暴露在外进行氧化。由于此时体系温度远高于镁的 Tammann 温度，那么氧气（来自氧化剂）可扩散至金属晶格中，导致点火，从而触发传播燃烧的持续运行。

表 2.2　含 50% 金属镁的氧化剂的点火温度（压药压力 69 MPa）

氧化剂名称	化学式	点火温度/℃
硝化钠	$NaNO_3$	635
硝酸钡	$Ba(NO_3)_2$	615
硝酸锶	$Sr(NO_3)_2$	610
硝酸钾	KNO_3	650
高氯酸钾	$KClO_4$	715

对于有机燃料，活化过程似乎涉及燃料达到碳链开始分解的温度，生成易被氧化的自由基碎片。典型有机化合物的分解温度通常为 200 ~ 350 ℃，具体分解温度取决于燃料的特定分子结构。许多糖（如葡萄糖和蔗糖）具有较低的分解温度（这是一种常见的焦糖化反应，导致糖在加热时变成褐色），而没有电负性取代基的烃链往往倾向于更高的热稳定性。糖分子中每个碳原子上的氧原子的存在会导致相当大的内部键应变，因为链中的每个碳由于附着的电负性氧原子的存在而呈现部分正。相邻的部分正碳原子倾向于相互排斥，导致分子在相对较低的温度下不稳定。这种同样的现象也导致了一些炸药分子（如硝化甘油）的敏感性，其中相邻碳原子上的电负性原子会破坏分子的稳定性，并使材料对冲击和撞击敏感。当硫存在于烟火药中时，其作为引燃剂或点火助燃剂的倾向可以追溯到导致氧化活化的低熔点。

现举例说明这些原理。在硝酸钾－硫体系中，液体状态最初出现在加热过程中。如图 2.15 所示，在 105 ℃ 和 119 ℃ 可分别观察到正交晶系到单斜晶系的相变和熔化吸热。在 180 ℃ 附近观察到额外的吸热，该峰值对应于液体 S_8 分子碎裂成更小的单元。最后，在 450 ℃ 附近观察到汽化现象。硫在自然状态时的形式为八元环的 S_8 分子。在 140 ℃ 以上的温度下，该环开始分裂成 S_3 碎片。然而，即使存在这些碎片，硫和固体之间的反应速率也不足以发生点火，直到纯硝酸钾在 334 ℃ 熔化（图 2.16）并且氧气释放量增加。当两种物质都处于液态时，可能会发生紧密混合，并且在略高于硝酸钾熔点时，观察到点火现象。尽管在熔点以下的硫和固体硝酸钾之间可能会发生一些预点火反应

（PIR），但硫氧化输出的热量低，加上硝酸钾的吸热分解，可防止发生点火，直到整个体系成为液态。只有这样，反应速率才足以产生自蔓延传播燃烧反应。

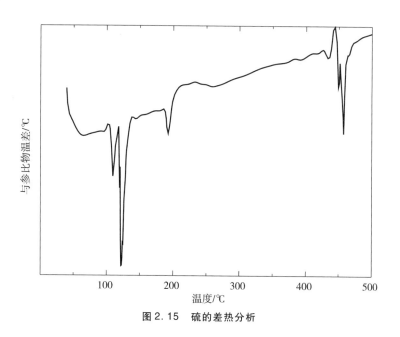

图 2.15 硫的差热分析

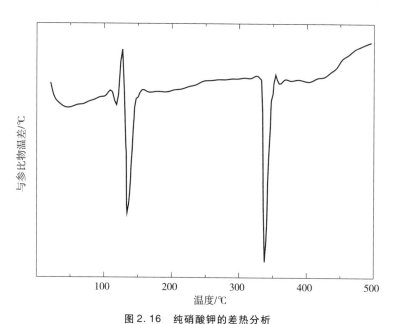

图 2.16 纯硝酸钾的差热分析

硝酸钾在 130℃和 334℃附近观察到吸热，这些峰值分别对应于正交到三角形的结晶转变和熔融。在 334℃附近出现熔点吸热的锐度，纯化合物通常会在很窄的范围内熔化，不纯的化合物会有广泛的熔点吸热。

在高氯酸钾－硫体系中，观察到不同的结果。S 在 119℃熔化，并在 140℃以上开始碎裂，但在 200℃以下发现与药剂发生着火相对应的强烈放热。高氯酸钾的熔点为 356℃，因此在远低于氧化剂熔点的情况下点火。但是，高氯酸钾的 Tammann 温度为 42℃。一种移动物种（如液态硫碎片）可在远低于熔点时穿透晶格，并处于反应位置。高氯酸钾的热分解是放热的（氧化剂的分解热为 44.4 kJ/mol）。药剂获得了释放的热量，该热量通过高氯酸钾－硫的反应以及额外的高氯酸钾分解释放，生成的氧气与额外的硫反应。产生更多的热量并发生 Arrogle 型速率加速，导致在远低于氧化剂熔点的情况下发生点火。低 Tammann 温度和放热分解的结合有助于解释高氯酸钾的危险性和不可预测性。图 2.17 为纯高氯酸钾的差热分析，图 2.18 为高氯酸钾－硫体系的差热分析。

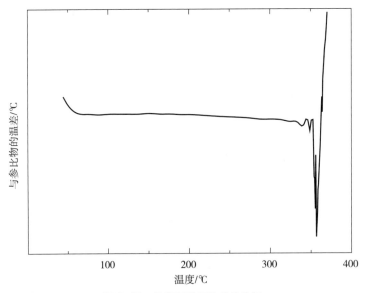

图 2.17　纯高氯酸钾的差热分析

当采用更高熔点的燃料和氧化剂时，含有这些材料的双组分药剂的点火温度相应升高。最低点火温度与低熔点燃料和低熔点氧化剂的组合有关，而高熔点组合物通常具有较高的点火温度。表 2.3 为此原理的一些例子。同样，在 195℃附近，也观察到了氯酸钾－乳糖体系的点火温度，此为乳糖的熔化和分解温度。

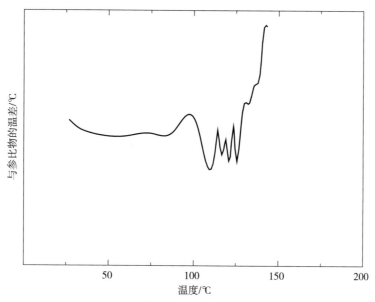

图 2.18　高氯酸钾 – 硫体系的差热分析

表 2.3　部分烟火药点火温度

序号	组分	熔点/℃	点火温度/℃
I	KClO$_3$	356	150
	S	119	
II	KClO$_3$	356	195
	乳糖	202	
III	KClO$_3$	356	540
	Mg	649	
IV	KNO$_3$	334	390
	乳糖	202	
V	KNO$_3$	334	340
	S	119	
VI	KNO$_3$	334	565
	Mg	649	
VII	BaCrO$_4$（90）	高温分解	685
	B（10）	2 300	

表 2.3 表明几种具有低熔点、易分解燃料的硝酸钾混合物的点火温度接近

氧化剂的熔点（334 ℃）。硝酸钾与更高熔点金属燃料的混合物具有更高的点火温度。

总之，实现烟火药持续传播燃烧的因素包括（但不限于）：氧化剂、燃料及其他组分的选择；氧化剂和燃料的粒径；均质药剂的粒度（如果存在颗粒状材料）；能量输入的类型和数量；任何有意或无意引入的敏感剂。

2.3.3 传播指数

传播指数（PI）是一种评估特定药剂在不利条件下燃烧能力的一种简单方法，是衡量混合物在外部刺激的初始点火时持续燃烧的趋势。McLain 最初提出的传播指数的原始表达式为

$$PI = \frac{\Delta H}{T_i}$$

式中，ΔH 为反应生成焓；T_i 为点火温度。

这个方程式包含了决定燃烧能力的 2 个主要因素：化学反应释放的热量和混合物的点火温度。如果释放的热量大，并且点火温度较低，则很容易从一层重新点燃到另一层，并有可能发生传播。相反，低热量输出和高点火温度的混合物应该传播不良（如果存在的话）。表 2.4 给出了部分烟火药混合物的传播指数值。

表 2.4　部分烟火药混合物的传播指数值

烟火药名称	配方	重量百分数/%	反应热 /($J \cdot g^{-1}$)	点火温度 /℃	传播指数 /($J \cdot g^{-1}/℃$)
硼点火药	B	23.7	6 697	565	11.7
	KNO_3	70.7			
	聚酯树脂	5.6			
黑火药	KNO_3	75	2 763	330	8.4
	木炭	15			
	S	10			
钛点火药	Ti	26	3 098	520	5.9
	$BaCrO_4$	64			
	$KClO_4$	10			
锰延期火药	Mn	41	1 063	421	2.5
	$PbCrO_4$	49			
	$BaCrO_4$	10			

Rose 建议通过添加药剂压制密度和混合物燃烧速率的术语来修改原始的 McLain 表达式。他推断，特别是对于压缩在管中的延期药，由于药剂颗粒之间的传热更好，其传播能力应随着密度的增加而增加。他认为，燃烧速度也应该是一个因素，因为燃烧速度快的混合物应该比燃烧速度慢的混合物对周围环境热量损失更少。

|2.4　燃烧速度|

烟火药属于热力学亚稳态，其燃烧反应属于在凝聚体系内进行的反应，特点是放热性大和反应速度大。这两个因素互不依赖，但是有联系。其联系在于燃烧时大部分反应热用于提高反应物的温度，从而引起反应速度的提高，也就是说产生了自加速过程。热效应和反应速度的温度系数越大，自加速的现象越显著。反应速度的温度系数通常与反应的绝对速度成反比。

由于烟火药的燃烧过程很复杂，反应的绝对速度、自加速度和温度系数测定起来就十分困难，因此关于燃烧速度的概念是很不确切的。烟火药燃烧速度对其效应的影响相当大，以下几种情况在工程应用中是不希望出现的：

（1）如果空中红外诱饵燃烧得很慢，辐射能量将降低，以至于诱饵炬落至地面仍在燃烧。

（2）若无约束，少量闪光粉也能发生爆炸。

（3）手榴弹延期体燃烧得比预期快。

烟火药的燃烧速度与外形尺寸和形状有关系。通常燃烧速度用单位时间燃烧的烟火药柱长度来表示，量纲为 cm/s，称为烟火药线燃烧速度。根据压制成烟火药柱的高度计算：

$$v_l = \frac{h}{t}$$

式中，v_l 为烟火药线燃烧速度；h 为烟火药柱高度；t 为燃烧时间。

该线燃烧速度仅代表特定表面积的特性，换成不同燃烧面的烟火药柱，即使仍使用同一参数的烟火药（组成和密度不变），燃烧速度也会改变。因此必须引用容积燃烧速度（cm^3/s）的概念，测定时加入燃烧面参数，即

$$v_s = v_l s = \frac{hs}{t}$$

式中，ν_s 为容积燃烧速度；s 为燃烧端面面积；h 为烟火药柱高度；t 为燃烧时间。这些参数与具有一定尺寸和形状的烟火药柱有关。

燃烧速度也可以用单位时间内起反应的烟火药质量来表示，称为质量燃烧速度，即

$$\nu_m = \frac{m}{t}$$

式中，ν_m 为质量燃烧速度，量纲为 g/s；m 为起燃烧反应的烟火药质量；t 为燃烧时间。

质量燃烧速度与烟火药柱的密度和容积燃烧速度的关系为

$$\nu_m = \nu_s\rho = \nu_l\rho s$$

式中，ν_s 为容积燃烧速度；ρ 为烟火药柱的密度；ν_l 为烟火药线燃烧速度；s 为燃烧端面面积。换言之，烟火药线燃烧速度与密度成反比，与质量燃烧速度成正比。

2.4.1 烟火药组分对燃烧速度的影响

燃烧速度主要取决于选择的氧化剂和燃料（但也有很多其他因素）。许多高能反应的速率决定步骤似乎是一个吸热过程，氧化剂的分解往往是关键步骤。氧化剂的分解温度越高，其分解时的吸热性越强，燃烧速率也越慢（所有其他因素保持不变）。

最常见的烟火氧化剂的反应顺序为

$$KClO_3 > NH_4ClO_4 > KClO_4 > KNO_3$$

硝酸钾用于黑火药（通过延长烟火药的混合时间实现均匀性最大化）和存在"热"燃料的含金属药剂中时，燃烧速度并不慢。在反应性上，硝酸钠与硝酸钾非常相似，但其吸湿性要高得多。表 2.5 为不同燃料和氧化剂的数据（药剂被压制在直径 16 mm 的纸管中）。

表 2.5 化学计量二元混合物的线燃烧速度

燃料	线燃烧速度/(mm·s^{-1})			
	$KClO_3$	KNO_3	$NaNO_3$	$Ba(NO_3)_2$
硫	2	未点燃	未点燃	—
木炭	6	2	1	0.3
糖	2.5	1	0.5	0.1
虫胶	1	1	1	0.8

燃料在确定燃烧速度方面起着重要作用。金属燃料具有高放热燃烧热和优

异的热导率值，往往会增加燃烧速度。低熔点、易挥发性燃料（如硫）的存在，尽管会增强可燃性，但倾向于延缓燃烧速率。热量在熔化和蒸发这些材料时会消耗殆尽，而不是提高未反应混合物相邻层的温度，导致反应速度加快。水分的存在导致蒸发时需吸收大量的热量，从而大大延缓了燃烧速度。"保持粉体干燥"这句老话是有科学依据的：水的蒸发热（100℃时，2.26 kJ/g）在液体材料中是最大值之一。在除去所有水分之前，药剂的温度不会高于100℃，除去每一克水需要相当大的热量。作为对比，苯（C_6H_6）是具有较弱分子间吸引力的液体，在其80℃沸点时的汽化热仅有393 J/g。

一般来说，水或吸湿性化合物在烟火药中是不可接受的，因为它们可能抑制反应，或者它们可能导致意外的危险反应，例如，金属镁被水氧化，释放出氢气，从而导致金属镁活性降低或烟火药发生自燃。

在所有其他因素相同的情况下，燃料的活化温度越高（通常是其熔点或分解温度），含该材料的药剂燃烧速度越慢。铝表面具有一层致密的氧化铝（Al_2O_3）表面涂层（图2.19），该涂层保护内部金属免于进一步氧化。而金属镁表面形成的是疏松的氧化镁（MgO）表面涂层，对内部金属的表面保护能力远低于铝表面涂层的保护能力，因而含铝药剂比相应的含镁药剂燃烧慢的部分原因是活化温度高。

图 2.19　铝粉的 TEM 图像

从燃烧区到相邻未反应药剂的热传递对燃烧过程也至关重要。金属燃料由于其高热传导率，在这里有很大的帮助。对于含氧化剂和燃料的二元混合物，燃烧速率随金属含量的增加而增加，远远超过化学计量比。对于含镁药剂，镁含量在60%~70%时可观察到这种效应，其他金属燃料（包括钨、钼和锆）也观察到类似的影响。这是由于随着金属百分比的增加，药剂的热导率增加所致。镁是一种低沸点（约1 100℃）的金属，由氧化剂和燃料之间的烟火反应产生的热量，可将过量的镁蒸发，并与大气中的氧气反应，从而可以进一步提高烟火反应的光输出。

在最初和逻辑上，可以预计化学计量混合物是最快的燃烧体系，当氧化剂和燃料具有相似的热导率时（例如氧化剂—有机燃料混合物），就会观察到这一点。在高反应温度的体系中，有时很难准确预测实际的首选反应是什么，因此通常建议采用试错法。制备一系列混合物时，应在化学计量点以上和以下改变燃料和氧化剂的比率，同时保持这些药剂的其他一切参数不变；然后通过试验确定产生最大燃烧速度的药剂配方。当含有金属燃料时，由于系统的热导率随着金属百分比的增加而增加，因此当金属百分比的增加超过化学计量点时，预计系统的燃烧速度会增加。过量的金属有助于捕获反应产生的更多热量，并将这些热量有效地传递到下一层药剂中，使其温度更接近燃点。表 2.6 为化学计量比对 $Sr(NO_3)_2$ - Mg 红光烟火药燃烧速度的影响。富燃料烟火药具有最快的燃烧速度和最高的烛光，而富氧化剂的药剂，正如预期的那样，燃烧速度最慢并且火焰最暗。表 2.7 显示了在保持氧化剂百分数恒定的情况下（黏合剂为环氧树脂—多硫化物混合物；$NaNO_3$ 通过 55 μm 的筛，Fisher 粒径仪测试为 20 μm；1#Mg 粉，椭球体，-30/+50 目；压药压力 97 MPa），改变金属燃料、有机燃料—黏合剂比率的影响。降低药剂中金属的百分比和增加黏合剂的百分比，可减缓燃烧速度，并降低 $NaNO_3$ - Mg 照明剂的发光强度。

表 2.6 化学计量对燃烧速度的影响（压药压力 483 MPa）

	化学计量	富氧化剂	富燃料
Mg（燃料）/%	36.3	28.8	42.8
$Sr(NO_3)_2$/%	63.7	71.2	57.2
燃烧速度/(cm·s^{-1})	0.305	0.15	0.406
（最大）发光强度/cd	1 400	180	5 100

表 2.7 黏合剂百分数对照明剂燃烧速度的影响

Mg/%	$NaNO_3$/%	黏合剂/%	燃烧速度/(cm·s^{-1})	发光强度/cd
55	39	6	0.353	291 800
55	37	8	0.269	240 700
55	35	10	0.239	195 000
55	33	12	0.224	180 600

晶体效应是能量储存在晶格中的一种方式，或者晶体性质可以影响燃烧速度，如研磨过程会导致能量储存在晶体结构的缺陷中。研磨后，在能量慢慢流失过程中，存在一个弛豫时间；在晶格中捕获的杂质可以参与化学反应或改变晶体的物理性质。

若燃料与氧化剂的比率与完全燃烧所需的比率不同，则燃烧速度一般降低。如硼（B）和铬酸钾（K_2CrO_4）混合物的燃烧速度（图 2.20）。由于过量燃料或氧化剂不能贡献任何能量（即反应热减少），所以燃烧速度降低；也可以被认为是消耗能量，因为多余的材料必须由部分能量来加热。

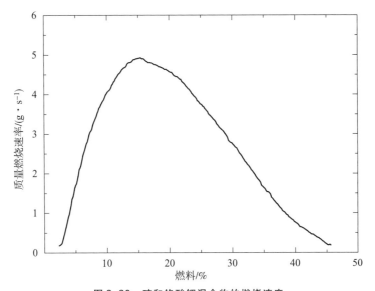

图 2.20　硫和铬酸钾混合物的燃烧速度

催化剂是一种提高反应速率的化学物质（一般不在反应中消耗）。但是由于燃烧过程中的高温，烟火燃烧催化剂常常被消耗掉。

燃烧催化剂通常通过降低氧化剂的分解温度来降低活化能，从而降低了点火温度。由于达到现在较低的点火温度需要较少的时间，从而增加了燃烧速度。如氯酸钾（$KClO_3$）通常在 360 ℃ 熔化，分解很少。加入二氧化锰（MnO_2）后，分解温度降低 70 ~ 100 ℃。将 70% 高氯酸钾（$KClO_4$）和 $K_2Cr_2O_7$ 混合物与 30% 的虫胶混合制得的药剂压入直径 10 mm 纸管的燃烧速度如图 2.21 所示。添加 4% 的铬酸钾（$K_2Cr_2O_7$）可使燃烧速度提高一倍。

燃烧速度调节剂是一种以调节燃烧速度为主要目的的添加剂，其既可以起到降低燃烧速度的作用，也可以增加燃烧速度。增加反应热或增加热能反馈的效率，就是这种情况：

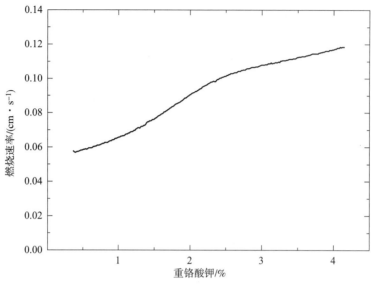

图2.21 铬酸钾对燃烧速度的影响

（1）锆粉：增加了反应热（在传导反馈效率方面的一些增加）。

（2）灯黑：增加辐射能量反馈效率。

如向红色示踪剂（R328）添加微量锆粉可提高燃烧速度。请注意，初始添加锆时燃烧速度增加得最大（如添加5%的锆粉，总燃烧速度约增加50%）。

烟火添加剂是为了达到特定的烟火效应或目的而添加到药剂中的材料。大多数添加剂可以通过增加活化能（E_a）或降低反应热（ΔH_r）来降低燃烧速度。然而，一些添加剂可能会增加燃烧速度，通常通过提高反应热（ΔH_r）或增加能量回馈分数（F_{fb}）。添加剂可能在分解或消除时消耗能量（热量）。

考虑碳酸氢钠在270℃（T_d）分解产生二氧化碳的效应（图2.22）。当预反应前材料被加热时，其温度向T_d上升。到达T_d后，发生分解消耗能量和保持温度在T_d。在碳酸氢钠全部分解后，温度再次上升至点火温度（T_i）。

当碳酸氢钠存在时，在黑火药（粗）达到其点燃温度之前，需增加一段时间。这增加的时间表现为较低的燃烧速度。如散装（100目）粗黑火药添加碳酸氢钠的燃烧速度。在加入约20%碳酸氢钠后，燃烧变得不稳定，并可能完全停止。

添加剂可以起到燃料或氧化剂的作用，然而，它们可能比主燃料或氧化剂产生的能量小。这些添加剂的存在降低了药剂的总反应热，因此，通常也降低了燃烧速度。

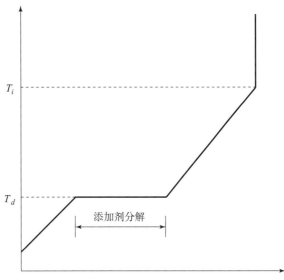

图 2.22　添加剂对燃烧速度的影响

2.4.2　烟火药物理参数对燃烧速度的影响

影响烟火药燃烧速度的物理参数主要是混合均匀度、粒径、粒子形状等。混合是使燃料和氧化剂更紧密接触的过程，可采用通过不同目数的筛网、研磨及粉碎等各种物理混合方法。在混合均匀之前，大部分材料将远远低于理想的比例，并且燃烧速度相当低。随着混合时间的加长，燃烧速度向最大值移动。

随着颗粒尺寸的减小，燃烧速度增加。这是因为单位质量小颗粒的表面积较大，在反应过程中更容易被加热（即 E_a 被降低），而且小颗粒比大颗粒燃烧得更快。此外，粒子表面上的原子分数随着尺寸的减小而增加，如图 2.23 中使用不同尺寸的镁颗粒制成烟火诱饵剂的燃烧时间，其中 50∶50 混合物为 100 ~ 200 目与 400 目镁粒子的混合。这也可以被认为是粒子表面积—质量比的结果。小颗粒具有高的表面积—质量比，更具反应性。燃料的颗粒尺寸效应最为明显，氧化剂通常在达到点火温度之前开始熔化（或已熔化）。如 60% 硝酸锶、25% 镁粉和 15% 聚氯乙烯（$CH_2 - CHCl$）$_n$ 混合物的燃烧速度（图 2.24），其中，细镁粉为 200 ~ 325 目，粗镁粉为 30 ~ 50 目，未指定细和粗氧化剂的目数范围。Brown 等将锑 – 高锰酸钾（$Sb - KMnO_4$）体系的粒子尺寸从 14 μm 降到 2 μm，发现燃烧速度从 2 ~ 8 mm/s 增加到 2 ~ 28 mm/s。Shimizu 等表明在三氧化二铁 – 五氧化二钒（$Fe_2O_3 - V_2O_5$）体系中增加燃料和氧化剂的接触点数量，反应速率会增加。Aumann 等对松散粉末中纳米铝的研究表明平均粒径 20 ~ 50 nm 的铝热剂比常规铝热剂的反应几乎快了 1 000 倍，这是由于降低了单个反应物间的扩散距离。Bockmon 等研究表明当反应物尺寸从微米降至纳米尺度时，松散粉末的反应速度快了超过 1 000 倍。

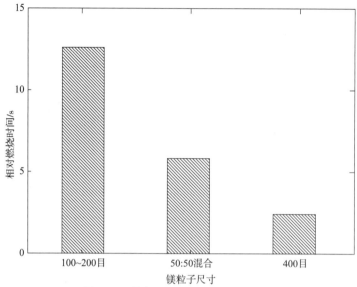

图2.23　镁粒子尺寸对燃烧速度的影响

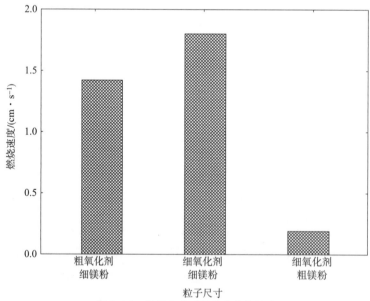

图2.24　粒子尺寸对燃烧速度的影响

颗粒形状对燃烧速度的影响与颗粒尺寸类似。球形颗粒不会被快速加热（具有相对低的表面积/质量比），因此它们具有相对较高的活化能。薄片状药剂具有最低的活化能，属于另一极端情况。当熔融铝喷入含有氧的气氛中时，三氧化二铝的外壳迅速形成，使粒子呈现高度扭曲的形状，因此控制雾化条件，可形成不同形状的铝粒子（图 2.25）。

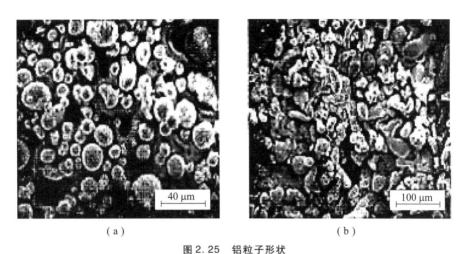

（a）　　　　　　　　　　　　　　　（b）

图 2.25　铝粒子形状

（a）球形雾化；（b）类球形雾化

　　颗粒形状对于燃料来说是最重要的，因为氧化剂通常在着火前开始熔化。如在高氯酸钾（64%）、~20 μm 铝（27%）和红胶（9%）药剂中采用不同形状的铝粉，在 1 cm 直径管中的燃烧速度如图 2.26 所示。

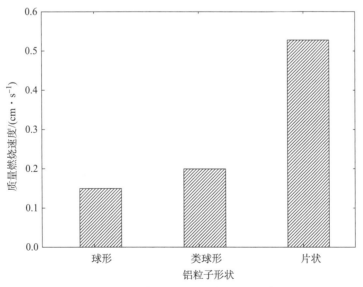

图 2.26　铝粒子形状对燃烧速度的影响

2.4.3　压药压力对燃烧速度的影响

具有一定密度的烟火药通常可以表现出平行燃烧（燃烧沿平行层进行直至所有材料消耗结束）并以相对温和的方式燃烧，如图 2.27（a）所示。颗粒状烟火药（其中每个颗粒含有燃料和氧化剂）开始燃烧时，每个单独的颗粒经历平行燃烧，但是，由于热燃烧气体沿"燃烧路径"的渗透，燃烧"迅速"贯穿整个药剂并保持传播，直到燃烧结束（称为爆燃），如图 2.27（b）所示。

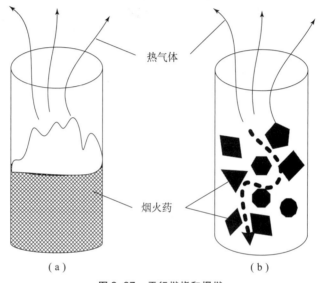

热气体

烟火药

（a）　　　　　　　　　　（b）

图 2.27　平行燃烧和爆燃

（a）平行燃烧；（b）爆燃

如果燃烧类型从平行燃烧到爆燃，燃烧速度可能极大地增加。最后，爆燃到爆轰的转换是可能的。对于相同的烟火药，爆燃速率可以是平行燃烧的 1 000 倍，这种燃烧有可能是爆炸性的。

通过改变装药管中药剂的压药压力来实现压制密度的变化，也可以影响燃烧速度。典型的高能反应释放出大量的气态产物，而实际燃烧反应的很大一部分是在气相中进行的。对于这些反应，质量燃烧速度将随着装载密度的降低而增加。固结轻的多孔粉末燃烧速度最快，可达到爆炸速度，而在高压力下加载的高度固结的药剂燃烧速度较慢。在此药剂中，燃烧前沿被热气体产物所携行。药剂的孔越多，反应就越快。理想的快速药剂是被造粒的，以保证每个粒子内的高度均匀性，但还包括具有高表面积的小颗粒粉末。通过松散粒子的燃烧将被迅速加速。

松散的、细粒状烟火药的燃烧通常被认为是最危险的，因为燃烧状态是不可预料的。它将从稳定平行燃烧开始，如图 2.28（a）所示，但在任何时候它都可以改变为爆燃，如图 2.28（b）所示，具有显著的爆炸潜力。

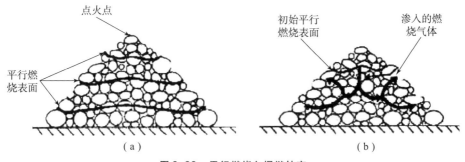

图 2.28　平行燃烧向爆燃转变

（a）平行燃烧；（b）爆燃

　　燃烧类型取决于是否产生气体和烟火药的物理状态，如压实固体，如图 2.29（a）所示；或松散颗粒，如图 2.29（b）所示。

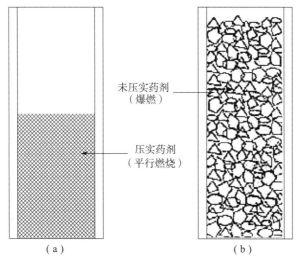

图 2.29　压实固体和松散颗粒烟火药

（a）压实固体；（b）松散颗粒

　　压制的黑火药的燃烧速度为 0.5 cm/s。然而，在未约束情况下，颗粒状黑火药的燃烧速度约为 60 cm/s，而在约束情况下，燃烧速度约为 1 000 cm/s。

　　这种压药压力对燃烧速度的影响规律不适用于无气体烟火药，如铬酸钡 – 硼或三氧化二铁体系。在这里，燃烧是通过药剂的传播而无显著的气相参与，并且压药压力的增加将导致燃烧速度的增加，这是由于紧密压实的固体和液体颗粒的热传递更有效。导热率对这类药剂的燃烧速度是非常重要的。表2.8说明了压药压力对无气体90%铬酸钡+10%硼延期药体系的影响。注意：无气体延期药的燃烧速度随压药压力的增加而增加，有气体药剂则相反。

表2.8 压药压力对延期药燃烧速度的影响

压药压力/MPa	燃烧速度/(cm·s⁻¹)
248	0.272（最快）
124	0.276
62	0.280
25	0.287
9	0.297
3.4	0.309（最慢）

增加压药压力会增加压实程度，这增加了热传导，但关闭了火焰通道。当燃烧不产生气体时，压药压力的增加会增加热传导，这通常会增加燃烧速度。图2.30（a）为低压药压力示意图，图2.30（b）为高压药压力示意图。

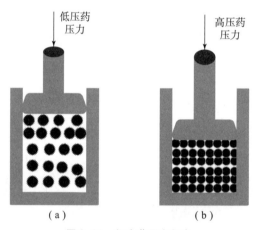

图2.30 烟火药压实程度

（a）低压药压力；（b）高压药压力

基本上所有的烟火药在燃烧时都会产生气体。压药压力的增加将降低气体渗透到未燃烧的药剂中，这通常降低了燃烧速度。注意，虽然线燃烧速度显著下降，但质量燃烧速度是恒定或略有上升的。

针对颗粒被压实时的增量，有效载荷压力随着距离的增加而变化。最接近极限密度的药剂是最紧密的。针对药剂的压实，通常认为每次压药的近似高度应不大于管的内径。

2.4.4　环境因素对燃烧速度的影响

环境因素包括环境压力、温度和风速等气象参数。环境压力对燃烧速度影响的程度取决于燃烧产生气体的程度。如果燃烧产物能产生气体压力，则其与当时的大气压力相结合，也将影响燃烧速度。一般规律是，随着环境压力的增加，燃烧速度将会增加。高的外部环境压力将限制气体产物和热量从反应区的逃逸。这使更多的热量被滞留并用于药剂的燃烧，从而提高了药剂的燃烧速度。当氧气是气相的重要组成时，这个因素尤其重要，并且氧气在反应区中停留的时间越长，与燃料反应的概率就越大。外部压力效应的大小反映了气相参与燃烧反应的程度。

线燃烧速度 v_l 与压力 P（atm）关系的一般方程为

$$v_l = aP^n$$

式中，a 代表体系组成和结构参数；n 为常数，是给定药剂的指数系数。推进剂的气体量依据的是反应产物，指数值应较高。但在高压下，无气体烟火药的燃烧速度将显著超过黑火药。

黑火药在 2 ~ 30 atm 压力范围内燃烧时，此方程的常数 $a = 1.21$，$n = 0.24$。表 2.9 为使用该方程计算的黑火药的线燃烧速度。

表 2.9　不同外界压力下黑火药的线燃烧速度

外界压力/atm	线燃烧速度/($cm \cdot s^{-1}$)
1	1.21
2	1.43
5	1.78
10	2.10
15	2.32
20	2.48
30	2.71

当烟火药的燃烧被约束时，显然压力可以增加到非常高的值。当被约束的烟火药燃烧时，产生的燃烧温度也较高，因为高温气体和辐射能无法逃脱。温度和压力的增加都会增加燃烧速度。因此，约束可以大大提高燃烧速度。燃烧速度随约束压力的增加是众所周知的现象，在推进剂装置的设计中得到了广泛的应用。此类装置中经常使用节流器或节流阀来建立更高的内部压力，从而加快推进剂燃烧速度，并产生更多推力。

对于无气体产热烟火药和延期烟火药，预计外界压力的影响很小。这一结果，加上随着加载压力的增加而观察到的燃烧速度的增加，可以被认为是特定燃烧机理中没有任何显著气相参与的良好证据。对于三氧化二铁 – 铝（Fe_2O_3 – Al）、二氧化锰 – 铝（MnO_2 – Al）和三氧化铬 – 镁（Cr_2O_3 – Mg）体系，当外部压力从 1 atm 升高到 150 atm 时，观察到的速度增加了 3 ~ 4 倍，表明存在轻微的气相掺入。然而，据报道，三氧化二铬 – 铝（Cr_2O_3 – Al）体系在 1 atm 和 100 atm 下的燃烧速度完全相同（2.4 cm/s），这表明它是一个真正的无气体体系。

表 2.10 给出了压药压力为 138 MPa，装在 105 mm 铜管中的延期药（64% 高锰酸钾 + 36% 锑）的燃烧速度随外部压力（使用氮气气氛）增加的函数关系数据。

表 2.10　外界压力与延期药线燃烧速度的关系

外界压力/atm	线燃烧速度/（cm · s^{-1}）
1	0.202
2	0.242
3.4	0.267
5.4	0.296
6.8	0.310
10.2	0.343
13.6	0.372
20.4	0.430
34	0.501
54.4	0.529
74.8	0.537
95.2	0.543

环境压力的增加会抬升火焰温度，并且火焰被保持在燃烧表面附近（图 2.31）。当火焰燃烧温度更高且保持接近燃烧表面时，能量反馈的效率增加，燃烧速度也会加快。

另一个需要考虑的问题是，烟火药是否会在非常低的压力下燃烧，以及燃烧速度如何。对于将空气中的氧气作为烟火药功能的重要组成部分，预计在低压下性能会大幅下降。燃料含量高的混合物（如富镁照明剂）在低压下不会很好燃烧。化学计量的混合物，其中燃烧所需的所有氧气都由氧化剂提供，受压力变化的影响应最小。表 2.11 给出了当环境压力降低到 1 atm 以下时延期药（30% 硼 + 70% 三氧化二铋）的线燃烧速度数据，并且观察到在较低压力下燃烧速度会减慢，随硼含量的变化，延期药的燃烧速度变化范围为 5 ~ 35 cm/s，硼含量为 15% 时，线燃烧速度最大。

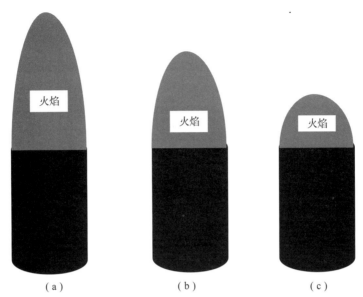

图 2.31　环境压力对火焰的影响

（a）低压；（b）常压；（c）高压

表 2.11　环境压力对延期药线燃烧速度的影响

环境压力/atm	线燃烧速度/$(cm \cdot s^{-1})$
1.0	16.9
0.74	16.0
0.50	15.9
0.26	15.5
0.11	14.9

在低气压环境中，烟火药的线燃烧速度会降低（表 2.12）。图 2.32 为压制成直径为 30 mm、高度为 60 mm 烟火药柱（无壳体约束）在常压（大气）和 300 Pa 真空箱中的燃烧图像。其在常压（大气）时的燃烧速度为 1.2 cm/s，但在 300 Pa 低气压箱中的燃烧速度为 0.15 cm/s。

表 2.12　不同气压对铝/氧化物和镁/氧化物的影响

燃料/氧化物	线燃烧速度/$(cm \cdot s^{-1})$		
	常压	20 kPa	降低的百分数/%
Al – NaNO$_3$	0.318	0.168（45 kPa）	47
Al – KClO$_4$	0.21	0.101	52
Al – PTFE	0.151	0.081	47

续表

燃料/氧化物	线燃烧速度/（cm·s⁻¹）		
	常压	20 kPa	降低的百分数/%
Mg – NaNO₃	0.143	0.125	12
Mg – PTFE	0.218	0.201（45 kPa）	8

注：药柱直径 0.95 cm，高 1.5 cm，压药压力为 68.947 MPa。

（a）　　　　　　　　（b）　　　　　　　　（c）

图 2.32　烟火药柱在低气压及常压环境的燃烧图像

（a）烟火药柱；（b）在低气压环境的燃烧图像；（c）在常压环境的燃烧图像

　　对于不需要环境氧气参与燃烧过程的烟火药，环境氧气含量对烟火药燃烧速度不会产生显著影响。表 2.13 为燃料铝含量较低时，不同气体环境对烟火药燃烧速度的影响。

表 2.13　不同气体及气压对含少量铝的烟火剂燃烧速度的影响

气体	线燃烧速度/（cm·s⁻¹）		
	常压	20 kPa	降低量/%
空气	0.076	0.063	17
氧气	0.076	0.065	14
氩气	0.078	0.059	24
氦气	0.071	0.058	19

　　在真空中用电点火头无法点燃高氯酸钾 – 铝（KClO₄ – Al）闪光粉或细颗粒黑火药，而在正常大气压力下则可容易地点燃。在相同的真空条件下，使用白炽镍铬丝可以点燃该药剂，但点火延迟长达 3.5 s。在 1 atm 的氩气或氮气气氛中，电点火头可正常点燃该药剂，证明了空气中的氧气不是关键因素。

环境低气压对烟火药柱的燃烧速度的影响原因可能有两个：①降低压力后，空气阻力变小，使燃烧烧火焰快速离开燃烧端面，同时会带走部分能量，从而降低了火焰反馈至固相燃烧端面的能量，相对而言降低了烟火药预热区的初温，因而降低了燃速。②环境气压的降低，有可能会改变材料的物理化学特性，如燃料沸点的降低，导致更多的燃料被蒸发，并被带走更多的热量。表 2.14 为部分燃料的热力学数据。含这些燃料的烟火药的线燃烧速度数据列在表 2.15 中。

表 2.14　部分燃料的热力学数据

燃料	沸点/℃	20 kPa 沸点/℃	蒸发热/（kJ·mol^{-1}）
Al	2 467	2 142	284.2
Mg	1 110	938	136
Ti	3 290	2 933	447.9
B	2 550	2 335	477.2
Zn	907	759	114.7

表 2.15　不同气压及气体对含不同沸点燃料的烟火药线燃烧速度影响

燃料	沸点/℃	气压	线燃烧速度/（cm·s^{-1}）			
			大气	氧气	氩气	氦气
Al	3 467	常压	0.151	0.144	0.115	0.159
		20 kPa	0.081	0.078	0.099	0.091
		降低量/%	47	56	50	54
Ti	3 290	常压	0.318	0.318	0.328	0.320
		20 kPa	0.146	0.141	0.163	0.141
		降低量/%	54	56	50	56
B	2 550	常压	0.131			
		20 kPa	0.036			
		降低量/%	73			
Mg	1 110	常压	0.220	0.148	0.241	0.228
		20 kPa	0.201	0.148	0.233	0.225
		降低量/%	6	0	3	2
Zn	907	常压	0.78	0.79		
		20 kPa	0.78	0.77		
		0	2	降低量/%		

环境温度通常是未反应药剂周围的温度。化学反应的速度随环境温度的增

加而增加（图 2.33）。随着环境温度升高，药剂的初温也随之与环境温度平衡，由于需要较少的能量将药剂温度提高到其点燃温度，因而活化能也降低了，导致达到点火温度所需的时间变短，从而提高了燃烧速度。

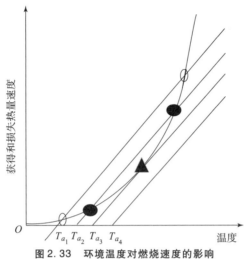

图 2.33　环境温度对燃烧速度的影响

　　点火和燃烧速度均取决于烟火药的初始温度。低温烟火药的点火需要输入更多的能量以用于初始层或烟火药颗粒达到其点燃温度。对于低放热和高点火温度的药剂，此效应最明显。

　　低温时，烟火药柱的燃烧也会比温度高的同类药柱的燃烧速度慢，需要更高的点火能量。主要是未反应层需要依靠反应区传递的热量来提升温度，使其从初始温度升高到点火温度。

　　因此，如果在使用之前没有达到温度平衡的标称值，则药柱原有的温度将是影响其性能的一个因素。测量燃烧速度或燃烧时间时，消除起始温度的变化是重要的。环境温度对延期药（33% 高氯酸钾、18% 红色三氧化二铁、49% 钨，压药压力为 248 MPa，药柱长 16 mm）燃烧时间的影响如表 2.16 所示。从表 2.16 中数据可以看出，从低温到高温以 10% 间隔变化的宽温度范围内，对此体系这种效应的影响相对较小。

表 2.16　环境温度对延期药燃烧时间的影响

温度/℃	燃烧时间/s
-40	3.43 ± 0.13
环境	3.30 ± 0.07
165	3.15 ± 0.14

烟火药在 −30℃时达到活化能所需要输入的热量远高于 +40℃（或更高）时需要的能量。在 1 atm 时，0℃比 100℃时的黑火药的燃烧速度慢了 15%。一些高能炸药具有较高的温度敏感性。例如，100℃时三硝酸甘油酯的爆轰速度比 0℃时快 2.9 倍。总而言之，低温烟火药需要更强的点火刺激，并且在所有其他因素相同的条件下，比温度高的烟火药的燃烧速度慢。

燃烧的烟火药柱在空气中高速运动时产生的风使火焰向后落，导致能量反馈效率较低（图 2.34）。

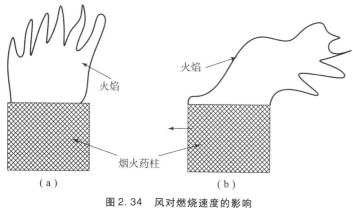

图 2.34　风对燃烧速度的影响

（a）静态燃烧；（b）运动燃烧

2.4.5　燃烧表面积的影响

烟火药柱的形状多数为圆柱形，也有的是方形或十字形（图 2.35），或带有凹槽（图 2.36），具体形状根据烟火药所需达到的烟火效应来确定。

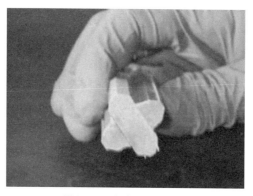

图 2.35　十字形烟火药柱

图 2.36 带凹槽的方形烟火药柱

当用质量或线燃烧速度表示烟火药的燃烧速度时，其随燃烧表面积的增加而增加。随着燃烧表面积的增加，由于热能反馈效率的增加，燃烧速度一般也会增加。如图 2.37 所示，细长的药柱，基本上所有的辐射热能都被损失在环境中（低反馈效率）；当药柱是较大药柱体的一部分时，大部分向下的定向辐射将被药柱的其他部分药剂吸收（更高的反馈效率）。

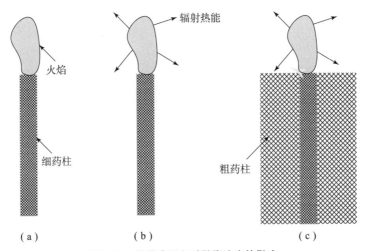

图 2.37 燃烧表面积对燃烧速度的影响

（a）细药柱；（b）细药柱的辐射热能损失在环境中；

（c）粗药柱的定向辐射被药柱其他部分吸收

同样的烟火药，装在小直径管中比大直径管中的燃烧速度慢。对于大直径的管，其管壁的热损失不显著，与烟火药所滞留的热量有关。对于任何药剂和压药压力，存在能够稳定燃烧的最小直径，该最小直径随烟火药放热性的增加而降低。

厚壁金属管在移除烟火药燃烧的热量方面特别有效，如果金属（特别是厚金属管）作为容器材料，那么除了热量最高的烟火药外，小直径药柱很难发生燃烧传播。另外，在线状闪光药的中心使用金属丝传播由硝酸钡－铝反应所产生的热量，有助于沿薄烟火涂层的向下传播燃烧。

在小直径装置中燃烧良好的烟火药，若制成较大直径的药柱，其燃烧会达到爆炸速度，所以在改变药柱直径时应认真进行试验。对于小直径的管，必须注意固体反应产物对管的堵塞，固体产物会阻止气态产物的逸出。如果出现这种情况，特别是快速燃烧的烟火药会发生爆炸。

2.4.6　燃烧速度小结

烟火药稳态传播燃烧速度基本上由反应产生的温度和传递给未燃烧组分的热量（主要是通过传导）决定。这些参数依次受氧化剂和燃料及其他组分的比例、外部压力和温度、化学反应速度、热导率、混合的均匀性、存在的水分和挥发分、粒径分布和固结密度的影响。烟火药的传热速率、热量产生和损失都是自传播化学反应实现燃烧传播的关键因素。

影响燃烧速度的因素也可以用来控制燃烧速度。因此，在不改变装置结构的情况下，若有意改变燃烧速度，可采用以下一些措施：

（1）改变起始化学品（新氧化剂、新燃料，或两者结合）。

（2）改变氧化剂与燃料的比率。

（3）改变一种或多种组分的粒径。

（4）将催化剂或阻燃剂添加到烟火药中。

（5）增加混合时间，以提高混合物的均匀性。

对于给定的燃烧速度问题，其中一些选项可能是可行的。大多数情况下，需要对新材料的敏感度进行重新评估，如果超出了设备规范和技术图纸中的公差，则需要对大多数材料和最终产品进行重新鉴定。

考虑到影响烟火药燃烧速度的所有因素，很容易理解为什么还没有一个可以用来预测燃烧速度的计算机程序。

第 3 章

约束烟火药准稳态固相燃烧

一般情况下，烟火药在应用时都压制成具有一定密度、一定形状的药柱，并具有大量的孔隙，是典型的多孔含能材料，其燃烧反应是典型的固相反应。烟火药的燃烧特性，如能量密度、化学组成以及两相流成分的变化均会影响烟火药反应体系的效能和安全特性，对烟火药稳态燃烧行为的控制是烟火研究者重点关注的问题。

|3.1 经典固相反应理论|

固相反应在冶金、陶瓷、化工等众多领域成为制备新兴材料的一项非常重要的技术。近年来，对流体—固态（主要是气—固）反应的研究已取得显著进展，部分原因可能在于气—固相反应实验设计的灵活性，但是固—固反应（如二元粉末混合物）存在固有的复杂性，缺乏对微观结构和输运条件的精确试验控制，模拟研究进展缓慢。

根据 Schmalzried 分类，固相反应理论沿着两条路线发展：现象学方法和预测模拟方法。经过许多研究者的大量努力，已对理想条件下的简单体系固相反应机理和动力学有了一个合理的认识。例如，对于一般的二元反应体系

$$aA(s) + bB(s) \rightarrow A_aB_b(s)$$

式中，A 和 B 是一种压实的粉末混合物的反应物，每个反应物均由单一尺寸的粒子组成。如果假定颗粒为球形，其微观结构如图 3.1 所示。如果进一步假定由于反应物 A 的迁移而在 B 粒子的表面形成一层反应产物 A_aB_b，则反应按下列步骤进行：

（1）颗粒母体中的 A 输送到产物层的外表面，如外部质量输运。

（2）产物相 A_aB_b 的核化。

（3）传送至产物 A_aB_b 和反应物 B 界面的质量。

（4）反应界面的相边界反应。

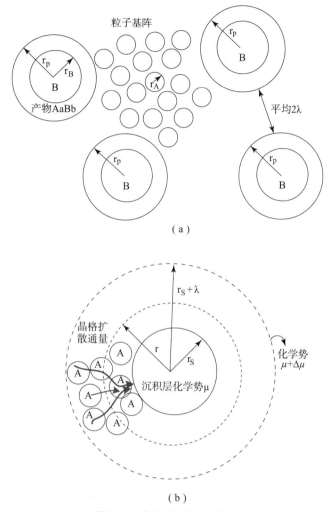

图 3.1　球形颗粒的微观结构

（a）二元混合物微观结构示意；（b）经颗粒基质扩散到球形沉积层的外部质量传输

　　这些基本机理中的任何一种都可以被单独控制或整个反应速率的组合控制。通常任何速率表达式都反映了速率控制现象，与反应物和产物的形貌类似。产物形貌取决于反应物形貌、成核位点分布以及成核和生长的相对速率。出现外部质量输运的情况时，外部微观结构（如弹丸的微观结构）可能是一个额外的影响因素。

　　在一些简单的准二元体系中，可以根据测量的宏观反应速率、独立的热力学性质、电导率和扩散的产物形貌，利用面向现象方法获得输运性质。相反，根据缺陷平衡、已知的传输特性以及将众多独立变量的最小化，可以预测反应速率。然而，比简单的准二元体系更复杂的固相反应体系分析起来更困难。此外，只要反应物为单晶且不包含温度和压力，并且可根据相律控制适当数量的化学势，则简单体系的试验才有意义。即使在理想的试验条件下，这种控制也是很困难的，因而在考虑任何实际应用前，现象学方法还需要进一步拓展。

这种面向预测、建模的方法产生了 3 个显著的进展：缩核模型、颗粒模型和成核—增长模型，每一个模型都有众多的特定形式。

3.1.1　缩核（无孔固体）模型

缩核（又称未反应核或局部化学反应）模型具有物理和数学的简单性优点。假定反应过程是一种反应物经无孔产物扩散至无孔尖锐表面的二次反应，则在整个反应物表面瞬间发生成核反应，从而不存在动力学能垒。Clair、Lu、Bitsianes、Spitzer 等基于此几何结构研发了气—固反应模型，考虑了诸如反应的可逆性、穿过产物层的压降等各种因素。Lu 对具有可比较尺度的化学反应和扩散条件进行了建模，其他研究人员则分析了反应的多样性。Shen 和 Smith考虑了产物和反应物间体积的差异以及外部气相传质的影响，进一步修正了缩核模型，成为气相与无孔固体间反应的最成熟的缩核模型。

缩核模型间接形成了几乎所有常用的固—固相反应模型（通常假定一个相似的几何结构）的基础。假定带有产物层的无孔组分表面被扩散组分完全和持续地覆盖。实际情况是，该条件只有在固体—流体反应中才能实现。因此，该假设忽略了外部微观结构对反应动力学的影响。在这里，"外部"或"弹丸"微观结构暗含着性能与弹丸中反应物粒子的排布有关，如粒子的体积分数和半径，弹丸孔隙率等；"内部"微观结构指的是典型反应物粒子的特性，如颗粒尺寸、内孔隙率、孔尺寸分布等。此外，几乎所有模型的推导都致力于扩散控制下的反应速率。如众所周知的 Jander 模型，采用抛物线定律预测反应分数与时间—温度的相关性。Ginstling 和 Brounshtein 的模型也类似，但校正了球形粒子的一般线性收敛。

Valency 和 Carter 修订了动力学表达式，完善了产物和反应物之间体积差异的影响。Komatsu 和 Uemura 考虑了产物是由一个反应物粒子向外扩散形成的，即"反 - Jander 模型"，通过观察扩散对两边形成的产物，他们还修订了描述阳离子逆向扩散反应进程的 Ginstling - Brounshtein 模型和 Jander 模型。既然所有这些模型均假定穿过产物的扩散是速率决定步骤，并且扩散速率仅与温度有关，那么在本质上它们是更普通缩核模型的特例。因而，通过适当的简化，可以从 Shen 和 Smith 的模型中得到它们的动力学表达式。

从这一趋势出发，Kroger 和 Ziegler 假定除 Jander 的几何结构外，扩散系数与反应时间成反比。这个假设与 Tammann 假设类似，其将产物厚度的变化速率按与反应时间成反比来处理。在 Carter – Valency 几何体中采用了类似的相关性，Hulbert 等推导出的表达式解释了许多尖晶石的试验形成速率。但是，上述 3 种模型的结果表达式有一个严重的缺陷，导致了零时刻（如初始条件）的数学奇点。另外，Zuravlev 等通过假设反应物的活性与未反应材料的分数成正比，从而修正了 Jander 方程。这类似于一级均相反应动力学，在非均相动力学中只适用于少数反应，如在稀或理想固体溶液中的溶质选择性氧化。Dunwalt、Wagner、Serin 和 Ellickson 讨论了产物层缺失时瞬态扩散入球内的动力学。由于大量的固相反应涉及产物层的形成，因此这种分析也限制了应用性。

3.1.2　颗粒（多孔固体）模型

缩核模型可用来描述在无渗透反应物表面发生的反应，而当反应物是多孔的或在多晶反应物中出现大量的晶界扩散时，其精度会大大降低。在这样的条件下，固体的反应区和未反应区不一定能被清晰的、明确的几何界面区分开。反应区可以是扩散区，也可以延伸到正在反应的固体有效部位。在这种情况下，使用缩核模型获得的动力学参数可能导致误差，但基本上是可接受的结果。为了避免这种陷阱，有必要考虑内部微观结构参数，如孔隙度、颗粒结构、表面积等。从这个观点来看，气体和多孔固体间反应的理论分析随着颗粒模型的出现而取得了显著的进展。

多孔固体是沿着高扩散速率路径发生非均匀扩散的固体。因此，致密的无孔隙多晶固体，如果沿着晶界有显著的质量输运，仍然可以被认为是多孔的。多孔固体必须为明确的、不变的形状，其可视为明确的粒子和由大量颗粒组成的不变形状。反应性气体通过外表面的边界层、孔隙扩散，并最终通过单个颗粒的产物层。在界面发生反应之后，如果有产物气体，则将继续扩散并回到整体的气流中。假定单个颗粒内是局部化学反应，则意味着在整个颗粒表面被瞬时核化，从而可由缩核模型描述。

对于由球形颗粒组成且具有均匀恒定气体扩散系数的球形弹丸，Szekely 和 Evans 应用颗粒模型研究了氢还原氧化镍（假定为一级反应）。Sohn 和 Szekely 研究了球形、圆柱形及盘状粒子和弹丸的组合体，用一级等温反应的无量纲参数进行了数学表述。因此，在单个或多个机理控制整个反应速率的条件下，依据弹丸的广义反应模量（σ）、颗粒的广义反应模量（σ_g）和修正的 Sherwood 数（N_{sh}^*）清晰地表达了 3 个无量纲参数的尺度。以上的每一个参数都可用试验测量的量来表述，如扩散系数、比表面积及整个流体中的扩散物浓度。因此，以预估为目的的模型，提供的试验条件是明确的，且控制动力学的参数是已知的。

随后，Song 将颗粒模型扩展至气体—多孔固体反应过程中气体反应物浓度的变化，并用此模型同样验证了流化床反应器中氢还原氧化镍的动力学。结果表明，很容易得到颗粒模型方程的解析渐近解，但所得到的动力学表达式仅适用于单一机理控制的总速率。应用颗粒模型的更大意义是预测混合控制条件下的动力学，通常只能用数值方法来精确计算。幸运的是，渐近解的代数和为精确数值解提供了合理的近似。Ranade 已开发出由扩散和相边界反应混合控制的特定情况下的精炼的近似解析解。其经典的精炼方法使得近似解与精确数值解几乎完全相同，将颗粒模型扩展至 Langmuir Hinshelwood 动力学效应以及包含非等温体系的修正。

在颗粒模型的反应中，物种向多孔固体扩散的质量输运可能是晶界、表面和气体扩散的组合作用。既然在颗粒模型的推导过程中有关内部质量输运模式未做假设，那么结果方程对所有模式的内部气体输运是等效的，均考虑了与合适温度相关的扩散速率以及对每一种机理有效的实际输运横截面积。因此，颗粒模型对于固—固相反应存在潜在的有效性，若对给定体系给出适当的假定，也适用于气—固反应。

在固相反应物中，沿高扩散路径可发生非均匀扩散，同时在整个固相中发生质量传递和化学反应。在这种情况下，反应区是混沌的，不能被清楚地定义。在多孔固体中，扩散和化学反应可以在固体中同时发生，导致反应区是一个扩散区，而不是一个尖锐的边界。因此，在颗粒模型中，半径 r_p 的粒子可认为是由许多半径 r_g 的较小粒子组成。借助沿孔表面的气相/表面扩散或借助晶粒的边界扩散，反应物 A 通过孔扩散至内部。定量表述需要以下假设：

（1）适于描述弹丸内气态反应物浓度的准稳态近似。

（2）孔结构在宏观上是均匀的，不受反应影响。

（3）体系是等温的。

（4）任何位置扩散物浓度都低，孔中黏性流对质量输运的贡献可以忽略不计。

（5）反应是不可逆的，一级反应与反应物 A 的浓度有关。

（6）与形成产物相关的体积变化可忽略。

（7）每个晶粒内的反应前沿保持其原来的几何形状；如给定的缩核结构，用颗粒取代粒子，则在整个颗粒表面可瞬间产生成核产物。

基于上述假设，Sohn 和 Szekely 对气—固反应的颗粒模型给出了详细的数学公式，可以分析一定的假设条件下这种气相—多孔固体反应。为了满足混合粉末体系中发生的固—固相反应模型，仅考虑在粒子的固—固相反应间发生的表面和（或）体扩散。因此，需要定义以下变量：

颗粒内无量纲浓度：

$$\psi \equiv \frac{C_A}{C_A(r_P)}$$

颗粒内反应前沿的无量纲位置：

$$\zeta \equiv \frac{A_g}{F_g V_g} H$$

无量纲时间：

$$t^* \equiv \frac{b}{a} \frac{M_b}{\rho_B} k_r \frac{A_g}{F_g V_g} C_{A0} t$$

颗粒内无量纲粒子位置：

$$\eta \equiv \frac{A_p}{F_p V_p} r$$

颗粒的无量纲反应模量：

$$\sigma_g^2 \equiv \frac{k_r}{2k_D} \frac{V_g}{A_g}$$

无量纲归一化反应模量：

$$\sigma^2 \equiv F_p \left(\frac{V_p}{A_p}\right)^2 \frac{A_g}{F_g V_g} \frac{(1-\varepsilon_B)k_r}{2D_e}$$

式中，$C_A(r_P)$ 是颗粒外表面上反应物 A 的浓度；r 是以粒子为中心的颗粒坐标；H 是颗粒内缩核表面的坐标；k_D 为通过颗粒产物层的反应物 A 的扩散率；D_e 为通过孔或 B 颗粒边界的反应物 A 的有效扩散率；C_{A0} 是颗粒基体中反应物 A 的浓度，当 $B \to 0$ 时，等于 $C_A(r_p + \lambda)$；F_p、A_p、V_p 分别是粒子的形状因子、外表面积、表观体积；F_g、A_g、V_g 分别是颗粒的形状因子、表面积和体积。

反应物 A 的质量平衡为

$$\nabla_n^2 - 2F_p F_g \sigma^2 \zeta^{F_s-1} \frac{\delta\zeta}{\delta t^*} = 0$$

式中，∇_n^2 是位置坐标为 n 的 Laplacian 算符，局部反应速率为

$$\frac{\delta\zeta}{\delta t^*} = -\psi\left[1 - \sigma_g^2 q(\zeta)\right]^{-1}$$

式中，

$$q(\zeta) = \zeta - 1, \qquad F_g = 1$$
$$q(\zeta) = 2\zeta\ln\zeta^2, \qquad F_g = 2$$

$$q(\zeta) = 6\zeta(\zeta - 1), F_g = 3$$

对于 $t^* \geq 0$，边界条件为

$$\frac{\delta\psi}{\delta n} = 0, \quad n = 0$$

$$\frac{\delta\psi}{\delta n} = \frac{F_p V_p}{A_p \lambda} \frac{k_{ex}}{D_e}(1 - \psi), \quad n = 1$$

初始条件：$t^* = 0$ 时，对于所有的 n，有

$$\zeta = 1$$

可以通过求解下列方程来获得总反应进程和反应速率：

$$x = \frac{\int_0^1 n^{F_p - 1}(1 - \zeta^{F_p}) \, \mathrm{d}n}{\int_0^1 n^{F_p - 1} \, \mathrm{d}n}$$

$$\frac{\mathrm{d}x}{\mathrm{d}t^*} = \frac{1}{2\sigma^2}\left[\frac{\delta\psi}{\delta n}\right]_{n=1}$$

以上方程组一般仅有数值解。但是，可以写出一个近似的一般解，它在大多数条件下可描述精确的数值解。当外部质量输运和颗粒内扩散不是速率限制步骤时，对整个反应程度模拟的精确数值解是极其逼近的。

假设包括反应物 B 的初始粒径 r_{B0} 远大于相邻 B 粒子（如 $\beta \to 0$）间的平均自由程，所形成的产物体积等于消耗的反应物体积。一般动力学问题的近似解为

$$t^* = \phi_{gr} + \sigma_g^2 \phi_{gd} + \sigma^2 \phi_D + \frac{2D_e}{k_{ex}} \frac{\lambda A_p}{F_p V_p} \sigma^2 x$$

式中，

$$\phi_{gr} \equiv 1 - (1 - x)^{1/F_g}$$

$$\phi_{gd} = \begin{cases} x^2, & F_g = 1 \\ x + (1 - x)\ln(1 - x), & F_g = 2 \\ 3 - 2x - 3(1 - x)^{2/3}, & F_g = 3 \end{cases}$$

$$\phi_D = \begin{cases} xx^2, & F_p = 1 \\ x + (1 - x)\ln(1 - x), & F_p = 2 \\ 3 - 2x - 3(1 - x)^{2/3}, & F_p = 3 \end{cases}$$

$$\sigma^2 \equiv F_p \left(\frac{V_p}{A_p}\right)^2 \frac{A_g}{F_g V_g} \frac{(1 - \varepsilon_B)k_r}{2D_e}$$

$$\sigma_g^2 \equiv \frac{k_r}{2k_D} \frac{V_g}{A_g}$$

$$t^* \equiv \frac{bM_B}{a\rho_B}k_r\frac{A_g}{V_gF_g}C_{A0}t$$

式中，x 是体积 V_p、表面积 A_p、孔隙度 ε_B 和形状因子 F_p（由形状因子 F_g 的均匀尺寸颗粒组成）的均匀尺寸粒子的分数转换。球体的形状因子为 3，长圆柱体为 2，平板为 1。D_e 是 A 通过 B 反应物孔隙的有效扩散系数。

对于缩核模型，上式中的 4 项均具有时间维度，通过外部传输、孔隙扩散、颗粒上产物层的扩散以及最后的相边界反应，表示所涉及的 4 项的时间贡献。最大幅度项将代表总速率的限制机制，而 2 个或更多类似幅度项表示混合控制。

当相边界反应、孔扩散或颗粒内扩散控制反应速率时，动力学表达式与 Sohn 和 Sekely 的颗粒模型相同。

当外部传质限制总反应速率时，固体 B 的粒度和孔隙率明显与动力学无关。为取得更通用的动力学表达式，假设 $r_{B0} \gg \lambda$ 和 $Z = 1$ 是无限制的，这对于多孔和无孔固体是相同的。对于球形 B 粒子，表达式为

$$\frac{r_{B0}^2(1 - \varepsilon_B)}{k_{ex}}\phi_{ex} = \frac{M_B b}{\rho_B a}C_A(r_p + \lambda)t$$

$$\phi_{ex} \equiv \frac{\beta}{Z - 1}\left\{\left[1 + (Z - 1)x\right]^{1/3} - 1 + \beta\ln\left(\frac{\beta + 1}{\beta + \left[1 + (Z - 1)x\right]^{1/3}}\right)\right\}$$

式中，Z 是消耗单位体积反应物 B 所形成的产物 A_aB_b 的体积。只有当 $r_p \gg \lambda$ 时，式中的对数项才可忽略。在这种情况下，表达式可进一步简化为与气—固反应类似的一种假定形式。

3.1.3　成核—生长模型

缩核和颗粒模型中隐含的假设是产物相的成核不代表动力学壁垒，而在成核—生长模型中假定，伴随着生长，在随机分布的活性位点进行产物核化反应。整体转化率由成核和增长的相对速率控制，它们自身要么受边界相反应控制，要么受扩散限制。成核—生长机理特别类似于产物相部分混溶在一个反应物中。建立了描述相变和分解速率的各种形式的成核—生长模型。Avrami 给出了邻近核相互碰撞生长现象的精确数学分析，因此其"扩展"体积的概念特别重要。动力学表达式的精确形式主要取决于成核速率及其相关的时间、相边界反应及扩散速率、成核位点的密度。当前成核—生长模型开展的许多工作都直接考虑了附加因素，如反应物和产物间的晶格失配以及与之相关的应力。

成核—生长模型在冶金相变中取得了显著的成功。模型在技术上很好地描

述了重要相变，如钢中马氏体相变。该模型在处理相变方面的专著中进行了广泛的讨论。成核—成长模型在混合粉体固相反应中的应用并不常见（产物中至少有一种是气体的分解反应除外），Hulbert 给出了一个简短而简洁的成核—生长动力学描述。

|3.2 烟火药燃烧物理模型|

大多数烟火药的初始点火燃烧均发生在约束体系中（如发烟罐，铝箔包覆的 MTV 红外诱饵等），而且除部分延期药外，基本上所有的烟火药（发烟剂、诱饵剂、发光剂、纵火剂、信号剂、点火药等）在燃烧过程中都会产生气体。而且，待燃烧烟火药表面很容易形成放热的液—气反应区，因而其燃烧的两相流效应尤其显著。

烟火药燃烧存在约束时，导致燃烧区显著超压，进而导致流速反转，使对流传输效应显著增强。热气体渗透进入未燃烧的烟火药中，导致未燃烧药剂预热。即使烟火药的密度很大（孔隙率很低），也会提高烟火药的温度和燃烧速率。

假设一个 $R(s) \rightarrow R(l) \rightarrow P(g)$ 形式的整体反应过程，其中第一步表示固体的熔化，第二步表示一步放热反应，即液相材料转化为燃烧的气体产物。烟火药燃烧物理问题描述如图 3.2 所示。

图 3.2 中，未燃烧的多孔固态烟火药基本上位于左侧，燃烧的气态产物位于右侧，二者被从右向左移动的燃烧波分开，它们可能以非稳态和非平面的燃烧方式传播。假设相对于火焰区的宽度，左右边界足够远，因此约束的主要影响是上游（未燃烧区）和下游（燃烧区）之间压力值的差异（简称压差），这种压差或超压通常为正值。较大的压力梯度倾向于驱动反向气流进入未燃烧烟火药固体的孔隙，而不是流出未燃烧的烟火药。对于通常较小的渗透率和足够大的超压，存在靠近熔融表面的固—气区域内嵌入了一个优先边界薄层，即建立一个渗透边界层。对于较大的活化能，燃烧发生在一个逐渐变薄的反应层中，该反应层将液—气预热区和燃烧气体区分开。具体说，从左到右，燃烧波结构由固—气预热区（包含一个气体渗透边界层，在该边界层中，压力从其环境值上升到其在液—气区的更大值）、液—气预热区左边界（和气体渗透层右边界）的熔化面、液—气预热区、发生化学反应转化为相对较薄的气体放热反应区（较大的活化能）和延伸至右边界的约束燃烧气体区。

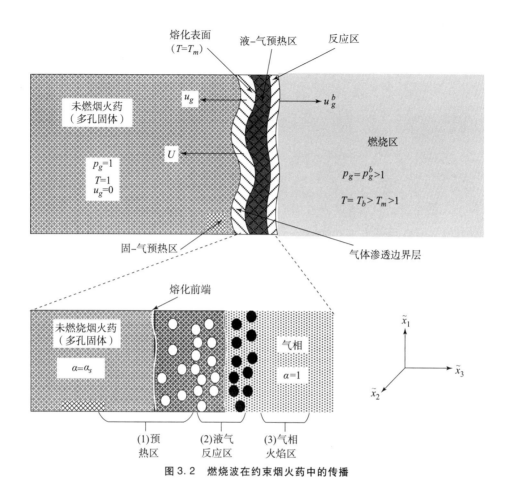

图 3.2　燃烧波在约束烟火药中的传播

　　用来分析这个过程的模型用空间坐标（$\tilde{x}_1$，$\tilde{x}_2$，$\tilde{x}_3$）表示，符号上的波浪线（例如 $\tilde{x}_3$）表示空间量，其中运动的总方向是 $-\tilde{x}_3$ 方向，从而将多孔固体烟火药延伸至 $\tilde{x}_3 = -\infty$，用下标 u 表示无燃烧条件，而产物气体延伸到 $\tilde{x}_3 = +\infty$，用下标 b 表示燃烧条件。下标 s、l 和 g 分别表示固体、液体和气体。假设远场气体压力是准静态的（认为气相相对于固相是完全准稳态的），共存相之间存在温度平衡，燃烧波大多在弱的非平面波的情况下，使速度的横向分量的大小与 $\tilde{x}_3$ 方向分量大小相比很小，从而可以极大地促进模型向更高空间维度扩展。当非平面扰动的振幅和横波数的乘积很小时，这种假设是后验的。因此，每一相的速度 $\tilde{u}$ 可近似为

$$\tilde{u}_{l,g} = (0,0, \tilde{u}_{l,g}(\tilde{x}_1, \tilde{x}_2, \tilde{x}_3, \tilde{t}))\tag{3.1}$$

在所采用的坐标系中，通过假设固相具有恒定的密度 $\tilde{\rho}_s$ 并且速度 $\tilde{u}_s = 0$，以及

固体具有恒定的孔隙率 $\alpha \equiv \alpha_s$，以此来满足固—气区域的整体连续性。因此，对于固—气区域的整体连续性方程的理解，可简单地意味着气相体积分数 α 与固—气区的时间无关，即简化为仅针对气相的连续性方程。用 $\tilde{x}_3 = \tilde{x}_m$ 表示熔化面位置，对于 $\tilde{x} < \tilde{x}_m$，气相连续性与固相无关，则总质量守恒为

$$\frac{\partial \tilde{\rho}_g}{\partial \tilde{t}} + \frac{\partial}{\partial \tilde{x}_3}(\tilde{\rho}_g \tilde{u}_g) = 0,\ \tilde{x}_3 < \tilde{x}_m \tag{3.2}$$

$$\frac{\partial}{\partial \tilde{t}}[(1-\alpha)\tilde{\rho}_l + \alpha \tilde{\rho}_g] + \frac{\partial}{\partial \tilde{x}_3}[(1-\alpha)\tilde{\rho}_l \tilde{u}_l + \alpha \tilde{\rho}_g \tilde{u}_g] = 0,\ \tilde{x}_3 > \tilde{x}_m$$

$$\tag{3.3}$$

式中，$\tilde{\rho}$ 是密度；$\tilde{u}$ 是速度。为简单起见，假设 $\tilde{\rho}_l$ 为常数，但是由于必须允许 α 随着燃烧的进行而变化并接近于 1，因此，在整个液/气区域，显然不能进行同样的简化。另外，液相质量守恒受化学反应影响：

$$\frac{\partial}{\partial \tilde{t}}[(1-\alpha)\tilde{\rho}_l] + \frac{\partial}{\partial \tilde{x}_3}[(1-\alpha)\tilde{\rho}_l \tilde{u}_l] = -\tilde{A}\tilde{\rho}_l(1-\alpha)\exp\left(-\frac{\tilde{E}}{\tilde{R}^\circ \tilde{T}}\right),\ \tilde{x}_3 > \tilde{x}_m$$

$$\tag{3.4}$$

式中，$\tilde{E}$ 为总活化能；$\tilde{R}^\circ$ 为理想气体常数；$\tilde{A}$ 是速率常数的指前因子，假定为常数；$\tilde{T}$ 为温度。

在单一温度极限下，利用式（3.4）中液相的连续性消除反应速率项，可以将总能量守恒写为

$$\frac{\partial}{\partial \tilde{t}}\{[\tilde{\rho}_s \tilde{c}_s(1-\alpha_s) + \tilde{\rho}_g \tilde{c}_g \alpha_s]\tilde{T}\} + \frac{\partial}{\partial \tilde{x}_3}(\tilde{\rho}_g \tilde{c}_g \tilde{u}_g \alpha_s \tilde{T})$$

$$= \tilde{\nabla} \cdot \{[\tilde{\lambda}_s(1-\alpha_s) + \tilde{\lambda}_g \alpha_s]\tilde{\nabla}\tilde{T}\} + \alpha_s \frac{\partial \tilde{p}_g}{\partial \tilde{t}},\ \tilde{x}_3 < \tilde{x}_m \tag{3.5}$$

$$\frac{\partial}{\partial \tilde{t}}[\tilde{\rho}_l(1-\alpha)(\tilde{Q} + \tilde{c}_l \tilde{T}) + \tilde{\rho}_g \tilde{c}_g \alpha \tilde{T}] +$$

$$\frac{\partial}{\partial \tilde{x}_3}[\tilde{\rho}_l \tilde{u}_l(1-\alpha)(\tilde{Q} + \tilde{c}_l \tilde{T}) + \tilde{\rho}_g \tilde{c}_g \tilde{u}_g \alpha \tilde{T}]$$

$$= \tilde{\nabla} \cdot \{[\tilde{\lambda}_l(1-\alpha) + \tilde{\lambda}_g \alpha]\tilde{\nabla}\tilde{T}\} + \alpha \frac{\partial \tilde{p}_g}{\partial \tilde{t}},\ \tilde{x}_3 > \tilde{x}_m \tag{3.6}$$

式中，$\tilde{c}$、$\tilde{\lambda}$ 和 $\tilde{p}$ 分别表示热容（液体为定容，气体为定压，均假定为常数）、热导率和压力；$\tilde{Q}$ 为温度 $\tilde{T}$ 时整体反应的放热量。由于所考虑问题中的速度较小，且气相—凝聚相密度比率较小，因此在这些方程中没有涉及凝聚相的压力项，其中涉及 $\tilde{p}_g$ 的项来自表面功速率 $-\partial(\alpha \tilde{u}_g \tilde{\rho}_g)/\partial \tilde{x}$ 和执行的气体体积功速率 $-\tilde{p}_g \partial \alpha/\partial \tilde{t}$ 之和对气体内能变化率的贡献。假定 $\tilde{c}$ 和 $\tilde{\lambda}$ 为常数，气体是理想气体，则

$$\tilde{p}_g = \frac{\tilde{\rho}_g \tilde{R}^\circ \tilde{T}}{\tilde{W}_g} \qquad (3.7)$$

式中，$\tilde{W}_g$ 为产物气体的平均分子量，假定为常数。在固—气区域采用 Darcy 定律代替气相动量，并基于小速度假设，假设气体压力在液—气区域是均匀的。如果进一步假设燃烧区域内的气体压力变化的时间尺度比火焰结构本身相关的时间尺度长（如假设约束边界相对于火焰足够远），则上游和下游压力可被视为准静态意义上的恒定压力。尤其是，凝聚相动量被简化为液相速度 u_l 的运动学表达式和先前所述的假设 $u_s = 0$，而气相动量被固—气区气相速度 u_g（Darcy 定律）和假设为常数的整个液/气区的 p_g 所取代，即

$$\begin{cases} \tilde{u}_g = -\dfrac{\tilde{\kappa}(\alpha_s)}{\alpha_s \tilde{\mu}_g} \dfrac{\partial \tilde{p}_g}{\partial \tilde{x}_3}, \ \tilde{x} < \tilde{x}_m \\[3mm] u_l = -\dfrac{\partial \tilde{x}_m}{\partial t}\left(\dfrac{\tilde{\rho}_s}{\tilde{\rho}_l} - 1\right), \ \tilde{p}_g = \tilde{p}_g^b > \tilde{p}_g^u, \ \tilde{x} > \tilde{x}_m \end{cases} \qquad (3.8)$$

式中，$\tilde{\kappa}(\alpha_s)$ 是烟火多孔固体的渗透系数；$\tilde{\mu}_g$ 是气相黏度；$\partial \tilde{x}_m / \partial \tilde{t}$ 是熔融表面的（未知）瞬时传播速度。当这些力存在时，定性地考虑液—气区的黏度和表面张力梯度效应，黏度倾向于增加 $\tilde{u}_l$（因为 $\tilde{u}_g > \tilde{u}_l$），而表面张力梯度倾向于减少 $\tilde{u}_l$。根据数量级估计，前者的影响可以忽略不计，而后者可能更明显，导致 $\tilde{u}_l$ 相对于气相体积分数 α 的演化相关性降低，假设这种相关性是线性的。

式（3.2）～（3.8）对 α、$\tilde{u}_g$、$\tilde{T}$ 和 $\tilde{p}_g$ 构成变量的闭集。因此，一旦确定了初始条件和边界条件（包括 $\tilde{x} = \tilde{x}_m$ 处的界面关系），问题就完全确定了。与对恒压（无约束）问题的研究一样，将不再关注初值问题，而只讨论与（准）稳态传播燃烧相对应的长时间解。因此，适用于上述约束燃烧问题的边界条件为

对于 $\tilde{x}_3 < \tilde{x}_m$

$$\alpha = \alpha_s$$

当 $\tilde{x}_3 \to -\infty$ 时

$$\tilde{u}_g \to 0, \ \tilde{T} \to \tilde{T}_u, \ \tilde{p}_g \to \tilde{p}_g^u \qquad (3.9)$$

对于 $\tilde{x}_3 > \tilde{x}_m$

$$\alpha \to 1$$

当 $\tilde{x}_3 \to +\infty$ 时

$$\tilde{p}_g \to \tilde{p}_g^b, \ \tilde{u}_g \to \tilde{u}_g^b, \ \tilde{T} \to \tilde{T}_b \qquad (3.10)$$

式中，燃烧温度 $\tilde{T}_b$ 和燃烧气体速度 $\tilde{u}_g^b$ 将被确定，未燃烧气体密度 $\tilde{p}_g^u$ 值和燃烧气体密度 $\tilde{p}_g^b$ 值遵循状态方程。$\tilde{x}_3 = \pm\infty$ 解释为相对于多相火焰位置较大。注

意，气体速度的上游边界条件实际上只是式中的一致性条件，因为它是由相应的上游压力条件和式（3.8）的第一个条件隐含。最后，用 ± 上标表示在 $\tilde{x} = \tilde{x}_m^{\pm}$ 时计算的量，计算了 w 上熔化面的连续性和跳跃条件：

$$\alpha\,|_{\tilde{x}_3 = \tilde{x}_m} = \alpha_s$$

$$\tilde{T}\,|_{\tilde{x}_3 = \tilde{x}_m} = \tilde{T}_m$$

$$\tilde{p}_g\,|_{\tilde{x}_3 = \tilde{x}_m^-} = \tilde{p}_g\,|_{\tilde{x}_3 = \tilde{x}_m^+} = \tilde{p}_g^b \tag{3.11}$$

$$\tilde{u}_g\,|_{\tilde{x}_3 = \tilde{x}_m^+} = \tilde{u}_g\,|_{\tilde{x}_3 = \tilde{x}_m^-} = -\frac{\tilde{\kappa}(\alpha_s)}{\alpha_s \tilde{\mu}_g}\frac{\partial \tilde{p}_g}{\partial \tilde{x}_3}\bigg|_{\tilde{x}_3 = \tilde{x}_m}$$

式中，$\tilde{T}_m$ 是固相烟火药的熔化温度，浓缩相和气相的质量通量守恒，则

$$(1 - \alpha_s)\tilde{\rho}_s\left(-\frac{\partial \tilde{x}_m}{\partial \tilde{t}}\right) = (1 - \alpha^+)\tilde{\rho}_l\left(\tilde{u}_l^+ - \frac{\partial \tilde{x}_m}{\partial \tilde{t}}\right) \tag{3.12}$$

$$\alpha_s\left(\tilde{u}_g^- - \frac{\partial \tilde{x}_m}{\partial \tilde{t}}\right) = \alpha^+\left(\tilde{u}_g^+ - \frac{\partial \tilde{x}_m}{\partial \tilde{t}}\right) \tag{3.13}$$

并且浓缩相和气相的焓通量守恒，则

$$G_m\left\{\left[\tilde{\lambda}_l(1 - \alpha_s) + \tilde{\lambda}_g\alpha_s\right]\hat{n}_m \cdot \tilde{\nabla}\tilde{T}\,|_{\tilde{x}_3 = \tilde{x}_m^+} - \left[\tilde{\lambda}_s(1 - \alpha) + \tilde{\lambda}_g\alpha_s\right]\hat{n}_m \cdot \tilde{\nabla}\tilde{T}\,|_{\tilde{x}_3 = \tilde{x}_m^-}\right\}$$

$$= (1 - \alpha_s)\left\{-\tilde{\rho}_s\tilde{\gamma}_s\frac{\partial \tilde{x}_m}{\partial \tilde{t}} + \left[\tilde{\rho}_l\tilde{c}_l\left(\tilde{u}_l\,|_{\tilde{x}_3 = \tilde{x}_m^+} - \frac{\partial \tilde{x}_m}{\partial \tilde{t}}\right) - \tilde{\rho}_s\tilde{c}_s\left(-\frac{\partial \tilde{x}_m}{\partial \tilde{t}}\right)\right]\tilde{T}_m\right\}$$

$$\tag{3.14}$$

$$\alpha^+ \tilde{\lambda}_g\hat{n}_m \cdot \tilde{\nabla}\tilde{T}_g\,|_{\tilde{x}_3 = \tilde{x}_m^+} - \alpha_s \tilde{\lambda}_g\hat{n}_m \cdot \tilde{\nabla}\tilde{T}_g\,|_{\tilde{x}_3 = \tilde{x}_m^-} = 0 \tag{3.15}$$

式中，单位法向 $\hat{n}_m$ 分别是 $\tilde{x}_1$、$\tilde{x}_2$ 和 $\tilde{x}_3$ 的分量，即

$$\hat{n}_m = G_m^{-1}\left(-\frac{\partial \tilde{x}_m}{\partial \tilde{x}_1}, -\frac{\partial \tilde{x}_m}{\partial \tilde{x}_2}, 1\right)$$

几何因子 G_m 为

$$G_m = \sqrt{1 + \left(\frac{\partial \tilde{x}_m}{\partial \tilde{x}_1}\right)^2 + \left(\frac{\partial \tilde{x}_m}{\partial \tilde{x}_2}\right)^2} \tag{3.16}$$

$\tilde{\gamma}_s$ 是温度 $\tilde{T}_m = 0$ 时固相的熔化热，在本书中定义当熔化为吸热时，$\tilde{\gamma}_s$ 为负值。

|3.3 无量纲化与外部问题|

一个方便的特征速度是准稳态平面的传播速度 $\tilde{U} = -\mathrm{d}\tilde{x}_m/\mathrm{d}\tilde{t}$。假设热容和热导率为常数，引入无量纲变量，定义为

$$x_i = \frac{\tilde{\rho}_s \tilde{c}_s \tilde{U}}{\tilde{\lambda}_s} \tilde{x}_i, t = \frac{\tilde{\rho}_s \tilde{c}_s \tilde{U}^2}{\tilde{\lambda}_s} \tilde{t}, T = \frac{\tilde{T}}{\tilde{T}_u}, u_{l,g} = \frac{\tilde{u}_{l,g}}{\tilde{U}}, \rho_g = \frac{\tilde{\rho}_g}{\tilde{\rho}_g^u}, p_g = \frac{\tilde{p}_g}{\tilde{p}_g^u} \quad (3.17)$$

式中，$\tilde{\rho}_g^u = \tilde{p}_g^u \tilde{W}g / \tilde{R}^\circ \tilde{T}_u$ 是在 $\tilde{x}_3 = -\infty$ 时的未燃烧温度 $\tilde{T}_u$ 时的气体密度。若假定气体密度为常数，则 $\rho_g \equiv 1$。定义无量纲参数为

$$r = \frac{\tilde{\rho}_l}{\tilde{\rho}_s}, \hat{r} = \frac{\tilde{\rho}_g^u}{\tilde{\rho}_s}, l = \frac{\tilde{\lambda}_l}{\tilde{\lambda}_s}, \hat{l} = \frac{\tilde{\lambda}_g}{\tilde{\lambda}_s}, b = \frac{\tilde{c}_l}{\tilde{c}_s}, \hat{b} = \frac{\tilde{c}_g}{\tilde{c}_s}, \gamma_s = -\frac{\tilde{\gamma}_s}{\tilde{c}_s \tilde{T}_u}, Q = \frac{\tilde{Q}}{\tilde{c}_s \tilde{T}_u}$$

$$\kappa = \frac{\tilde{\rho}_s \tilde{c}_s \tilde{p}_g^u \tilde{\kappa}(\alpha_s)}{\tilde{\lambda}_s \tilde{\mu}_g}, \hat{\pi} = \frac{\tilde{p}_g^u}{\tilde{\rho}_s \tilde{c}_s \tilde{T}_u} = \hat{r} \hat{b} \chi, \chi = \frac{\gamma - 1}{\gamma},$$

$$N = \frac{\tilde{E}}{\tilde{R}^\circ \tilde{T}_b}, \Lambda = \frac{\tilde{\lambda}_s \tilde{A}}{\tilde{\rho}_s \tilde{c}_s \tilde{U}^2} e^{-N} \quad (3.18)$$

式中，γ 是气体的比热比；Λ 是稳态、平面燃烧的燃烧速率本征值，其确定后将提供传播速度 $\tilde{U}$。

在大活化能极限下，反应区崩溃到反应前沿（在整个燃烧波的尺度上），其位置定义为 $x_3 = x_r(x_1, x_2, t) > x_m(x_1, x_2, t)$，因此，可以方便地转换到移动坐标系 (x_1, x_2, ζ)，其中，

$$\zeta = x_3 - x_r(x_1, x_2, t) \quad (3.19)$$

其原点由此定义为 $x_3 = x_r$。通过引入这种变换和上述无量纲化，得到方程组

$$u_l = -\frac{\partial x_m}{\partial t}\left(\frac{1}{r} - 1\right) \quad (3.20)$$

$$\frac{\partial \rho_g}{\partial t} + \frac{\partial}{\partial \zeta}\left[\rho_g\left(u_g - \frac{\partial x_r}{\partial t}\right)\right] = 0, \zeta < -(x_r - x_m) \quad (3.21)$$

$$\frac{\partial}{\partial t}\left[\alpha(\hat{r}\rho_g - r)\right] + \frac{\partial}{\partial \zeta}\left[r(1 - \alpha)\left(u_l - \frac{\partial x_r}{\partial t}\right) + \hat{r}\alpha\rho_g\left(u_g - \frac{\partial x_r}{\partial t}\right)\right] = 0, \zeta > -(x_r - x_m)$$

$$(3.22)$$

$$\frac{\partial \alpha}{\partial t} - \frac{\partial}{\partial \zeta}\left[(1 - \alpha)\left(u_l - \frac{\partial x_r}{\partial t}\right)\right] = \Lambda(1 - \alpha)\exp\left[N\left(1 - \frac{T_b}{T}\right)\right], \zeta > -(x_r - x_m)$$

$$(3.23)$$

$$\frac{\partial}{\partial t}\left\{\left[(1 - \alpha_s) + \hat{r}\hat{b}\alpha_s\rho_g\right]T\right\} + \frac{\partial}{\partial \zeta}\left\{\left[(1 - \alpha_s)\left(-\frac{\partial x_r}{\partial t}\right) + \hat{r}\hat{b}\alpha_s\left(u_g - \frac{\partial x_r}{\partial t}\rho_g\right)\right]T\right\}$$

$$= \nabla_r \cdot \left\{\left[1 - \alpha_s + \hat{l}\alpha_s\right]\nabla_r T\right\} + \hat{\pi}\alpha_s\left(\frac{\partial p_g}{\partial t} - \frac{\partial x_r}{\partial t}\frac{\partial p_g}{\partial \zeta}\right), \zeta < -(x_r - x_m)$$

$$(3.24)$$

$$\frac{\partial}{\partial t}\big[\, r(1-\alpha)(Q+bT)+\hat{r}\hat{b}\alpha\rho_g T\,\big]+$$

$$\frac{\partial}{\partial \zeta}\Big[\, r(1-\alpha)\Big(u_l-\frac{\partial x_r}{\partial t}\Big)(Q+bT)+\hat{r}\hat{b}\alpha\Big(u_g-\frac{\partial x_r}{\partial t}\Big)\rho_g T\,\Big]$$

$$=\nabla_r\cdot\big\{\,\big[\,l(1-\alpha)+\hat{l}\alpha\,\big]\nabla_r T\,\big\},\ \zeta>-(x_r-x_m) \tag{3.25}$$

$$\rho_g T = p_g \tag{3.26}$$

对于 $\zeta \leqslant -(x_r-x_m)$,

$$\alpha=\alpha_s,\ u_g=-\frac{\kappa(\alpha_s)}{\alpha_s}\frac{\partial p_g}{\partial \zeta};\zeta\to-\infty\text{时},p_g\to 1\ (u_g\to 0),T\to 1 \tag{3.27}$$

对于 $\zeta>-(x_r-x_m)$,

$$p_g=p_g^b;\zeta\to-\infty\text{时},\alpha\to 1,T\to T_b \tag{3.28}$$

$$T\big|_{\zeta=-(x_r-x_m)}=T_m \tag{3.29}$$

$$\big[\,l(1-\alpha_s)+\hat{l}\alpha_s\,\big]\hat{n}_m\cdot\nabla_r T\big|_{\zeta=-(x_r-x_m)^+}-(1-\alpha_s+\hat{l}\alpha_s)\hat{n}_m\cdot\nabla_r T\big|_{\zeta=-(x_r-x_m)^-}$$

$$=-G_m^{-1}\frac{\partial x_m}{\partial t}(1-\alpha_s)\big[-\gamma_s+(b-1)T_m\big]$$

$$\tag{3.30}$$

所有变量在熔融表面上连续存在。这里，运算符 ∇_r 是移动坐标系中附着于反应表面的无量纲梯度算符：

$$\nabla_r=\Big(\frac{\partial}{\partial x_1}-\Big\{\frac{\partial x_r}{\partial x_1}\Big\}\frac{\partial}{\partial \zeta},\frac{\partial}{\partial x_2}-\Big\{\frac{\partial x_r}{\partial x_2}\Big\}\frac{\partial}{\partial \zeta},\frac{\partial}{\partial \zeta}\Big)$$

上述方程组类似于无约束稳定问题，但由于与约束几何体有关的超压，式（3.24）中出现了与固—气区域中空间变化压力场相关的附加项，式（3.27）中的 Darcy 定律取代了用于处理约束事件的恒压假设。燃烧速率本征值 Λ 的表达式和燃烧温度 T_b 的表达式，与过压存在明显的相关性。

对于缺乏化学活性的 $\zeta<0$ 的区域：

$$\frac{\mathrm{d}}{\mathrm{d}\zeta}\Big[\frac{p_g}{T}(u_g+1)\Big]=0,\ \zeta<0 \tag{3.31}$$

结合边界条件式（3.27），得到

$$p_g(u_g+1)=T,\ \zeta<0 \tag{3.32}$$

从式（3.32）中可以看出，既然 $T\geqslant 1$，在 $\zeta<0$ 的气—固区域内，气体速度 $u_g>-1$。也就是说，与准稳态燃烧模式一致，气体渗入固体的速度必须小于燃烧波的传播速度。

依据 T_b 确定 u_g^b

$$u_g^b=\frac{1-\alpha_s+\hat{r}\alpha_s}{\hat{r}}\Big(\frac{T_b}{p_g^b}\Big)-1 \tag{3.33}$$

对式（3.24）和式（3.25）进行一次积分，并使用上述关系式，可以得到

$$(1 - \alpha_s + \hat{r}\hat{b}\alpha_s)(T - 1) = (1 - \alpha_s + \hat{l}\alpha_s)\frac{\mathrm{d}T}{\mathrm{d}\zeta} + \hat{r}\hat{b}\chi\alpha_s(p_g - 1), \quad \zeta < 0 \tag{3.34}$$

$$[b(1 - \alpha) + \hat{b}(\alpha - \alpha_s + \hat{r}\alpha_s)]T$$

$$= [l(1 - \alpha) + \hat{l}\alpha]\frac{\mathrm{d}T}{\mathrm{d}\zeta} - (1 - \alpha)Q + \hat{b}(1 - \alpha_s + \hat{r}\alpha_s)T_b, \zeta > 0 \tag{3.35}$$

因此，在 $\zeta = 0^+$ 时的式（3.35）中减去 $\zeta = 0^-$ 时的式（3.34），并使用跳跃条件，得到燃烧温度 T_b 的表达式为

$$T_b = \frac{(1 - \alpha_s)(Q + 1 + \gamma) + \hat{r}\hat{b}\alpha_s[1 + \chi(p_g^b - 1)]}{\hat{b}[1 + \alpha_s(\hat{r} - 1)]} \tag{3.36}$$

根据式（3.33），确定的 u_g^b 为

$$u_g^b = \frac{1}{\hat{r}\hat{b}p_g^b}[(1 - \alpha_s)(Q + 1 + \gamma_s - \hat{r}\hat{b}) - \hat{r}\hat{b}(p_g^b - 1)(1 - \alpha_s\chi)] \tag{3.37}$$

在 $p_g^b \to 1$ 的极限下，式（3.36）和（3.37）与之前的无约束燃烧结果一致，其中固—气区域使用近似值 $p_g = 1$ 代替 Darcy 定律。从这些结果可以清楚地看出，由于 $0 < \chi = 1 - 1/\gamma < 1$，$T_b$ 随超压 $p_g^b - 1$ 线性增加，如图 3.3 所示。在图 3.3 中，$\gamma = 1.4$，$\hat{b} = 1$，$\hat{r} = 0.08$，$Q = 8$，$\gamma_s = -0.5$。很容易看出，对于较小的超压，T_b 随着孔隙度 α_s 值的增加而减小，而在较高的超压下，观察到相反的趋势。事实上，用 $T_b^0 = (Q + 1 + \gamma_s)/\hat{b}$ 表示零孔隙率下的燃烧温度，这与 p_g^b 无关，从式（3.36）中得出，对于 $\alpha_s > 0$，在 $p_g^b - 1 = (T_b^0 - 1)/\chi$ 给出的超压临界值下 $T_b = T_b^0$。对于大于该临界值的超压，由于气体渗透而产生的预热效应足以克服由于固体物质数量减少而产生的预热效应，导致燃烧温度高于 T_b^0。从图 3.3 可以清楚地看出，在给定的超压值下，差值 $T_b - T_b^0$ 的大小是 α_s 的递增函数。关于这一结果，从式（3.37）和图 3.4 中观察到，燃烧气体速度 u_g^b 是超压的单调递减函数。当超压超过临界值时，T_b 由孔隙度 α_s 的递减函数变为递增函数。该超压源于热气压力驱动渗透到未燃烧材料引起的预热（超绝热）效应。事实上，对于满足条件的足够大的超压

$$p_g^b - 1 > \frac{1 - \alpha_s}{1 - \alpha_s\chi}\left(\frac{Q + 1 + \gamma_s}{\hat{r}\hat{b}} - 1\right) = \frac{(1 - \alpha_s)(T_b^0 - \hat{r})}{\hat{r}(1 - \alpha_s\chi)}$$

这取决于 α_s，发现 u_g^b 为负值，这意味着在整个多相火焰中，气体在上游方向流动。

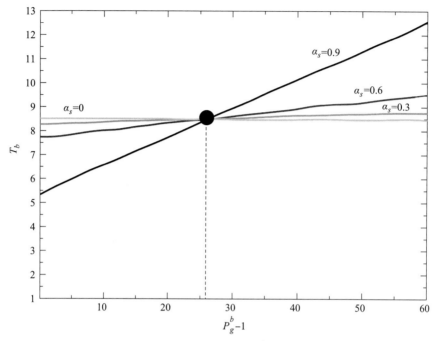

图 3.3 最终燃烧温度 T_b 与超压 $p_g^b - 1$ 的函数关系

图 3.4 显示了 u_g^b 作为 $p_g^b - 1$ 在超压临界值以上穿过水平轴的函数曲线，所采用的参数为：$\gamma = 1.4$，$\hat{b} = 1$，$\hat{r} = 0.08$，$Q = 8$，$\gamma_s = -0.5$，$T_m = 1.8$，负值表示气体向上游方向未燃烧固体的流动。图 3.4 还显示了 $\zeta = 0$ 时的固—液界面处的气体速度 $u_g(\zeta)$ 值，该值仅在相对较小的超压下为正值。特别是 $u_g(0)$ 在临界值 $p_g^b - 1 = T_m - 1$ 处穿过水平轴，超过该临界值，气流被引导进入固—气区域，由此产生如上所述的由于气体渗透而产生的预热效应。

为了进一步简化所述问题，假设气相相对于瞬时反应前沿位置 $\zeta = 0$ 是完全准稳态的。因此，在前面的公式中，气相变量的所有时间导数都可以忽略。这种假设在推进剂燃烧研究中很常见，通过在小的气—固密度比率 $\hat{r}$ 的约束下，引入与气相相关的附加（短）时间和空间尺度，有助于对其形式上的证明。也就是说，由于气相的密度要低得多，相对于凝聚相速度，气相的特征速度更大，并且意味着气相响应的时间尺度比凝聚相过程更快。尽管某些气相动力学因此被排除在问题之外，但这种近似确实有助于研究凝聚相动力学，同时仍然允许与气相量进行适当的耦合。

正如在移动坐标 ζ 的引入中已经预料到的，再次考虑了大活化能（$N \gg 1$）极限，所有与式（3.23）中的反应项相关的化学活性和热释放都被限制在 $\zeta =$

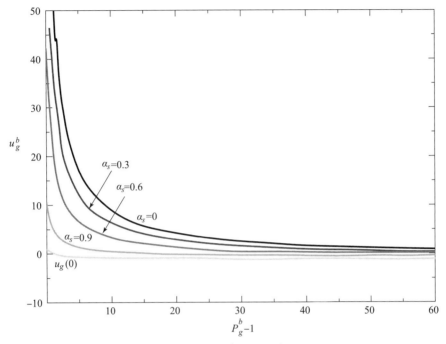

图 3.4　燃烧气体速度 u_g^b 是超压 $p_g^b - 1$ 的函数

0 处的薄（N^{-1}）反应区内。这样，最初的分布反应问题被简化为一对外部区域 $\zeta < 0$ 和 $\zeta > 0$ 的无反应问题，因此，该内部区域的解与外部多相预热区域 $\zeta < 0$ 和外部燃烧气体区域 $\zeta > 0$ 的解相匹配。结果是外部变量的渐近模型，受 $\zeta = 0$ 上的非线性跳跃条件的影响，该条件取决于局部条件，以及 $x_r(x_1, x_2, t)$ 的演化方程。气相体积分数和气体速度的部分解为

$$\alpha = \begin{cases} \alpha_s, & \zeta < 0 \\ 1, & \zeta > 0 \end{cases} \tag{3.38}$$

$$u_g = \begin{cases} -\left(\dfrac{T}{p_g} - 1\right)\dfrac{\partial x_r}{\partial t}, & \zeta < -(x_r - x_m) \\[2mm] -\left(\dfrac{T}{p_g^b} - 1\right)\dfrac{\partial x_r}{\partial t}, & 0 < \zeta < -(x_r - x_m) \\[2mm] \dfrac{T}{p_g^b} g(x_1, x_2, t) + \dfrac{\partial x_r}{\partial t}, & \zeta > 0 \end{cases} \tag{3.39}$$

式中，后者从式（3.21）和式（3.22）中获得，使用式（3.38）和上述气相准稳态近似，且函数 $g(x_1, x_2, t)$ 是一个 ζ 独立的积分常数；然后，温度和压力的外部方程由式（3.24）和式（3.25）变为

$$(1 - \alpha_s) \frac{\partial T}{\partial t} + (1 - \alpha_s + \hat{r}\hat{b}\alpha_s)\left(-\frac{\partial x_r}{\partial t}\right)\frac{\partial T}{\partial \zeta} = (1 - \alpha_s + \hat{l}\alpha_s)$$

$$\nabla_r^2 T + \hat{r}\hat{b}\chi\alpha_s\left(-\frac{\partial x_r}{\partial t}\right)\frac{\partial p_g}{\partial \zeta}, \ \zeta < -(x_r - x_m) \tag{3.40}$$

$$rb(1 - \alpha_s)\frac{\partial T}{\partial t} + [rb(1 - \alpha_s) + \hat{r}\hat{b}\alpha_s]\left(-\frac{\partial x_r}{\partial t}\right)\frac{\partial T}{\partial \zeta} - b(1 - r)(1 - \alpha_s)\frac{\partial x_m}{\partial t}$$

$$\frac{\partial T}{\partial \zeta} = [l(1 - \alpha_s) + \hat{l}\alpha_s]\nabla_r^2 T, \ -(x_r - x_m) < \zeta < 0 \tag{3.41}$$

$$\hat{r}\hat{b}g\frac{\partial T}{\partial \zeta} = \hat{l}\nabla_r^2 T, \ \zeta > 0 \tag{3.42}$$

式中，将式（3.39）中的第一个方程与式（3.27）中的 Darcy 定律结合使用提供了附加关系

$$T = p_g\left[1 + \frac{\kappa}{\alpha_s}\frac{\partial p_g}{\partial \zeta}\left(\frac{\partial x_r}{\partial t}\right)^{-1}\right], \ \zeta < -(x_r - x_m) \tag{3.43}$$

在 (x_1, x_2, ζ) 坐标系中，Laplacian 算符 ∇_r^2 为

$$\nabla_r^2 = \frac{\partial^2}{\partial x_1^2} + \frac{\partial^2}{\partial x_2^2} + G_r^2\frac{\partial^2}{\partial \zeta^2} - 2\frac{\partial x_r}{\partial x_1}\frac{\partial^2}{\partial x_1 \partial \zeta} - 2\frac{\partial x_r}{\partial x_2}\frac{\partial^2}{\partial x_2 \partial \zeta} - \left(\frac{\partial^2 x_r}{\partial x_1^2} + \frac{\partial^2 x_r}{\partial x_2^2}\right)\frac{\partial}{\partial \zeta}$$

$$\tag{3.44}$$

$$G_r \equiv \sqrt{1 + \left(\frac{\partial x_r}{\partial x_1}\right)^2 + \left(\frac{\partial x_r}{\partial x_2}\right)^2} \tag{3.45}$$

这些解受温度和压力的边界和界面条件式（3.27）~式（3.30）的影响，但它们不足以完全确定外部解。薄反应区需要额外的跳跃和连续性条件，以及最后一个式（3.39）中的 $g(x_1, x_2, t)$ 表达式。通过在薄反应区对式（3.25）积分，并使用式（3.38）和式（3.39）给出的结果，可以获得两个额外的连续性—跳跃关系：

$$T\big|_{\zeta = 0^-} = T\big|_{\zeta = 0^+} \tag{3.46}$$

$$\left\{\hat{r}\hat{b}g + [(1 - \alpha_s)rb + \alpha_s\hat{r}\hat{b}]\frac{\partial x_r}{\partial t} + (1 - \alpha_s)(1 - r)b\frac{\partial x_m}{\partial t}\right\}T\big|_{\zeta = 0} +$$

$$(1 - \alpha_s)Q\left[r\frac{\partial x_r}{\partial t} + (1 - r)\frac{\partial x_m}{\partial t}\right] - (l - \hat{l})(1 - \alpha_s)\frac{\partial x_r}{\partial x_1}\frac{\partial T}{\partial x_1} + \frac{\partial x_r}{\partial x_2}\frac{\partial T}{\partial x_2}\bigg|_{\zeta = 0}$$

$$= G_r^2\left\{\hat{l}\frac{\partial T}{\partial \zeta}\bigg|_{\zeta = 0^+} - [l(1 - \alpha_s) + \hat{l}\alpha_s]\frac{\partial T}{\partial \zeta}\bigg|_{\zeta = 0^-}\right\} \tag{3.47}$$

然后，通过对反应区域的分析以及对其中得到的解与外部解的匹配，获得所需的附加条件。在这种情况下，假设外部解的展开形式为 $T \sim T^{(0)} + N^{-1}T^{(1)} + N^{-2}T^{(2)} + \cdots$，同样对于函数 g，它们将与反应区中的相应展开式相匹配。

|3.4　反应区解|

反应区解在法向（ζ）方向上的空间变化发生在相对于外部解的短 $O(N^{-1})$ 长度标度上，因此，适当引入拉伸法向坐标 η

$$\eta = \beta\zeta = \beta(x_3 - x_r), \beta \equiv (1 - T_b^{-1})N \qquad (3.48)$$

式中，β 是 Zel'dovich 数。引入归一化温度变量 Θ，$\Theta = (T - 1)/(T_b - 1)$，然后以展开式的形式寻求内部问题的解：

$$\begin{aligned}
\alpha &\sim \alpha_0 + \beta^{-1}\alpha_1 + \beta^{-2}\alpha_2 + \cdots \\
u_g &\sim u_0 + \beta^{-1}u_1 + \beta^{-2}u_2 + \cdots \\
\Theta &\sim 1 + \beta^{-1}\theta_1 + \beta^{-2}\theta_2 + \cdots \\
\Lambda &\sim \beta(\Lambda_0 + \beta^{-1}\Lambda_1 + \beta^{-2}\Lambda_2 + \cdots)
\end{aligned} \qquad (3.49)$$

式中，既然在液—气区域 $p_g = p_g^b$，则压力 p_g 无须展开。最后的式子表示燃烧速率特征值的适当扩展，该特征值确定了与稳态平面燃烧相对应的基本解的传播速度。将上述单一温度、准稳态、气相极限下的式（3.48）和式（3.49）代入式（3.22）、式（3.23）和式（3.25）中，并将 β 的类似幂的系数相等，得到了如下的前导阶内部问题。

在式（3.8）中已假设 u_l 与气相体积分数具有线性相关性，因此 u_l 可被概括为

$$\tilde{u}_l = -\frac{\partial \tilde{x}_m}{\partial t}\left[\frac{\tilde{\rho}_s}{\tilde{\rho}_l}(1 - s\alpha) - 1\right] \qquad (3.50)$$

式中，s 为速度扰动参数。Margolis 等针对稳态传播的平面爆燃，推导了速度扰动参数 $s > 0$ 的表达式，表示 Marangoni 效应和黏性效应之间的差异。为了简单起见，并且由于表面张力值的不确定性，假设这些影响很小，因此最终限制在 $s = 0$ 情况的进一步考虑。对于无孔推进剂的情况，Margolis 和 Williams 考虑了更一般的 $s \neq 0$ 情况，以及由此产生的对稳态平面爆燃稳态性的影响。在这项研究中，他们发现 s 的非零值是不稳定的，这也可能是本书所考虑的多孔固体烟火药的预期结果。从而，得出无量纲液体速度 u_l 为

$$u_l = -\frac{1}{r}(1 - r - s\alpha)\frac{\partial x_m}{\partial t} \qquad (3.51)$$

因而，针对式（3.51）的 u_l，则式（3.22）内变量的前导阶为

$$\left(r - \hat{r} \frac{p_g^b}{T_b} \right) \frac{\partial x_r}{\partial t} \frac{\partial \alpha_0}{\partial \eta} + (1-r) \frac{\partial x_m}{\partial t} \frac{\partial \alpha_0}{\partial \eta} + \hat{r} \frac{p_g^b}{T_b} \frac{\partial}{\partial \eta} (\alpha_0 u_0) = 0 \qquad (3.52)$$

当积分与式（3.39）外部解匹配时，应用匹配条件 $\alpha_0 \to \alpha_s$ 以及在 $\eta \to -\infty$ 时，$u_0 \to -(T_b-1) \partial x_r / \partial t$，确定 u_0 表达式。将 u_0 表达式的 $T_b = 1$ 设置恢复了 Margolis 和 Williams 考虑的恒定气相密度情况下获得的相应结果。换言之，有气相热膨胀和无气相热膨胀时的气体速度的差异与温升 $T_b - 1$ 成正比。根据匹配条件 $\alpha_0 \to 1$ 和在 $\eta \to +\infty$ 时，$u_0 \to T_b g^{(0)} + \partial x_r / \partial t$，可以确定在区域 $\zeta > 0$ 中的外部气体速度函数 $g^{(0)}(x_1, x_2, t)$ 的表达式为

$$u_0 = \frac{T_b(\alpha_0 - \alpha_s)}{p_g^b \hat{r} \alpha_0} \left[(\hat{r} - r) \frac{\partial x_r}{\partial t} - (1-r) \frac{\partial x_m}{\partial t} \right] - \left(\frac{T_b}{p_g^b} - 1 \right) \frac{\partial x_r}{\partial t} \qquad (3.53)$$

$$g^{(0)}(x_1, x_2, t) = \frac{1 - \alpha_s}{\hat{r}} \left[(\hat{r} - r) \frac{\partial x_r}{\partial t} - (1-r) \frac{\partial x_m}{\partial t} \right] - \frac{\partial x_r}{\partial t} \qquad (3.54)$$

分别利用液体和气体速度的式（3.51）和式（3.53），发现 α_0 和 θ_1 的前导阶内部问题的剩余部分由式（3.23）和式（3.25）确定：

$$\left[r \frac{\partial x_r}{\partial t} + (1-r) \frac{\partial x_m}{\partial t} \right] \frac{\partial \alpha_0}{\partial \eta} = -r \Lambda_0 (1 - \alpha_0) e^{\theta_1} \qquad (3.55)$$

$$\left[r \frac{\partial x_r}{\partial t} + (1-r) \frac{\partial x_m}{\partial t} \right] [Q + (b - \hat{b}) T_b] \frac{\partial \alpha_0}{\partial \eta} = (T_b - 1) G_r^2 \frac{\partial}{\partial \eta} \left\{ [l + (\hat{l} - l) \alpha_0] \frac{\partial \theta_1}{\partial \eta} \right\} \qquad (3.56)$$

满足匹配条件

$$\psi \to +\infty 时, \alpha_0 \to 1, \theta_1 \sim \Theta^{(1)} \big|_{\zeta=0^-} \qquad (3.57)$$

$$\psi \to -\infty, \alpha_0 \to \alpha_s 时, \theta_1 \sim \Theta^{(1)} \big|_{\zeta=0^-} + \psi \frac{\partial \Theta^{(0)}}{\partial \zeta} \big|_{\zeta=0^-} \qquad (3.58)$$

其中，归一化的外部温度系数定义为 $\Theta^{(i)} = (T^{(i)} - 1)/(T_b - 1)$。根据式（3.48），与横向和时间变化相比，法向上的空间变化较大，因此反应区问题始终是准稳态和准平面的，与前面介绍的外部气相方程的准稳态假设无关。因此，使用式（3.57）对式（3.56）进行积分，然后根据式（3.55）转换为 α_0 作为独立坐标，得到 θ_1 的一阶方程

$$r \Lambda_0 e^{\theta_1} \frac{\partial \theta_1}{\partial \alpha_0} = H_{m,r}^2 \frac{Q + (b - \hat{b}) T_b}{T_b - 1} \cdot \frac{1}{l + (\hat{l} - l) \alpha_0} \qquad (3.59)$$

$$H_{m,r} = -G_r^{-1} \left[r \frac{\partial x_r}{\partial t} + (1-r) \frac{\partial x_m}{\partial t} \right] \qquad (3.60)$$

可使用式（3.58）对式（3.59）进行关于 α_0 的积分，得到

$$r\Lambda_0 e^{\theta_1} = H_{m,r}^2 \frac{Q + (b - \hat{b}) T_b}{T_b - 1} \cdot$$

$$\left\{ \begin{array}{ll} (\hat{l} - l)^{-1} \{ \ln[l + (\hat{l} - l)\alpha_0] - \ln[l + (\hat{l} - l)\alpha_s] \}, & \hat{l} \neq l \\ l^{-1}(\alpha_0 - \alpha_s), & \hat{l} = l \end{array} \right\}$$

$$(3.61)$$

对于稳态平面燃烧的特殊情况，在匹配条件式（3.57）中，$\partial x_m / \partial t = \partial x_r / \partial t = -1$，$\Theta_1^{(1)} \big|_{\zeta=0^-} = 0$。由于式（3.61）必须适用于所有解，这些条件决定了燃烧速率特征值的展开式（3.49）中的前导阶系数 Λ_0：

$$\Lambda_0 = \frac{Q + (b - \hat{b}) T_b}{r(T_b - 1)} \cdot \left\{ \begin{array}{ll} (\hat{l} - l)^{-1} \{ \ln \hat{l} - \ln[l + (\hat{l} - l)\alpha_s] \}, & \hat{l} \neq l \\ l^{-1}(1 - \alpha_s), & \hat{l} = l \end{array} \right.$$

$$(3.62)$$

与 Margolis 和 Williams 的稳态分析结果一致。

对于一般的非稳态、非平面问题，式（3.61）和式（3.62）以及匹配条件式（3.57）给出了与温度有关的局部传播定律：

$$H_{m,r} = \exp\left(\frac{1}{2} \Theta^{(1)} \big|_{\zeta=0^-} \right)$$

$$(3.63)$$

现在可以通过在 $O(\beta^{-1})$ 项之后将内部展开式（3.49）截断 Θ 来获得上述传播定律和所需跳跃条件的近似闭合公式，从而使 $\Theta^{(1)} \big|_{\zeta=0} = \beta(\Theta \big|_{\zeta=0} - 1)$。

式（3.55）~式（3.58）的分析与约束问题的分析基本相同，虽然 p_g 大于 p_g^u，但在液—气区保持不变。对目前的问题重复这个分析，发现反应区的附加跳跃条件，根据原始外部温度变量 T，式（3.63）可以表示为

$$-r \frac{\partial x_r}{\partial t} - (1 - r) \frac{\partial x_m}{\partial t} = \left[1 + \left(\frac{\partial x_r}{\partial x_1} \right)^2 + \left(\frac{\partial x_r}{\partial x_2} \right)^2 \right]^{1/2} \exp\left(-\frac{\beta}{2} \cdot \frac{T_b - T \big|_{\zeta=0}}{T_b - 1} \right)$$

$$(3.64)$$

对于 $H_{m,r}$，使用式（3.60）的定义。对于 $g \approx g^{(0)}$，将式（3.64）和式（3.54）代入式（3.47）中，得到

$$\hat{l} \frac{\partial T}{\partial \zeta} \bigg|_{\zeta=0^+} - [l + (\hat{l} - l)\alpha_s] \frac{\partial T}{\partial \zeta} \bigg|_{\zeta=0^-} + (1 - \alpha_s)(l - \hat{l}) G_r^{-2} \left(\frac{\partial x_r}{\partial x_1} \frac{\partial T}{\partial x_1} + \frac{\partial x_r}{\partial x_2} \frac{\partial T}{\partial x_2} \right) \bigg|_{\zeta=0}$$

$$= -(1 - \alpha_s) [Q + (b - \hat{b}) T \big|_{\zeta=0}] G_r^{-1} \exp\left(-\frac{\beta}{2} \cdot \frac{T_b - T \big|_{\zeta=0}}{T_b - 1} \right) \quad (3.65)$$

如果保留式（3.64），它将取代式（3.47），作为穿过薄反应区的所需跳

跃条件。用 $T \approx T^{(0)}$ 和 $g \approx g^{(0)}$ 逼近（截断）外部解，导出条件式（3.45）和式（3.61），传播定律式（3.64）以及外气体速度函数 g 的表达式（3.54）接近了外部问题式（3.38）~式（3.41）。观察到，尽管气体速度的表达式存在差异，但对于恒定气体密度的情况，式（3.64）和式（3.65）与 Margolis 和 Williams 相应分析得出的结果相同。

|3.5 渐近模型及线性稳定性分析|

3.5.1 渐近模型及其基本解

前几节中的分析将薄反应区简化为一组跳跃和连续条件所描述的反应薄片，因而无须进一步考虑其结构。然而，与经典的火焰薄层模型不同，化学反应速率并不是无限快的，因为活化能虽然很大，但仍然是有限的。因此，反应薄片上的跳跃条件和控制其运动的传播定律都显示出对局部温度扰动的敏感性。在收集了这些结果后，在大活化能极限下用附在反应表面（$\zeta = 0$）上的非正交坐标（x_1, x_2, ζ）表示的渐近模型为

$$(1 - \alpha_s) \begin{Bmatrix} 1 \\ rb \\ 0 \end{Bmatrix} \frac{\partial T}{\partial t} - \begin{Bmatrix} 1 + \alpha_s(\hat{r}\hat{b} - 1) \\ rb + \alpha_s(\hat{r}\hat{b} - rb) \\ \hat{r}\hat{b} \end{Bmatrix} \frac{\partial x_r}{\partial t} \frac{\partial T}{\partial \zeta} -$$

$$(1 - \alpha_s) \left[(1 - r) \begin{Bmatrix} 0 \\ b \\ \hat{b} \end{Bmatrix} \frac{\partial x_m}{\partial t} + (r - \hat{r}) \begin{Bmatrix} 0 \\ 0 \\ \hat{b} \end{Bmatrix} \frac{\partial x_r}{\partial t} \right] \frac{\partial T}{\partial \zeta}$$

$$= \begin{Bmatrix} 1 + \alpha_s(\hat{l} - 1) \\ 1 + \alpha_s(\hat{l} - 1) \\ \hat{l} \end{Bmatrix} \nabla_r^2 T - \hat{r}\hat{b}\chi\alpha_s \begin{Bmatrix} 1 \\ 0 \\ 0 \end{Bmatrix} \frac{\partial x_r}{\partial t} \frac{\partial p_g}{\partial \zeta}, \begin{array}{l} \zeta < -(x_r - x_m) \\ -(x_r - x_m) < \zeta < 0 \quad (3.66) \\ \zeta > 0 \end{array}$$

$$T = p_g \left[1 + \frac{\kappa}{\alpha_s} \frac{\partial p_g}{\partial \zeta} \left(\frac{\partial x_r}{\partial t} \right)^{-1} \right], \ \zeta < -(x_r - x_m) \tag{3.67}$$

$$-r \frac{\partial x_r}{\partial t} - (1 - r) \frac{\partial x_m}{\partial t} = G_r \exp\left(-\frac{\beta}{2} \cdot \frac{T_b - T|_{\zeta=0}}{T_b - 1} \right) \tag{3.68}$$

服从边界和跳跃条件

$$\begin{cases} \zeta \to -\infty \text{时}, T \to p_g \to 1 \\ \zeta \to -\infty \text{时}, T \to T_b \\ \zeta = -(x_r - x_m) \text{ 时}, T = T_m \\ \zeta \geqslant -(x_r - x_m) \text{ 时}, p_g = p_g^b \end{cases} \tag{3.69}$$

$$\left(-\frac{\partial x_m}{\partial x_1}, -\frac{\partial x_m}{\partial x_2}, 1\right) \cdot \left\{ [l + \alpha_s(\hat{l} - l)] \nabla_r T \big|_{\zeta=-(x_r-x_m)^+} - [1 + \alpha_s(\hat{l} - 1)] \nabla_r T \big|_{\zeta=-(x_r-x_m)^-} \right\}$$

$$= -\frac{\partial x_m}{\partial t}(1 - \alpha_s)[-\gamma_s + (b - 1)T_m] \tag{3.70}$$

$$T\big|_{\zeta=0^-} = T\big|_{\zeta=0^+} \tag{3.71}$$

$$\hat{l} \frac{\partial T}{\partial \zeta}\bigg|_{\zeta=0^+} - [l + \alpha_s(\hat{l} - l)] \frac{\partial T}{\partial \zeta}\bigg|_{\zeta=0^-} + (1 - \alpha_s)(l - \hat{l}) G_r^{-2} \left(\frac{\partial x_r}{\partial x_1}\frac{\partial T}{\partial x_1} + \frac{\partial x_r}{\partial x_2}\frac{\partial T}{\partial x_2}\right)\bigg|_{\zeta=0}$$

$$= -(1 - \alpha_s)[Q + (b - \hat{b})T\big|_{\zeta=0}] G_r^{-1} \exp\left(-\frac{\beta}{2} \cdot \frac{T_b - T\big|_{\zeta=0}}{T_b - 1}\right) \tag{3.72}$$

式中，算符 ∇_r 由式（3.30）得出；$\nabla_r^2 = \nabla_r \cdot \nabla_r$ 及 G_r 表达式分别由式（3.28）和式（3.29）给出。跨越反应区跳跃条件式（3.72）和传播规律式（3.68）对局部温度扰动都很敏感，其指数形式是由反应速率大但有限的活化能极限下的 Arrhenius 性质引起的。在这里，考虑在大活化能区域中，气相体积分数的所有变化都发生在薄反应区，因此在这个渐近模型中，α 只是在反应薄片上从 $\zeta < 0$ 区域的 α_s 值跳到 $\zeta > 0$ 燃烧区域的 1。

式（3.66）~ 式（3.72）构成了 T、p_g、x_r 和 x_m 的一个充分闭合的边界值问题，其中 p_g 的标量方程是由 $\zeta < -(x_r - x_m)$ 区域中的式（3.66）和式（3.67）的组合得到的，α_s 和 u_g 等剩余量由式（3.38）和式（3.39）给出。这可以在适当的初始条件下解决，但在目前的工作中，只关心基本的长期解及其稳态性。因此，首先描述（准）稳态传播的平面失稳的基本解，用上标 0 表示此解，部分为

$$x_m^0 = -t, \quad x_r^0 = x_m^0 + \frac{l(1 - \alpha_s) + \hat{l}\alpha_s}{b(1 - \alpha_s) + \hat{r}b\alpha_s}\ln\left(\frac{T_b - B}{T_m - B}\right) \tag{3.73}$$

$$T^0(\zeta) = \begin{cases} B + (T_m - B)\exp\left[\dfrac{b(1 - \alpha_s) + \hat{r}b\alpha_s}{l(1 - \alpha_s) + \hat{l}\alpha_s}(\zeta + x_r^0 - x_m^0)\right], \quad -(x_r - x_m) < \zeta < 0 \\[3mm] T_b = \dfrac{(1 - \alpha_s)(Q + 1 + \gamma_s) + \hat{r}\hat{b}\alpha_s[1 + \chi(p_g^b - 1)]}{\hat{b}[1 + \alpha_s(\hat{r} - 1)]}, \quad \zeta > 0 \end{cases}$$

$$\tag{3.74}$$

$$B \equiv \frac{(1 - \alpha_s)(1 + \gamma_s) + \hat{r}\hat{b}\alpha_s[1 + \chi(p_g^b - 1)]}{b(1 - \alpha_s) + \hat{r}\hat{b}\alpha_s} \tag{3.75}$$

固—气区域 $\zeta < -(x_r^0 - x_m^0)$ 的基本温度和压力表达式由式（3.66）和式（3.67）的稳态平面版本确定，后者依据 p_g^0 给出 T^0

$$T^0 = p_g^0 - \frac{\kappa}{\alpha_s}p_g^0\frac{\mathrm{d}p_g^0}{\mathrm{d}\zeta}, \quad \zeta < -(x_r^0 - x_m^0) \tag{3.76}$$

然后将此结果代入式（3.66）并积分一次，得到 p_g^0 的标量方程

$$(1 - \alpha_s + \hat{r}\hat{b}\alpha_s)\left[p_g^0\left(1 - \frac{\kappa}{\alpha_s}\frac{\mathrm{d}p_g^0}{\mathrm{d}\zeta}\right) - 1\right]$$

$$= (1 - \alpha_s + \hat{l}\alpha_s)\frac{\mathrm{d}}{\mathrm{d}\zeta}\left[p_g^0\left(1 - \frac{\kappa}{\alpha_s}\frac{\mathrm{d}p_g^0}{\mathrm{d}\zeta}\right)\right] + \hat{r}\hat{b}\chi\alpha_s(p_g^0 - 1) \tag{3.77}$$

最后，根据式（3.39）和式（3.54）的最后一个等式，由 T^0 和 p_g^0 给出气体速度 u_g^0 的解

$$u_g^0 = \begin{cases} \dfrac{T^0}{p_g^0} - 1, & \zeta < -(x_r^0 - x_m^0) \\[2mm] \dfrac{T^0}{p_g^0} - 1, & -(x_r^0 - x_m^0) < \zeta < 0 \\[2mm] \hat{r}^{-1}\left[(1 - \hat{r})(1 - \alpha_s) + \left(\dfrac{T^0}{p_g^0} - 1\right)(1 - \alpha_s + \alpha_s\hat{r})\right], & \zeta > 0 \end{cases}$$

$$\tag{3.78}$$

对于 p_g^0，虽然式（3.77）的解析解并不明显，但利用几个参数的实际极小性可以得到近似解。特别是，渗透系数 κ 可合理假设为 $O(\epsilon)$，其中 $\beta^{-1} \ll \epsilon \ll 1$。

然而，其基本结果是，固—气区域的压力分布具有边界层结构，从而在线性稳态性分析中产生相应的边界层结构。换言之，对于超压 $(p_g^b - 1)$ 的 $O(1)$ 值，在熔融面 $\zeta = -(x_r^0 - x_m^0)$ 附近有一个相对较薄的气体渗透层，当适当的边界层坐标变大且为负值时，p_g^0 从该表面的 p_g^b 变化到接近 1。因此，内部和外部解以标准方式构建，然后可以匹配以形成固—气区的有效复合解。因此，现在需要考虑 4 个区域：燃烧区 $\zeta > 0$、液—气预热区 $-(x_r^0 - x_m^0) < \zeta < 0$、固—气区内的薄气体渗透层和外部固—气预热区 $\zeta < -(x_r^0 - x_m^0)$。从上述固—气区的渐近结构得到的式（3.73）~式（3.78）给出的基本解，如图 3.5 所示。绘制图 3.5 所用参数值为 $p_g^b = p_b + 1 = 6$，$T_b^0 = 6$，$\alpha_s = 0.3$，$T_m = 1.5$，$b = l = 1$，$\kappa^* = 1.0$，$\hat{r}^* = 4.0$ 和 $\epsilon = 0.025$。熔融表面左侧固—气区域的压力和速度分布的边界层特征源于多孔烟火药固体的弱渗透性。

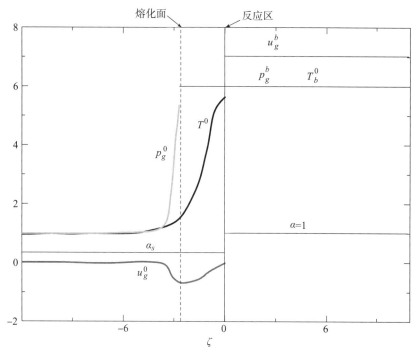

图 3.5　准稳态平面快速燃烧基本解的前导阶渐近形式

3.5.2　气体渗透亚层中基本解分析

固—气区域内部和外部基本解的展开系数出现在线性稳态变量的相应方程中。因此，超压由于熔融表面附近存在边界层而变得复杂。按照文献中的方法，将标量引入压力式（3.77）和相应的边界条件，并在 ϵ 中寻找内部和外部解作为展开式。

在边界层内，超压变量 p 的求解形式为 $p = p_0 + \epsilon p_1 + \epsilon^2 p_2 + \cdots$，将此展开式和参数以标量形式代入以边界层坐标 $\hat{\eta}$ 表示的式（3.77）中，得到

$$
(1 - \alpha_s + \epsilon \hat{r}^* \hat{b} \alpha_s)\left[p_0 + \epsilon p_1 + \cdots - \frac{\kappa^*}{\alpha_s}(p_0 + 1 + \epsilon p_1 + \cdots)\frac{\mathrm{d}}{\mathrm{d}\hat{\eta}}(p_0 + \epsilon p_1 + \cdots) \right]
$$

$$
= (1 - \alpha_s + \epsilon \hat{l}^* \alpha_s) \epsilon^{-1} \frac{\mathrm{d}}{\mathrm{d}\hat{\eta}}\Big[p_0 + \epsilon p_1 + \cdots - \frac{\kappa^*}{\alpha_s}(p_0 + 1 + \epsilon p_1 + \cdots)
$$

$$
\frac{\mathrm{d}}{\mathrm{d}\hat{\eta}}(p_0 + \epsilon p_1 + \cdots) \Big] + \epsilon \hat{r}^* \hat{b} \chi \alpha_s (p_0 + \epsilon p_1 + \cdots) \tag{3.79}
$$

$\hat{\eta} = 0$ 时

$$p_0 + \epsilon p_1 + \cdots = p_b, \epsilon^{-1} \frac{d}{d\hat{\eta}}(p_0 + \epsilon p_1 + \cdots) = \frac{\alpha_s}{\kappa^*}\epsilon^{-1}\left(\frac{p_b - T_m + 1}{p_b + 1}\right)$$

（3.80）

此处 α_s 的值假定为 $O(1)$，而在之前的分析中，该参数假定为 $O(\epsilon)$。

对于前导阶，式（3.79）和式（3.80）简化为

$$\frac{d}{d\hat{\eta}}\left[p_0 - \frac{\kappa^*}{\alpha_s}(p_0 + 1)\frac{dp_0}{d\hat{\eta}}\right] = 0$$

（3.81）

$\hat{\eta} = 0$ 时

$$p_0 = p_b, \frac{dp_0}{d\hat{\eta}} = \frac{\alpha_s}{\kappa^*}\left(\frac{p_b - T_m + 1}{p_b + 1}\right)$$

（3.82）

通过对式（3.81）的两次积分并应用边界条件式（3.82），得到前导阶超压 p_0 的隐式解

$$\frac{\alpha_s}{\kappa^*}\hat{\eta} = p_0 - p_b + T_m \ln\left(\frac{p_0 - T_m + 1}{p_b - T_m + 1}\right)$$

（3.83）

为了确定 p_1，考虑与 ϵ 相关的下一阶问题，从式（3.79）和式（3.80）得到

$$(1 - \alpha_s)\left[p_0 - \frac{\kappa^*}{\alpha_s}(p_0 + 1)\frac{dp_0}{d\hat{\eta}}\right]$$

$$= (1 - \alpha_s)\frac{d}{d\hat{\eta}}\left[p_1 - \frac{\kappa^*}{\alpha_s}(p_0 + 1)\frac{dp_1}{d\hat{\eta}} - \frac{\kappa^*}{\alpha_s}p_1\frac{dp_0}{d\hat{\eta}}\right] +$$

（3.84）

$$\hat{l}^*\alpha_s\frac{d}{d\hat{\eta}}\left[p_0 - \frac{\kappa^*}{\alpha_s}(p_0 + 1)\frac{dp_0}{d\hat{\eta}}\right]$$

$\hat{\eta} = 0$ 时

$$p_1 = 0, \frac{dp_1}{d\hat{\eta}} = 0$$

（3.85）

由于 $p_0(\hat{\eta})$ 是由式（3.83）的隐式给出，因此可以将 p_1 的式（3.84）和式（3.85）作为 p_0 的函数来求解。利用前面的结果式（3.81）和式（3.82）得到 $p_1(p_0)$ 的解为

$$p_1 = (T_m - 1)\frac{\kappa^*}{\alpha_s}\left(\frac{p_0 - T_m + 1}{p_b - T_m + 1}\right)\left\{(p_b - p_0)\left[1 - T_m\frac{p_b - 2T_m + 1}{(p_0 - T_m + 1)(p_b - T_m + 1)}\right] + \right.$$

$$\left.(p_b - 2T_m + 1)\ln\left(\frac{p_0 - T_m + 1}{p_b - T_m + 1}\right) - \frac{T_m}{2}\ln^2\left(\frac{p_0 - T_m + 1}{p_b - T_m + 1}\right) + \frac{T_m^2}{p_0 - T_m + 1}\left(\frac{p_0 - T_m + 1}{p_b - T_m + 1}\right)\right\}$$

（3.86）

根据 Darcy 定律，气体渗透层的温度和压力是相关的。因此，在边界层，将式（3.76）展开为

$$\hat{T}_0 + \epsilon \hat{T}_1 + \cdots = 1 + p_0 + \epsilon p_1 + \cdots - \frac{\kappa^*}{\alpha_s}(1 + p_0 + \epsilon p_1 + \cdots)$$

$$\frac{\mathrm{d}}{\mathrm{d}\hat{\eta}}(p_0 + \epsilon p_1 + \cdots) \tag{3.87}$$

式中，左侧是边界层中基本温度的展开。因此，每个温度系数及其空间导数都可以用前导阶超压来表示。可以继续这个过程，以获得 p_2、p_3 等的方程及解。然而，基于熔融表面的跳跃条件，在边界层中有 p_0 和 p_1 的解就足够了，以便最终得到 $O(\epsilon)$ 的色散关系。至于边界层中所需的基本温度的空间导数，式 (3.87) 表明，通过对与 $\hat{\eta}$ 有关的压力方程进行微分，可以轻松地获得它们。因此，式 (3.79) 和式 (3.80) 的高阶版可以根据 $\hat{\eta}$ 进行区分，以最终产生 $\mathrm{d}T_0/\mathrm{d}\hat{\eta}$、$\mathrm{d}T_1/\mathrm{d}\hat{\eta}$、$\mathrm{d}^2 T_1/\mathrm{d}\hat{\eta}^2$、$\mathrm{d}T_2/\mathrm{d}\hat{\eta}$、$\mathrm{d}^2 T_2/\mathrm{d}\hat{\eta}^2$ 和 $\mathrm{d}^2 T_3/\mathrm{d}\hat{\eta}^2$，所有这些都出现在扰动分析中的某个点上

现在转向外部问题，由 q 表示的固—气区域内边界层外的超压将根据后面的式 (3.120e) 进行展开。因此，根据式 (3.77) 的展开式，可确定边界层外压问题的相应序列为

$$(1 - \alpha_s + \epsilon \hat{r}^* \hat{b} \alpha_s)\Big[q_0 + \epsilon q_1 + \cdots - \epsilon \frac{\kappa^*}{\alpha_s}(q_0 + 1 + \epsilon q_1 + \cdots)\frac{\mathrm{d}}{\mathrm{d}\zeta}(q_0 + \epsilon q_1 + \cdots)\Big]$$

$$= (1 - \alpha_s + \epsilon \hat{l}^* \alpha_s)\frac{\mathrm{d}}{\mathrm{d}\zeta}\Big[q_0 + \epsilon q_1 + \cdots - \epsilon \frac{\kappa^*}{\alpha_s}(q_0 + 1 + \epsilon q_1 + \cdots)\frac{\mathrm{d}}{\mathrm{d}\zeta}(q_0 + \epsilon q_1 + \cdots)\Big] +$$

$$\epsilon \hat{r}^* \hat{b} \chi \alpha_s (q_0 + \epsilon q_1 + \cdots) \tag{3.88}$$

$\zeta \to -\infty$ 时

$$q_0 + \epsilon q_1 + \cdots = 0 \tag{3.89}$$

在前导阶，q_0 的方程被简化为

$$q_0 = \frac{\mathrm{d}q_0}{\mathrm{d}\zeta} \tag{3.90}$$

其允许解 $q_0 = a_1 \exp(\zeta)$。随着 $\hat{\eta} \to -\infty$，则边界层（内）解 $p_0 \to (T_m - 1)$，而随着 $\zeta \to -(x_r^0 - x_m^0)_0$，外解 $q_0 \to a_1 \mathrm{e}^{-(x_r^0 - x_m^0)_0}$，这些解的前导阶匹配意味着 $a_1 = (T_m - 1)\mathrm{e}^{(x_r^0 - x_m^0)_0}$。因此，

$$q_0 = (T_m - 1)\mathrm{e}^{\zeta + (x_r^0 - x_m^0)_0} \tag{3.91}$$

在下一阶，式 (3.88) 给出的系数 q_1 的方程为

$$(1 - \alpha_s)\left(q_1 - \frac{\mathrm{d}q_1}{\mathrm{d}\zeta}\right)$$

$$= \hat{l}^* \alpha_s \frac{\mathrm{d}q_0}{\mathrm{d}\zeta} + (1 - \alpha_s)\frac{\kappa^*}{\alpha_s}\left\{(q_0 + 1)\frac{\mathrm{d}q_0}{\mathrm{d}\zeta} - \frac{\mathrm{d}}{\mathrm{d}\zeta}\left[(q_0 + 1)\frac{\mathrm{d}q_0}{\mathrm{d}\zeta}\right]\right\} + \hat{r}^* \hat{b}\alpha_s(\chi - 1)q_0$$

$$(3.92)$$

使用 q_0 的前导阶结果式（3.90），式（3.92）变为

$$\frac{\mathrm{d}q_1}{\mathrm{d}\zeta} - q_1 = \frac{\kappa^*}{\alpha_s}(T_m - 1)^2 \mathrm{e}^{2[\zeta + (x_r^0 - x_m^0)_0]} - \frac{\alpha_s}{1 - \alpha_s}\left[\hat{l}^* - \hat{r}^*\hat{b}(1 - \chi)\right](T_m - 1)\mathrm{e}^{\zeta + (x_r^0 - x_m^0)_0}$$

$$(3.93)$$

其解为

$$q_1 = \mathrm{e}^{\zeta + (x_r^0 - x_m^0)_0}\left\{a_2 + (T_m - 1)^2 \mathrm{e}^{\zeta + (x_r^0 - x_m^0)_0} - \right.$$

$$\left. \frac{\alpha_s}{1 - \alpha_s}\left[\hat{l}^* - \hat{r}^*\hat{b}(1 - \chi)\right](T_m - 1)\left[\zeta + (x_r^0 - x_m^0)_0\right]\right\}$$

$$(3.94)$$

式中，a_2 与内解匹配。特别是，采用匹配程序，构造了两项外解 $q_0 + \epsilon q_1$ 的内展开式，用内变量 $\hat{\eta}$ 表示：

$$q_0 \sim T_m - 1 + \epsilon(T_m - 1)\left[\hat{\eta} - (x_r^0 - x_m^0)_1\right] + \cdots, q_1 \sim \frac{\kappa^*}{\alpha_s}(T_m - 1)^2 + a_2 + \cdots$$

$$(3.95)$$

两项内解 $p_0 + \epsilon p_1$ 的外展开式，用内变量 $\hat{\eta}$ 表示，由 p_0 和 p_1 的展开式决定：

$$p_0 \sim (T_m - 1) + \cdots, p_1 \sim \frac{\kappa^*}{\alpha_s}(T_m - 1)(2T_m - p_b - 1) + (T_m - 1)\hat{\eta} + \cdots$$

$$(3.96)$$

将这两项内（外）解的两项外（内）展开式相等，然后确定 $a_2 = (T_m - 1)\left[(\kappa^*/\alpha_s)(T_m - p_b) + (x_r^0 - x_m^0)_1\right]$，因此 q_1 的最终解为

$$q_1 = (x_r^0 - x_m^0)_1(T_m - 1)\mathrm{e}^{\zeta + (x_r^0 - x_m^0)_0} +$$

$$\frac{\kappa^*}{\alpha_s}(T_m - 1)\mathrm{e}^{\zeta + (x_r^0 - x_m^0)_0}\left[T_m - p_b + (T_m - 1)\mathrm{e}^{\zeta + (x_r^0 - x_m^0)_0}\right] -$$

$$\frac{\alpha_s}{1 - \alpha_s}\left[\hat{l}^* - \hat{r}^*\hat{b}(1 - \chi)\right](T_m - 1)\left[\zeta + (x_r^0 - x_m^0)_0\right]\mathrm{e}^{\zeta + (x_r^0 - x_m^0)_0},$$

$$\zeta < -(x_r^0 - x_m^0)_0 \qquad (3.97)$$

至少在原理上，可以继续对式（3.88）进行微扰分析，以确定固—气区域外部压力变量展开的高阶系数；然而，在目前的稳态分析中，系数 q_0 和 q_1 足以确定前导阶增长率 $i\omega_0$ 和一阶校正系数 $i\omega_1$。

3.5.3 线性稳态性分析

根据式（3.36），燃烧温度随着超压的增加而升高，这也会导致燃烧速率显著增加。T_b 的增加源于热气体在压力驱动下渗透到未燃烧的材料中，由此产生的对流预热引起的燃烧速率的显著增加与一种众所周知且备受讨论的燃烧模式有关，其中对流起着重要作用。燃烧温度值也是决定基本解稳定性和相应中性稳定性边界的重要因素。尽管所述的稳态性分析符合之前对无约束问题分析的精神，但在固—气区中存在的约束和随后采用的 Darcy 定律导致了上述气体渗透层的存在，而在无约束问题中不存在这种气体渗透层。因此，为了处理这一额外的复杂性，有必要在与该层厚度相关的小参数 ϵ 中引入稳定性问题（和基本解）的展开形式。相比之下，在无约束研究中不需要这种形式的展开，并且在首先导出描述基本解扰动增长或衰减的色散关系之后，引入了由于假定某些参数很小而产生的简化。因此，目前特别侧重于确定约束效应，以及与孔隙度和两相流相关的约束效应，以分析基本解的稳态性。

线性稳态性分析最初遵循先前研究中描述的模式。首先，引入扰动变量

$$x_m = x_m^0 + \phi_m$$

$$x_r = x_r^0 + \phi_r$$

$$T = T^0(\zeta) + \tau + \phi_r \frac{\mathrm{d}T^0}{\mathrm{d}\zeta} \tag{3.98}$$

$$p_g = p_g^0(\zeta) + \mu + \phi_r \frac{\mathrm{d}p_g^0}{\mathrm{d}\zeta}$$

式中，μ、τ, ϕ_r 和 ϕ_m 分别表示压力、温度和反应面和熔化面位置的扰动。将上述定义代入式（3.66）~ 式（3.72）中，并将方程对扰动变量线性化，得到 μ、τ、ϕ_r 和 ϕ_m 的线性问题，如下所示：

$$(1 - \alpha_s)\frac{\partial \tau}{\partial t} + \left[1 + \alpha_s(\hat{r}\hat{b} - 1)\right]\frac{\partial \tau}{\partial \zeta}$$

$$= \left[1 + \alpha_s(\hat{l} - 1)\right]\left(\frac{\partial^2 \tau}{\partial x_1^2} + \frac{\partial^2 \tau}{\partial x_2^2} + \frac{\partial^2 \tau}{\partial \zeta^2}\right) + \hat{r}\hat{b}\chi\alpha_s\frac{\partial \mu}{\partial \zeta} + \hat{r}\hat{b}\alpha_s\frac{\partial \phi_r}{\partial t}\frac{\mathrm{d}T^0}{\mathrm{d}\zeta} -$$

$$\hat{r}\hat{b}\chi\alpha_s\frac{\partial \phi_r}{\partial t}\frac{\mathrm{d}p_g^0}{\mathrm{d}\zeta}, \zeta < -(x_r^0 - x_m^0) \tag{3.99}$$

$$\frac{\kappa}{\alpha_s}p_g^0\frac{\partial \mu}{\partial \zeta} + \frac{\kappa}{\alpha_s}\frac{\mathrm{d}p_g^0}{\mathrm{d}\zeta}\mu + \frac{\partial \phi_r}{\partial t}(p_g^0 - T^0) - \mu + \tau = 0, \zeta < -(x_r^0 - x_m^0)$$

$$\tag{3.100}$$

式中

$$p_g^0 - T^0 = \frac{\kappa}{\alpha_s} p_g^0 \frac{\mathrm{d}p_g^0}{\mathrm{d}\zeta}$$

$$rb(1 - \alpha_s)\frac{\partial \tau}{\partial t} + \left[b + \alpha_s(\hat{r}\hat{b} - b) \right] \frac{\partial \tau}{\partial t} - b(1 - r)(1 - \alpha_s)\frac{\partial \phi_m}{\partial t}\frac{\mathrm{d}T^0}{\mathrm{d}\zeta}$$

$$= \left[l + \alpha_s(\hat{l} - l) \right]\left(\frac{\partial^2 \tau}{\partial x_1^2} + \frac{\partial^2 \tau}{\partial x_2^2} + \frac{\partial^2 \tau}{\partial \zeta^2} \right) + \hat{r}\hat{b}\alpha_s \frac{\partial \phi_r}{\partial t}\frac{\mathrm{d}T^0}{\mathrm{d}\zeta}, \; - (x_r^0 - x_m^0) < \zeta < 0$$

$$(3.101)$$

$$\hat{b}\left[1 + \alpha_s(\hat{r} - 1) \right]\frac{\partial \tau}{\partial \zeta} = \hat{l}\left(\frac{\partial^2 \tau}{\partial x_1^2} + \frac{\partial^2 \tau}{\partial x_2^2} + \frac{\partial^2 \tau}{\partial \zeta^2} \right), \zeta > 0 \qquad (3.102)$$

$$- r\frac{\partial \phi_r}{\partial t} - (1 - r)\frac{\partial \phi_m}{\partial t} = \frac{\beta}{2(T_b - 1)}\tau \Big|_{\zeta = 0}. \qquad (3.103)$$

$$\zeta \to \pm \infty \text{时}, \tau \to 0$$
$$\zeta \to - \infty \text{时}, \mu \to 0 \qquad (3.104)$$

$$\left(\tau + \phi_m \frac{\mathrm{d}T^0}{\mathrm{d}\zeta} \right)\Big|_{\zeta = -(x_r^0 - x_m^0)^-} = \left(\tau + \phi_m \frac{\mathrm{d}T^0}{\mathrm{d}\zeta} \right)\Big|_{\zeta = -(x_r^0 - x_m^0)^+} = \left(\tau + \phi_m \frac{\mathrm{d}p_g^0}{\mathrm{d}\zeta} \right)\Big|_{\zeta = -(x_r^0 - x_m^0)^+} = 0$$

$$(3.105)$$

$$\left[l + \alpha_s(\hat{l} - l) \right]\left(\frac{\partial \tau}{\partial \zeta} + \phi_m \frac{\mathrm{d}^2 T^0}{\mathrm{d}\zeta^2} \right)\Big|_{\zeta = -(x_r^0 - x_m^0)^+} - \left[1 + \alpha_s(\hat{l} - 1) \right]\left(\frac{\partial \tau}{\partial \zeta} + \phi_m \frac{\mathrm{d}^2 T^0}{\mathrm{d}\zeta^2} \right)\Big|_{\zeta}$$

$$= -(x_r^0 - x_m^0)^- = -\frac{\partial \phi_m}{\partial t}(1 - \alpha_s)\left[-\gamma_s + (b - 1)T_m \right]$$

$$(3.106)$$

$$\tau \big|_{\zeta = 0^+} = \left(\tau + \phi_r \frac{\mathrm{d}T^0}{\mathrm{d}\zeta} \right)\Big|_{\zeta = 0^-} \qquad (3.107)$$

$$\hat{l}\frac{\partial \tau}{\partial \zeta}\Big|_{\zeta = 0^+} - \left[l + \alpha_s(\hat{l} - l) \right]\left(\frac{\partial \tau}{\partial \zeta} + \phi_r \frac{\mathrm{d}^2 T^0}{\mathrm{d}\zeta^2} \right)\Big|_{\zeta = 0^-}$$

$$= -\frac{1}{2}(1 - \alpha_s)\left[\frac{\beta Q}{T_b - 1} + (b - \hat{b})\left(2 + \frac{\beta T_b}{T_b - 1} \right) \right]\tau \Big|_{\zeta = 0^-} \qquad (3.108)$$

稳态平面的燃烧明显对应于零解 $\phi_m = \phi_r = \tau = \mu = 0$，并且线性稳态性问题的非零解以一般的调和形式寻求

$$\begin{Bmatrix} \phi_m \\ \phi_r \\ \tau \\ \mu \end{Bmatrix} = \mathrm{e}^{i(\omega t \pm k_1 x_1 \pm k_2 x_2)} \begin{Bmatrix} c_m \\ 1 \\ \sigma(\zeta) \\ \nu(\zeta) \end{Bmatrix} \qquad (3.109)$$

其中，通过将系数 ϕ_r 设置为 1，对解进行归一化。根据式（3.109）和式（3.99）、式（3.101）、式（3.102）以及式（3.104），函数 $\sigma(\zeta)$ 为

$$\sigma(\zeta)=\begin{cases} c_1 e^{p\zeta}, & \zeta < -(x_r^0 - x_m^0) \\ c_2 e^{q_-\zeta} + c_3 e^{q_+\zeta} + i\omega\,(i\omega\,\hat{b}_3 + k^2)^{-1} c_m b_2 b_4 (T_m - B) e^{b_2\zeta}, & -(x_r^0 - x_m^0) < \zeta < 0 \\ c_4 e^{\hat{s}\zeta}, & \zeta > 0 \end{cases}$$

$$(3.110)$$

式中，c_i 为积分常数；b_i、$\hat{b}_i$、p、$q_\pm$ 和 $\hat{s}$ 为

$$b_2 = \frac{b + \alpha_s(\hat{r}\hat{b} - b)}{l + \alpha_s(\hat{l} - l)},\ \hat{b}_3 = \frac{rb(1 - \alpha_s)}{l + \alpha_s(\hat{l} - l)},\ b_4 = \frac{b(r-1)(1-\alpha_s)}{l + \alpha_s(\hat{l} - l)}$$

$$(3.111)$$

$$p = \frac{1}{2}\left[b_1 + \sqrt{b_1^2 + 4(i\omega\,\hat{b}_1 + k^2)}\right],\ b_1 = \frac{1 + \alpha_s(\hat{r}\hat{b} - 1)}{1 + \alpha_s(\hat{l} - 1)},\ \hat{b}_1 = \frac{1 - \alpha_s}{1 + \alpha_s(\hat{l} - 1)}$$

$$(3.112)$$

$$q_\pm = \frac{1}{2}\left[b_2 \pm \sqrt{b_2^2 4(i\omega\,\hat{b}_3 + k^2)}\right]$$

$$(3.113)$$

$$\hat{s} = \frac{1}{2}\left[b_5 - \sqrt{b_5^2 + 4k^2}\right],\ b_5 = \frac{\hat{b}}{\hat{l}}\left[1 + \alpha_s(\hat{r} - 1)\right]$$

$$(3.114)$$

在式（3.103）和式（3.105）~式（3.107）中包含的剩余条件用于确定 c_i 和色散关系 $\omega(k)$。为简单起见，忽略了固相和液相材料物理性质的差异，因此设定 $r = b = l = 1$。得到的结果是 $b_1 = b_2$，$\hat{b}_1 = \hat{b}_3$（隐含着 $q_+ = p$），$b_4 = 0$。此外，式（3.110）中的系数为

$$c_1 = -c_m b_1 (T_m - 1) e^{q_+(x_r^0 - x_m^0)}$$

$$(3.115)$$

$$c_2 = (B - 1) c_m b_1 \left(\frac{q_- + i\omega}{q_- - q_+}\right) e^{q_-(x_r^0 - x_m^0)}$$

$$(3.116)$$

$$c_3 = -c_m b_1 \left[T_m - 1 + (B - 1)\frac{q_+ + i\omega}{q_- - q_+}\right] e^{q_+(x_r^0 - x_m^0)}$$

$$(3.117)$$

$$c_4 = -2i\omega\,\frac{T_b - 1}{\beta}$$

$$(3.118)$$

式中，$x_r^0 - x_m^0$ 由式（3.73）的第二项给出，并且

$$c_m = \frac{\left[(T_b - 1)(b_1 + 2i\omega/\beta) - (B - 1)b_1\right] e^{-q_+(x_r^0 - x_m^0)}}{b_1(T_m - 1) - (B - 1)b_1(q_- - q_+)^{-1}\left[(q_- + i\omega) e^{(q_- - q_+)(x_r^0 - x_m^0)} - (q_+ + i\omega)\right]}$$

$$(3.119)$$

观察到，在极限下，熔化热可以忽略（$\gamma_s \to 0$，$B \to 1$，$c_2 \to 0$）。最后一个结果表明，在这个极限下，熔化表面实际是看不见的，因为在这种情况下，温度函数 $\sigma(\zeta)$ 的函数形式在 $\zeta = -(x_r^0 - x_m^0)$ 的两侧是相同的。

可以很容易看出，虽然式（3.100）~式（3.108）是线性的，但在固—气区有一些非常数系数，如式（3.100）所示，从而排除了直接的解析解。事实上，这些系数取决于 p_g^0。然而，通过考虑允许构造 p_g^0 的合理参数区域，也可以构造式（3.99）~式（3.108）的摄动展开形式的近似解析解。特别是色散关系本身可以被确定为微扰展开，产生一个前导阶中立稳态边界和一系列高阶修正，后者反映了约束和相关两相流过程的存在，因此确定了它们对基本解稳定性的影响。

3.5.4 线性稳态性分析渐近展开式

继续使用参数 $\epsilon \sim O(\hat{r}) \ll 1$ 进行分析，并考虑 $\hat{r}$、$\hat{l}$、κ 和 γ_s 均为 $O(\epsilon)$ 的一个实际的参数体系。弱渗透率的合理假设实际上是之前基本解分析中引入的假设的推广，其中假设 $\alpha_s \sim O(\epsilon)$ 和 $\kappa \sim \alpha_s^2 \sim O(\epsilon^2)$。然而，由于 κ/α_s 比值很小，使得固—气区边界层结构简单化，可以允许固体的孔隙度为 $O(1)$，渗透率为 $O(\epsilon)$，并且在未燃烧的固—气区仍然保留薄的气体渗透层。在分析无约束问题时引入的剩余标量并不重要，但有助于简化色散关系的分析。因此，为了方便和一致性，对该问题的进一步讨论将被严格约束在此参数范围内。

在线性稳态问题中引入一个小参数 ϵ 后，无论是在内部气体渗透区域还是在该薄层外部预热区域，通过将所有有量（包括基本解）以适当的 ϵ 的幂展开来寻求近似解；然后，对该奇异摄动问题应用适当的匹配条件来完全确定解和色散关系。因此，引入标量参数 $\hat{r}^*$、$\hat{l}^*$、κ^* 和 γ_s^*

$$\hat{r} = \hat{r}^* \epsilon, \hat{l} = \hat{l}^* \epsilon, \kappa = \kappa^* \epsilon, \gamma_s = \gamma_s^* \epsilon \qquad (3.120a)$$

并以展开形式求复增长率 $i\omega$ 的解

$$i\omega = i\omega_0 + i\omega_1 \epsilon + i\omega_2 \epsilon^2 + \cdots \qquad (3.120b)$$

因此，所有与 ϵ 有关的量，包括基本解，都可以根据以下关系式在 ϵ 中展开：

$$T_b \sim T_b^0 + T_b^{(1)} \epsilon + T_b^{(2)} \epsilon^2 + \cdots, \beta \sim \beta_0 + \beta_1 \epsilon + \beta_2 \epsilon^2 + \cdots \qquad (3.120c)$$

$$(x_r^0 - x_m^0) \sim (x_r^0 - x_m^0)_0 + (x_r^0 - x_m^0)_1 \epsilon + (x_r^0 - x_m^0)_2 \epsilon^2 + \cdots,$$
$$c_m = c_m^{(0)} + c_m^{(1)} \epsilon + c_m^{(2)} \epsilon^2 + \cdots \qquad (3.120d)$$

$$T^0 \sim T_0 + T_1 \epsilon + T_2 \epsilon^2 + \cdots, p_g^0 - 1 \sim q_0 + q_1 \epsilon + q_2 \epsilon^2 + \cdots \qquad (3.120e)$$

$$\sigma \sim \sigma^{(0)} + \sigma^{(1)} \epsilon + \sigma^{(2)} \epsilon^2 + \cdots, \nu \sim \nu^{(-1)} \epsilon^{-1} + \nu^{(0)} + \nu^{(1)} \epsilon + \cdots$$
$$(3.120f)$$

式中，固—气区中的展开式（3.120e）、式（3.120f）是在靠近熔融表面的薄气体渗透层外有效的外部膨胀，而不是即将引入的内部膨胀。此外，由于固—液界面处的条件通常是关于 $\zeta = -(x_r^0 - x_m^0)$ 的前导阶近似展开的，发现引入符

号 $(x_r^0 - x_m^0)_i$ 用于表示量 $(x_r^0)_i - (x_m^0)_i$，其中 $(x_{r,m}^0)_i$ 是 $x_{r,m}^0$ 的 ϵ 展开式中 $O(\epsilon^i)$ 项的系数。最后，在 T_b^0 展开式中，将固体 $Q_0 = Q + \gamma_s$ 的总放热量作为一个固定参数。

对于 $O(1)$，超压 $p_g^b - 1$ 和渗透率 $O(\epsilon)$，固—气区具有第 3 章第 3.5.2 节中所述基本解的一个边界层结构。为了描述相对于固—气区的外部宽度为 $O(\epsilon)$ 的这个区域解，引入拉伸坐标 $\hat{\eta}$，定义为

$$\hat{\eta} = \epsilon^{-1}[\zeta + (x_r^0 - x_m^0)] \tag{3.121}$$

在应用 $\hat{\eta}$ 定义式（3.121）时，使用了由式（3.120d）给出的展开式 $x_r^0 - x_m^0$。该区域的解为

$$\sigma \sim \sigma_{bl}^{(0)} + \sigma_{bl}^{(1)}\epsilon + \sigma_{bl}^{(2)}\epsilon^2 + \cdots, \nu \sim \nu_{bl}^{(-1)}\epsilon^{-1} + \nu_{bl}^{(0)} + \nu_{bl}^{(1)}\epsilon + \cdots$$

$$\tag{3.122}$$

在这一层中展开的基本解，也依据下述关系式：

$$p_g^0 - 1 \sim p_0 + p_1\epsilon + p_2\epsilon^2 + \cdots, T^0 \sim \hat{T}_0 + \hat{T}_1\epsilon + \hat{T}_2\epsilon^2 + \cdots \tag{3.123}$$

式（3.122）中的扰动压力和温度不具有相同的数量级，这是因为只有边界层中的压力变化显著。

3.6　色散关系

3.6.1　前导阶分析与色散关系

将上述展开式代入稳态性分析式（3.99）～式（3.108），得到了一系列用于递归确定式（3.120b）、式（3.120d）～式（3.120f）、式（3.122）中的系数问题，其中最终目标是确定一组色散关系 $i\omega_0(k), i\omega_1(k), \cdots$。

通过将迄今给出的结果代入式（3.108）得到 $\omega(k)$ 的色散关系。根据上述定义的系数，结果为

$$\hat{l}\hat{s}c_4 - (1 - \alpha_s + \hat{l}\alpha_s)[q_- c_2 + q_+ c_3 + b_1^2(T_b - B)]$$

$$= -(1 - \alpha_s)\left[\beta\frac{Q + (1 - \hat{b})T_b}{2(T_b - 1)} + 1 - \hat{b}\right]c_4 \tag{3.124}$$

式中，根据式（3.112）和式（3.114），s 和 $q_\pm$ 取决于 $i\omega$ 和 k。由于气—固/液的密度比率 $\hat{r}$ 和电导率比率 $\hat{l}$ 以及熔化热 γ_s 通常很小，因此利用这个极限来解色散关系。特别是，以展开式的形式求复频率 ω 的解

$$\omega \sim \omega_0 + \omega_1\hat{r} + \omega_2\hat{r}^2 + \cdots \tag{3.125}$$

通过下式定义标量 $\hat{l}^*$ 和 γ_s^*，假定 $\hat{l}$ 和 γ_s 与 $\hat{r}$ 的阶数相同，则

$$\hat{l} = \hat{l}^* \hat{r}, \gamma_s = \gamma_s^* \hat{r} \tag{3.126}$$

另外，气—固热容比率 $\hat{b}$ 被认为是 $O(1)$ 的量。因此，所有依赖于 $\hat{r}$、$\hat{l}$ 和/或 γ_s 的量都以 $\hat{r}$ 的幂展开。这样，根据式（3.36）扰动燃烧温度 T_b，观察到 $\hat{b}$、$\hat{r}$ 和 γ_s 的变化。如后面所述，这是一个重要的影响。然而，在评估对熔化热稳定性的影响时，将在假设总热释放量 $Q + \gamma_s \equiv Q_0$，与固体保持不变的情况有关。在这种约束下

$$T_b \sim T_b^0 + \hat{r} T_b^1 + \cdots, T_b^0 = \frac{Q_0 + 1}{\hat{b}}, T_b^1 = -\frac{\alpha_s}{1 - \alpha_s}(T_b^0 - 1) \tag{3.127}$$

$$B - 1 \sim \gamma_s^* \hat{r}, \hat{l}\hat{s} \sim O(\hat{r}^2), b_1 \sim 1 + \frac{\alpha_s}{1 - \alpha_s}(\hat{b} - \hat{l}^*)\hat{r} + \cdots,$$

$$\hat{b}_1 \sim 1 - \frac{\alpha_s}{1 - \alpha_s}\hat{l}^* \hat{r} + \cdots \tag{3.128}$$

$$q_\pm \sim q_\pm^0 + q_\pm^1 \hat{r} + \cdots, q_\pm^0 = \frac{1}{2}\left[1 \pm \sqrt{1 + 4(i\omega_0 + 4k^2)}\right],$$

$$q_\pm^1 = \frac{1}{2} \cdot \frac{\alpha_s}{1 - \alpha_s}\left[\hat{b} - 2\hat{l}^* q_\pm^0 \pm \frac{\hat{b} + \hat{l}^*(2i\omega_0 + 4k^2)}{2q_+^0 - 1}\right] \pm \frac{i\omega_1}{2q_+^0 - 1} \tag{3.129}$$

将上述 3 个展开式代入式（3.124）中，并收集 $\hat{r}$ 的类似幂项，得到前导阶色散关系

$$(2i\omega_0 + \beta)(1 - p_0) + i\omega(\beta - 2\hat{b}) = 0 \tag{3.130}$$

或者，采用式（3.129）给出的 q_+^0 来定义

$$4(i\omega_0)^3 + (i\omega_0)^2\left[4k^2 + 4\hat{b}(1 - \hat{b}) + 2(1 + 2\hat{b})\beta - \beta^2\right] + \tag{3.131}$$
$$2i\omega_0\beta(\hat{b} + 2k^2) + \beta^2 k^2 = 0$$

这种色散关系与 Margolis 和 Williams 假设恒定气相密度时得到的色散关系相同，因此，在前导阶，准稳态气相热膨胀对中性稳态边界没有影响。

之后，通过将式（3.131）中的复增长率 $i\omega_0$ 的实部设置为 0，可以容易地找到与无穷小扰动式（3.109）的增长和衰减均不对应的前导阶中性稳态边界 $\beta = \beta_0(k)$；将式（3.131）自身的实部和虚部分别设置为 0，然后确定 $\beta_0(k)$ 为二次曲线的正根：

$$(\hat{b} + 2k^2)\beta^2 + 2\left[k^2 - (1 + 2\hat{b})(\hat{b} + 2k^2)\right]\beta_0 - 4(\hat{b} + 2k^2)\left[\hat{b}(1 - \hat{b}) + k^2\right] = 0 \tag{3.132}$$

确定中性扰动的前导阶频率 $\omega_0(k)$ 为

$$\omega_0^2 = \frac{1}{2}\beta_0(\hat{b} + 2k^2) \tag{3.133}$$

由于后者为非 0，稳态边界是脉动的，这描述了 Denison 和 Baum 首次预测的固体推进剂燃烧中的一个众所周知的现象。对于参数 $\hat{b}$ 的几个值，图 3.6 显示了稳态边界 $\beta_0(k)$ 的外观，还显示了与严格凝聚相燃烧（燃烧合成）相对应的中性稳态边界，可通过在式（3.114）中设置 $\hat{r} = \hat{l} = \hat{b} = 1$ 和 $\alpha_s = 0$。图 3.6 中，A：$\hat{r} = \hat{l} = \hat{b} = 1(\alpha_s = 0)$；B：$\hat{r} = \hat{l} = 0, \hat{b} = 1$；C：$\hat{r} = \hat{l} = 0, \hat{b} = 0.75$；D：$\hat{r} = \hat{l} = 0, \hat{b} = 0.5$；E：$\hat{r} = \hat{l} = 0, \hat{b} = 0.25$。该稳态边界由色散关系确定（在没有熔融的情况下）：

$$4(i\omega)^3 + (i\omega)^2 \left[1 + 4k^2 + 2\beta - \frac{1}{4}\beta^2 \right] + \frac{1}{2}(i\omega)(1 + 4k^2) + \frac{1}{4}\beta^2 k^2 = 0$$

$$(3.134)$$

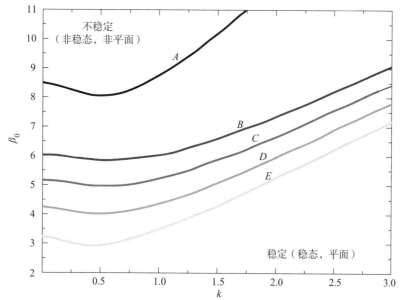

图 3.6　前导阶中性稳定边界是多个气—液/固体热容比 $\hat{b}$ 值的波数函数

与从式（3.132）得到的稳态边界定性相似，反映了与本问题相关的非稳态现象与凝聚相燃烧相关的事实。对于含能材料，$\hat{b}$ 值的降低被认为是稳态的，这表明气相的热影响逐渐减弱，在燃烧区的方向上将热量从反应区转移出去，不太可能抑制凝聚相的热—扩散的非稳态性。注意：在 $k = (\hat{b}/8)^{1/4} > 0$ 时，中性稳态边界中存在最小值 $\beta_0 = 1 + 2\hat{b} + 2\sqrt{2\hat{b}}$（与 $k = 0$ 时的 $\beta_0 = 1 + 2\hat{b} + \sqrt{1 + 8\hat{b}}$ 相比），表明当稳态边界被跨越时，向非稳态燃烧的过渡以非平面模式的出现为特征，因为基本解对于在上述临界值附近波数非零的振荡扰动是最不稳定的。

现在可以在固—气、液—气和燃烧气体区域中解决这一系列微扰问题。然而，如前面所示，在第一层中，熔融表面附近有一个边界层，因此，固—气区的问题将包括内部（边界层）和外部子问题。

在固—气区的外部区域，式（3.99）的前导阶给出

$$(1 - \alpha_s) i\omega_0 \sigma^{(0)} + (1 - \alpha_s) \frac{\mathrm{d}\sigma^{(0)}}{\mathrm{d}\zeta} = (1 - \alpha_s) \left(\frac{\mathrm{d}^2 \sigma^{(0)}}{\mathrm{d}\zeta^2} - k^2 \sigma^{(0)} \right) + \hat{r}^* \hat{b} \chi \alpha_s \frac{\mathrm{d}\nu^{(-1)}}{\mathrm{d}\zeta},$$
$$\zeta < - (x_r^0 - x_m^0)_0 \tag{3.135}$$

式中，式（3.100）的前导阶确定 $\nu^{(-1)}$ 为

$$\nu^{(-1)} = 0, \zeta < - (x_r^0 - x_m^0)_0 \tag{3.136}$$

因此，可通过求解式（3.135）获得该区域 $\sigma^{(0)}$ 的解，即

$$\sigma^{(0)} = c_1 \mathrm{e}^{\overline{q}_+^{(0)}\zeta}, \zeta < - (x_r^0 - x_m^0)_0 \tag{3.137}$$

式中，

$$\overline{q}_+^{(0)} = \frac{1}{2} \left[1 + \sqrt{1 + 4(i\omega_0 + k^2)} \right]$$

在 ϵ 的下一阶中，式（3.99）经过一些简化后给出：

$$i\omega_0 \sigma^{(1)} + i\omega_1 \sigma^{(0)} + \frac{\mathrm{d}\sigma^{(1)}}{\mathrm{d}\zeta} - \frac{\mathrm{d}^2 \sigma^{(1)}}{\mathrm{d}\zeta^2} + k^2 \sigma^{(1)}$$

$$= \frac{\alpha_s \hat{l}^*}{1 - \alpha_s} \left(\frac{\mathrm{d}^2 \sigma^{(0)}}{\mathrm{d}\zeta^2} - k^2 \sigma^{(0)} \right) + \frac{\hat{r}^* \hat{b} \alpha_s}{1 - \alpha_s} \left(\chi \frac{\mathrm{d}\nu^{(0)}}{\mathrm{d}\zeta} + i\omega_0 \frac{\mathrm{d}T_0}{\mathrm{d}\zeta} - i\omega_0 x \frac{\mathrm{d}q_0}{\mathrm{d}\zeta} \right),$$

$$\zeta < - (x_r^0 - x_m^0)_0 \tag{3.138}$$

式中，q_0 是固—气区外部超压基本解展开式（3.120e）的前导阶系数，从前导阶的式（3.76）中注意到，$\mathrm{d}p_0 / \mathrm{d}\zeta = \mathrm{d}T_0 / \mathrm{d}\zeta$。由 $T_0 = (1 + q_0) = 1 + (T_m - 1) \mathrm{e}^{\zeta + (x_r^0 - x_m^0)_0}$ 给出了气体渗透亚层的前导阶基本解。使用式（3.100）的下一阶来确定 $\nu^{(0)} = \sigma^{(0)}$，并将迄今获得的结果代入式（3.138），发现 $\sigma^{(1)}$ 的解被确定为

$$\sigma^{(1)} = \hat{c}_1 \mathrm{e}^{\overline{q}_+^{(0)}\zeta} - \frac{L_1}{2q_+^{(0)} - 1} \zeta \mathrm{e}^{\overline{q}_+^{(0)}\zeta} + \frac{L_2}{i\omega_0 + k^2} \mathrm{e}^{\zeta}, \zeta < - (x_r^0 - x_m^0)_0 \tag{3.139}$$

$$L_1 = \left\{ \frac{\alpha_s}{1 - \alpha_s} \left[\hat{l}^* (i\omega_0 + \overline{q}_+^{(0)}) + \hat{r}^* \hat{b} (\chi - 1) q_+^{(0)} \right] - i\omega_1 \right\} c_1$$

$$L_2 = - \frac{\alpha_s}{1 - \alpha_s} \hat{r}^* \hat{b} (\chi - 1) i\omega_0 (T_m - 1) \mathrm{e}^{\zeta + (x_r^0 - x_m^0)_0}$$

现在考虑与熔化面相邻的固—气区的边界层解，这需要将上面给出的外解与液—气区中的外解联系起来。根据式（3.99），得到了温度扰动的前导阶方程为

$$\frac{\mathrm{d}^2 \sigma_{bl}^{(0)}}{\mathrm{d}\hat{\eta}^2} = 0 \tag{3.140}$$

式中，σ_{bl} 是边界层中的前导阶温度扰动变量。随着 $\hat{\eta} \to -\infty$，与式（3.137）的外部解相匹配的式（3.140）的解为一个常数值：

$$\sigma_{bl}^{(0)} = c_1 \mathrm{e}^{\overline{q}_r^{(0)}(x_r^0 - x_m^0)_0} \tag{3.141}$$

反映了这样一个事实：在一级近似下，气体渗透层是一个关于压力而非温度的边界层。

边界层温度扰动的下一阶方程由式（3.99）和式（3.141）得出

$$\frac{\mathrm{d}^2 \sigma_{bl}^{(1)}}{\mathrm{d}\hat{\eta}^2} = -\frac{\hat{r}^* \hat{b} \alpha_s \chi}{1 - \alpha_s} \frac{\mathrm{d}\nu_{bl}^{(-1)}}{\mathrm{d}\hat{\eta}} \tag{3.142}$$

这表明温度和压力扰动变量的首次耦合。对于 $\sigma_{bl}^{(1)}$，要解式（3.142），需要 $\nu_{bl}^{(-1)}$ 的表达式，这可从式（3.100）的前导阶和边界层中式（3.105）的最后一个方程得到：

$$\frac{\kappa^*}{\alpha_s}(p_0 + 1)\frac{\mathrm{d}\nu_{bl}^{(-1)}}{\mathrm{d}\hat{\eta}} + \frac{\kappa^*}{\alpha_s}\frac{\mathrm{d}p_0}{\mathrm{d}\hat{\eta}}\nu_{bl}^{(-1)} = 0 \tag{3.143}$$

$$\left(\nu_{bl}^{(-1)} + c_m^{(0)}\frac{\mathrm{d}p_0}{\mathrm{d}\hat{\eta}}\right)\Bigg|_{\hat{\eta}=0} = 0 \tag{3.144}$$

这里，p_0 是边界层基本解展开式（3.123）中的前导阶超压，$p_b = p_g^b - 1$ 是其在熔化表面 $\hat{\eta} = 0$ 处的值。这可以通过以下方式的隐式给出

$$\frac{\alpha_s}{\kappa^*}\hat{\eta} = p_0 - p_b + T_m \ln\left(\frac{p_0 - T_m + 1}{p_b - T_m + 1}\right) \tag{3.145}$$

$$\frac{\mathrm{d}p_0}{\mathrm{d}\hat{\eta}} = \frac{\alpha_s}{\kappa^*}\left(\frac{p_0 - T_m + 1}{p_b - T_m + 1}\right) \tag{3.146}$$

根据这些结果，p_0 可以作为式（3.143）中的自变量：

$$\nu_{bl}^{(-1)}(p_0) = -\frac{\alpha_s}{\kappa^*}c_m^{(0)}\frac{p_0 - T_m + 1}{p_b - T_m + 1} \tag{3.147}$$

由此得到了关于 p_0 的 $\nu_{bl}^{(-1)}$ 表达式，可以解式（3.142），得到 $\sigma_{bl}^{(1)}$ 的解为

$$\sigma_{bl}^{(1)} = \hat{A}_1 \hat{\eta} + \hat{A}_2 + \frac{\hat{r}^* \hat{b} \alpha_s \chi}{1 - \alpha_s}c_m^{(0)}p_0 \tag{3.148}$$

式中，$\hat{A}_1$ 和 $\hat{A}_2$ 是积分常数，是通过固—气区的外部解与相关的匹配程序得到

的。使用式（3.137）、式（3.139）、式（3.141）和式（3.148），这个过程的结果是由下式给出的 $\sigma_{bl}^{(1)}$：

$$\sigma_{bl}^{(1)} = c_1 \bar{q}_+^{(0)} \hat{\eta} e^{-\bar{q}_+^{(0)}(x_r^0 - x_m^0)_0} + \left(\hat{c}_1 + L_1 \frac{(x_r^0 - x_m^0)_0}{2\bar{q}_+^{(0)} - 1} \right) e^{-\bar{q}_+^{(0)}(x_r^0 - x_m^0)_0} -$$

$$\frac{\alpha_s}{1 - \alpha_s}(T_m - 1)\hat{r}^* \hat{b}(\chi - 1) \frac{i\omega_0}{i\omega_0 + k^2} + \frac{\alpha_s}{1 - \alpha_s}\hat{r}^* \hat{b} c_m^{(0)} \chi(p_0 - T_m + 1)$$

$$(3.149)$$

式中，L_1 来自式（3.139）。

继续微扰分析，考虑到液—气区域，发现式（3.101）的前导阶近似值产生于

$$\frac{d^2 \sigma^{(0)}}{d\zeta^2} - \frac{b}{l} \frac{d\sigma^{(0)}}{d\zeta} - \left(\frac{rb}{l} i\omega_0 + k^2 \right) \sigma^{(0)} + \frac{b}{l}(1 - r) \frac{dT_0}{d\zeta} i\omega_0 c_m^{(0)} = 0,$$

$$-(x_r^0 - x_m^0)_0 < \zeta < 0 \qquad (3.150)$$

其解为

$$\sigma^{(0)} = c_2 e^{q_-^{(0)}\zeta} + c_3 e^{q_+^{(0)}\zeta} + \frac{(b/l)(1 - r)(bT_m - 1)i\omega_0 c_m^{(0)}}{i\omega_0 rb + lk^2} e^{(b/l)(\zeta + (x_r^0 - x_m^0)_0)},$$

$$-(x_r^0 - x_m^0)_0 < \zeta < 0 \qquad (3.151)$$

式中，$2q_\pm^{(0)} = \{ b/l \pm [(b/l)^2 + 4(i\omega_0 rb/l + k^2)]^{1/2} \}$。最后，在 $\zeta > 0$ 的燃烧区，式（3.102）的前导阶为

$$\hat{b}(1 - \alpha_s) \frac{d\sigma^{(0)}}{d\zeta} = 0, \zeta > 0 \qquad (3.152)$$

由此得到

$$\sigma^{(0)} = c_4, \zeta > 0 \qquad (3.153)$$

根据式（3.103）～式（3.108）给出的边界条件，确定迄今为止得到的解的积分常数以及前导阶增长率 $i\omega_0$。由于固—气区的边界层与熔融表面相邻，因此穿过熔融表面的跳跃条件与在该层中获得的解有关，例如，在式（3.106）中，

$$\left(\frac{d\sigma}{d\zeta} + c_m \frac{d^2 T^0}{d\zeta^2} \right) \bigg|_{\zeta = -(x_r^0 - x_m^0)^-} \to \left(\epsilon^{-1} \frac{d\sigma_{bl}}{d\hat{\eta}} + \epsilon^{-2} c_m \frac{d^2 \hat{T}^0}{d\hat{\eta}^2} \right) \bigg|_{\hat{\eta} = 0}$$

用 σ_{bl} 和 $\hat{T}^0$ 给出各自的边界层展开式。此外，在分析色散关系的结果时，为了代数的简单性，现在将进一步考虑局限于一种典型情况，在这种情况下，忽略固—液相物理性质的差异。特别考虑在 $r = b = l = 1$ 情况下，例如，$\bar{q}_+ = q_+$。这些等式中的 $O(\epsilon)$ 偏差不会影响前导阶色散关系，纳入本分析中以便在下一阶给出可处理的校正。

因此，为了得到与 ϵ 有关的前导阶色散关系，在熔融表面和反应薄层上应用了相应的前导阶跃变条件式（3.103）~式（3.108），采用如下情况：

$$\frac{\mathrm{d}\hat{T}_1}{\mathrm{d}\hat{\eta}}\bigg|_{\hat{\eta}=0} = T_m - 1$$

$$\frac{\mathrm{d}^2\hat{T}_2}{\mathrm{d}\hat{\eta}^2}\bigg|_{\hat{\eta}=0} = T_m - 1 - \frac{\alpha_s}{1-\alpha_s}\hat{r}^*\hat{b}\chi\frac{\alpha_s}{\kappa^*}\frac{p_b - T_m + 1}{p_b + 1}$$

在固—液界面边界层侧的式（3.104）和式（3.105）的计算中，得到

$$c_1 = c_3 = -c_m^{(0)}(T_m - 1)\mathrm{e}^{q_+^0(x_r^0 - x_m^0)_0}, c_2 = 0, c_4 = -2i\omega_0\frac{T_b^0 - 1}{\beta_0} \quad (3.154)$$

式中，由于在当前的前导阶计算中只需要 $\mathrm{d}\sigma_{bl}^{(1)}/\mathrm{d}\hat{\eta}|_{\hat{\eta}=0}$，因此不需要 $\hat{c}_1$。根据式（3.73）得到

$$(x_r^0 - x_m^0)_0 = \ln\left(\frac{T_b^0 - 1}{T_m - 1}\right) \quad (3.155)$$

并且，$c_m^{(0)}$ 为

$$c_m^{(0)} = \frac{(\beta_0 + 2i\omega_0)(T_b^0 - 1)}{\beta_0(T_m - 1)}\mathrm{e}^{q_+^0(x_r^0 - x_m^0)_0} \quad (3.156)$$

从式（3.36）得到燃烧温度的前导阶表达式，如下所示：

$$T_b^0 = \frac{Q_0 + 1}{\hat{b}} \quad (3.157)$$

最后，将式（3.108）应用于前导阶：

$$q_+^0 c_3 + (T_b^0 - 1) = \left(\beta_0\frac{Q_0 + (1 - \hat{b})T_b^0}{2(T_b^0 - 1)} + 1 - \hat{b}\right)c_4 \quad (3.158)$$

根据上述 c_3、c_4 和 q_+^0 的表达式（$b = l = 1$）可以变为

$$(2i\omega_0 + \beta_0)(1 - q_+^0) + i\omega_0(\beta_0 - 2\hat{b}) = 0 \quad (3.159)$$

式（3.159）与在无约束条件下获得的方程式相同，表明在式（3.120a）的参数范围中，在前导阶下不会感觉到约束的影响。通过将复增长率 $i\omega_0$ 的实部设为 0 得到的中性稳态边界，将（脉动）中性稳态边界确定为二次曲线的正根：

$$(\hat{b} + 2k^2)\beta_0^2 + 2[k^2 - (1 + 2\hat{b})(\hat{b} + 2k^2)]\beta_0 - 4(\hat{b} + 2k^2)[\hat{b}(1 - \hat{b}) + k^2] = 0$$
$$(3.160)$$

式中，中性点扰动对应的前导阶频率 $\omega_0(k)$ 为

$$\omega_0^2 = \frac{1}{2}\beta_0(\hat{b} + 2k^2) \quad (3.161)$$

　　这是一种众所周知的振荡凝聚相非稳态的表现。图3.7为中性稳态边界 $\beta_0(k)$ 与扰动波数的函数曲线，适用于各种超压（p_b）值和热容（$\hat{b}$）的气—固比率以及标量热导率（$\hat{l}^*$）。位于稳态边界上方（下方）的修正 Zel'dovich 数对应关于基本解的非稳态、非平面扰动的不稳定（稳定）区域。图3.7（a）中，$\hat{b}=0.25$，$\hat{l}^*=1$；图3.7（b）中，$\hat{b}=0.5$，$\hat{l}^*=1$；图3.7（c）中，$\hat{b}=0.75$，$\hat{l}^*=1$；图3.7（d）中，$\hat{b}=1$，$\hat{l}^*=1$；图3.7（e）中，$\hat{b}=0.25$，$\hat{l}^*=0.5$；图3.7（f）中，$\hat{b}=0.75$，$\hat{l}^*=0.5$。计算剩余参数代表值的稳态边界为：$\alpha_s=0.3$，$T_m=1.5$，$T_b^0=6.0$，$\chi=0.3$，$\epsilon=0.1$。中性稳定边界如图3.7（a）～图3.7（f）中的实线所示。与无约束问题的情况一样，由孔隙度和两相流产生的影响以及与约束有关的影响，在分析的下一级出现。因此，继续进行上述分析，以计算校正系数 $i\omega_1$。然后，将 $i\omega_1$ 的实部设置为0，将确定与压力驱动气体渗透到未燃烧多孔固体相关的中性稳态边界的相应修改。

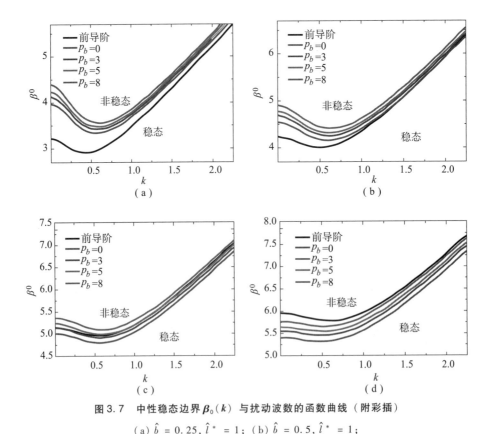

图3.7　中性稳态边界 $\boldsymbol{\beta}_0(\boldsymbol{k})$ 与扰动波数的函数曲线（附彩插）

(a) $\hat{b}=0.25$，$\hat{l}^*=1$；(b) $\hat{b}=0.5$，$\hat{l}^*=1$；

(c) $\hat{b}=0.75$，$\hat{l}^*=1$；(d) $\hat{b}=1$，$\hat{l}^*=1$

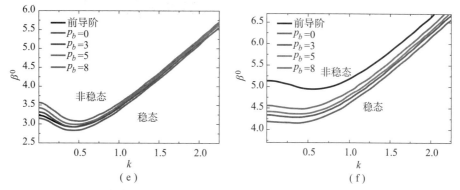

图 3.7　中性稳态边界 $\beta_0(k)$ 与扰动波数的函数曲线（续）（附彩插）

(e) $\hat{b} = 0.25$, $\hat{l}^* = 0.5$；(f) $\hat{b} = 0.75$, $\hat{l}^* = 0.5$

3.6.2　前导阶色散关系校正

在继续分析之前，考虑式（3.120f）和式（3.122）中扰动系数的高阶问题必然也涉及基本解的高阶解。在 $\zeta > 0$ 区域，这些系数是通过简单地展开基本解式（3.74）来得到的；但在 $\zeta < 0$ 区域，特别是在该区域的边界层部分，必须通过将展开式和标量直接代入式（3.76）和相关边界条件来解决获得的序列问题，从而正式得到解决方案。该分析如本章 3.5.2 节所述，例如，式（3.83）和式（3.86）给出了边界层超压系数 p_0 和 p_1 的表达式。幸运的是，一些高阶温度系数只需要作为在熔化面 $\hat{\eta} = 0$ 处计算的导数。从式（3.76）和式（3.77）可以确定这些量，而无须计算函数本身，如下所示：

$$\hat{T}_0 = T_m,\ \frac{\mathrm{d}\hat{T}_0}{\mathrm{d}\hat{\eta}} = \frac{\mathrm{d}^2 \hat{T}_0}{\mathrm{d}\hat{\eta}^2} = 0,\ \frac{\mathrm{d}\hat{T}_1}{\mathrm{d}\hat{\eta}}\bigg|_{\hat{\eta}=0} = T_m - 1,\ \frac{\mathrm{d}^2 \hat{T}_1}{\mathrm{d}\hat{\eta}^2}\bigg|_{\hat{\eta}=0} = 0$$

$$\frac{\mathrm{d}\hat{T}_2}{\mathrm{d}\hat{\eta}}\bigg|_{\hat{\eta}=0} = \frac{\alpha_s}{1-\alpha_s}\left[\hat{r}^* \hat{b}(T_m - 1 - \chi p_b) - (T_m - 1)\hat{l}^*\right]$$

$$\frac{\mathrm{d}^2 \hat{T}_2}{\mathrm{d}\hat{\eta}^2}\bigg|_{\hat{\eta}=0} = (T_m - 1) - \frac{\alpha_s^2}{\kappa^*(1-\alpha_s)}\hat{r}^* \hat{b}\chi \frac{p_b - T_m + 1}{p_b + 1} \tag{3.162}$$

$$\frac{\mathrm{d}^2 \hat{T}_3}{\mathrm{d}\hat{\eta}^2}\bigg|_{\hat{\eta}=0} = \frac{\alpha_s}{1-\alpha_s}\left[2(T_m - 1)(\hat{r}^* \hat{b} - \hat{l}^*) + \hat{r}^* \hat{b}\chi\left(\frac{\alpha_s^2}{\kappa^*(1-\alpha_s)}\hat{l}^* \frac{p_b - T_m + 1}{p_b + 1} - p_b\right)\right]$$

式中，$\hat{T}_i$ 是基本温度 T^0 的边界层展开式（3.130）中的系数。

为了得到 $O(\epsilon)$ 色散关系 $i\omega_1(k)$，有必要在所有区域和所有界面中考虑更高阶的方程和边界条件。首先，从熔融表面的跳跃条件式（3.104）和式（3.105）中可以很清楚地看出 $\sigma^{(2)}(\zeta)$ 的解需要以 $\mathrm{d}\sigma_{bl}^{(2)}/\mathrm{d}\hat{\eta}\big|_{\hat{\eta}=0}$ 的表达式的形

式存在。这需要在固—气区的外层和边界层部分求解式（3.99）。在外部区域，收集了 $O(\epsilon^2)$ 的项，得到了 $\sigma^{(2)}(\zeta)$ 的方程，其中包含系数 $\nu^{(1)}$。后者，特别是 $\mathrm{d}\nu^{(1)}/\mathrm{d}\zeta$，由式（3.100）中的 $O(\epsilon)$ 项确定。$\nu^{(1)}$ 的表达式为

$$\nu^{(1)} = \sigma^{(1)} + \frac{\kappa^*}{\alpha_s}(q_0 + 1)\frac{\mathrm{d}\nu^{(0)}}{\mathrm{d}\zeta} + \frac{\kappa^*}{\alpha_s}\frac{\mathrm{d}q_0}{\mathrm{d}\zeta}\nu^{(0)} + i\omega_0\frac{\kappa^*}{\alpha_s}(q_0 + 1)\frac{\mathrm{d}q_0}{\mathrm{d}\zeta}, \zeta < -(x_r^0 - x_m^0)_0$$

(3.163)

则

$$\frac{\mathrm{d}\nu^{(1)}}{\mathrm{d}\zeta} = N_1 \mathrm{e}^{q_+^{(0)}\zeta} + \zeta N_2 \mathrm{e}^{q_+^{(0)}\zeta} + N_3 \mathrm{e}^\zeta + N_4 \mathrm{e}^{2\zeta} + N_5 \mathrm{e}^{[q_+^{(0)}+1]\zeta}, \quad \zeta < -(x_r^0 - x_m^0)_0$$

(3.164)

式中，常数系数 N_i 为

$$N_1 = q_+^{(0)}\hat{c}_1 + \frac{N_2}{q_+^0} - \frac{\kappa^*}{\alpha_s}c_m^{(0)}(T_m - 1)(q_+^0)^2 \mathrm{e}^{q_+^0(x_r^0 - x_m^0)_0} \qquad (3.165\mathrm{a})$$

$$N_2 = \frac{q_+^0 c_m^{(0)}(T_m - 1)}{2q_+^{(0)} - 1}\left\{\frac{\alpha_s}{1 - \alpha_s}[\hat{l}^*(i\omega_0 + q_+^{(0)}) + \hat{r}^*\hat{b}(\chi - 1)q_+^{(0)}] - i\omega_1\right\}\mathrm{e}^{q_+^0(x_r^0 - x_m^0)_0}$$

(3.165b)

$$N_3 = i\omega_0\left[\frac{\kappa^*}{\alpha_s} - \frac{\hat{r}^*\hat{b}(\chi - 1)\alpha_s}{(1 - \alpha_s)(i\omega_0 + k^2)}\right](T_m - 1)\mathrm{e}^{(x_r^0 - x_m^0)_0} \qquad (3.165\mathrm{c})$$

$$N_4 = 2i\omega_0\frac{\kappa^*}{\alpha_s}(T_m - 1)^2 \mathrm{e}^{2(x_r^0 - x_m^0)_0} \qquad (3.165\mathrm{d})$$

$$N_5 = \frac{\kappa^*}{\alpha_s}c_m^{(0)}(T_m - 1)^2(q_+^0 + 1)^2 \mathrm{e}^{(1+q_+^0)(x_r^0 - x_m^0)_0} \qquad (3.165\mathrm{e})$$

温度扰动系数 $\sigma^{(2)}$ 的方程如下：

$$\frac{\mathrm{d}\sigma^{(2)}}{\mathrm{d}\zeta} + (i\omega_0 + k^2)\sigma^{(2)} - \frac{\mathrm{d}^2\sigma^{(2)}}{\mathrm{d}\zeta^2}$$

$$= -i\omega_1\sigma^{(1)} - \frac{\alpha_s}{1 - \alpha_s}\left[\hat{r}^*\hat{b}\frac{\mathrm{d}\sigma^{(1)}}{\mathrm{d}\zeta} + \hat{l}^*\left(k^2\sigma^{(1)} - \frac{\mathrm{d}^2\sigma^{(1)}}{\mathrm{d}\zeta^2}\right)\right] - i\omega_1\sigma^{(0)} +$$

$$\frac{\hat{r}^*\hat{b}\chi}{1 - \alpha_s}\frac{\mathrm{d}\nu^{(1)}}{\mathrm{d}\zeta} + \frac{\hat{r}^*\hat{b}\alpha_s}{1 - \alpha_s}\left[i\omega_0\frac{\mathrm{d}T_1}{\mathrm{d}\zeta} + i\omega_1\frac{\mathrm{d}T_0}{\mathrm{d}\zeta} - \chi\left(i\omega_0\frac{\mathrm{d}q_1}{\mathrm{d}\zeta} + i\omega_1\frac{\mathrm{d}q_0}{\mathrm{d}\zeta}\right)\right]$$

(3.166)

式中，q_i 是在 $\zeta < -(x_r^0 - x_m^0)_0$ 区域内超压基本解的展开式（3.120e）的系数。使用式（3.164）的结果，$\sigma^{(2)}$ 的解为

$$\sigma^{(2)} = \tilde{c}_1 \mathrm{e}^{q_+^{(0)}\zeta} + S_1\zeta \mathrm{e}^{q_+^{(0)}\zeta} + S_2\zeta^2 \mathrm{e}^{q_+^{(0)}\zeta} + S_3 \mathrm{e}^\zeta + S_4\zeta \mathrm{e}^\zeta + S_5 \mathrm{e}^{2\zeta} + S_6 \mathrm{e}^{[q_+^{(0)}+1]\zeta},$$
$$\zeta < -(x_r^0 - x_m^0)_0$$

(3.167)

对于 $\zeta < -(x_r^0 - x_m^0)_0$，式（3.167）中 S_i 的解为

$$S_1 = -\frac{\hat{L}_1}{2q_+^0 - 1} + \frac{\hat{L}_2}{(2q_+^0 - 1)^2}, S_2 = -\frac{\hat{L}_2}{2(2q_+^0 - 1)}, \quad S_3 = \frac{\hat{L}_3 + \hat{L}_4}{i\omega_0 + k^2}$$

$$(3.168\mathrm{a})$$

$$S_4 = -\frac{\hat{L}_4}{i\omega_0 + k^2}, S_5 = \frac{\hat{L}_5}{2 - i\omega_0 - k^2}, \quad S_6 = \frac{\hat{L}_6}{q_+^0(q_+^0 + 1) - i\omega_0 - k^2}$$

$$(3.168\mathrm{b})$$

式中,

$$\hat{L}_1 = -i\omega_1\hat{c}_1 + i\omega_2 c_m^{(0)}(T_m - 1)\mathrm{e}^{q_r^0(x_r^0 - x_m^0)_0} - \frac{\alpha_s}{1 - \alpha_s}$$

$$\left\{\hat{r}^*\hat{b}\left(\hat{c}_1 - \frac{L_1}{2q_+^0 - 1} - \chi N_1\right) - \hat{l}^*\left[\hat{c}_1(q_+^0 - i\omega_0) + \right.\right.$$

$$\left.\left.\left(i\omega_1 - \frac{\alpha_s}{1 - \alpha_s}[\hat{r}^*\hat{b}(\chi - 1)q_+^0 + \hat{l}^*(i\omega_0 + q_+^0)]\right)c_m^{(0)}(T_m - 1)\mathrm{e}^{q_r^0(x_r^0 - x_m^0)_0}\right]\right\}$$

$$(3.169\mathrm{a})$$

$$\hat{L}_2 = \frac{i\omega_1 L_1}{2q_+^0 - 1} + \frac{\alpha_s}{1 - \alpha_s}\left[\hat{r}^*\hat{b}\left(\frac{q_+^0 L_1}{2q_+^0 - 1} + \chi N_2\right) - \hat{l}^*\frac{(i\omega_0 + q_+^0)L_1}{2q_+^0 - 1}\right]$$

$$(3.169\mathrm{b})$$

$$\hat{L}_3 = -\frac{i\omega_1 L_2}{i\omega_0 + k^2} + \frac{\alpha_s}{1 - \alpha_s}$$

$$\left\{\hat{l}^*\left[\frac{(i\omega_0 + 1)L_2}{i\omega_0 + k^2} + \frac{\hat{r}^*\hat{b}(\chi - 1)\alpha_s}{1 - \alpha_s}i\omega_0(T_m - 1)\mathrm{e}^{(x_r^0 - x_m^0)_0}\right] + \right.$$

$$\hat{r}^*\hat{b}\left[-\frac{L_2}{i\omega_0 + k^2} + \chi(N_3 + N_4)\right]\right\} + \frac{\hat{r}^*\hat{b}\alpha_s}{1 - \alpha_s}\left\{i\omega_0(1 - \chi)\left[(x_r^0 - x_m^0)_1 + \right.\right.$$

$$\frac{\kappa^*}{\alpha_s}(T_m - p_b) - \frac{\alpha_s}{1 - \alpha_s}[\hat{l}^* - \hat{r}^*\hat{b}(1 - \chi)][(x_r^0 - x_m^0)_0 + 1]\bigg] +$$

$$\hat{r}^*\hat{b}\left(i\omega_1(1 - \chi) - i\omega_0\frac{\kappa^*}{\alpha_s}\right)\right\}(T_m - 1)\mathrm{e}^{(x_r^0 - x_m^0)_0} \qquad (3.169\mathrm{c})$$

$$\hat{L}_4 = \frac{\hat{r}^*\hat{b}\alpha_s}{1 - \alpha_s}i\omega_0(1 - \chi)[\hat{l}^* - \hat{r}^*\hat{b}(1 - \chi)](T_m - 1)\mathrm{e}^{(x_r^0 - x_m^0)_0} \qquad (3.169\mathrm{d})$$

$$\hat{L}_5 = -2\frac{\hat{r}^*\hat{b}\chi\alpha_s}{1 - \alpha_s}i\omega_0\frac{\kappa^*}{\alpha_s}(T_m - 1)^2\mathrm{e}^{2(x_r^0 - x_m^0)_0} \qquad (3.169\mathrm{e})$$

$$\hat{L}_6 = \frac{\hat{r}^*\hat{b}\chi\alpha_s}{1 - \alpha_s}N_5 \qquad (3.169\mathrm{f})$$

L_1 和 L_2 由式(3.139)给出。

为了求解边界层中 $\sigma^{(2)}$ 的相应方程，收集了式（3.99）中的 $O(1)$ 项，其中包括系数 $\nu_{bl}^{(0)}$。从式（3.100）的边界层和式（3.104）的最后一个方程中，$\nu_{bl}^{(0)}$ 由下式给出：

$$\frac{\kappa^*}{\alpha_s}(p_0+1)\frac{\mathrm{d}\nu_{bl}^{(0)}}{\mathrm{d}\hat\eta}+\frac{\kappa^*}{\alpha_s}p_1\frac{\mathrm{d}\nu_{bl}^{(-1)}}{\mathrm{d}\hat\eta}+\frac{\kappa^*}{\alpha_s}\frac{\mathrm{d}p_0}{\mathrm{d}\hat\eta}\nu_{bl}^{(0)}+\frac{\kappa^{*2}}{\alpha_s^2}i\omega_0\frac{\mathrm{d}p_1}{\mathrm{d}\hat\eta}$$

$$\nu_{bl}^{(-1)}(p_0+1)\frac{\mathrm{d}p_0}{\mathrm{d}\hat\eta}-\nu_{bl}^{(0)}+\sigma_{bl}^{(0)}=0 \qquad (3.170)$$

$$\left(\nu_{bl}^{(0)}+c_m^{(0)}\frac{\mathrm{d}p_1}{\mathrm{d}\hat\eta}+c_m^{(1)}\frac{\mathrm{d}p_0}{\mathrm{d}\hat\eta}\right)\Bigg|_{\hat\eta=0}=0 \qquad (3.171)$$

式中，p_1 是 p_0 的函数，见式（3.86）。$\nu_{bl}^{(0)}(p_0)$ 的结果解为

$$\nu_{bl}^{(0)}=-\frac{\alpha_s}{\kappa^*}c_m^{(0)}\frac{T_m}{(p_0+1)^2}p_1(p_0)-\left(\frac{p_0-T_m+1}{p_0+1}\right)$$

$$\left\{\left(i\omega_0-c_m^{(0)}\frac{T_m-1}{p_0-T_m+1}\right)\left[p_0-p_b+T_m\ln\left(\frac{p_0-T_m+1}{p_b-T_m+1}\right)\right]+c_m^{(1)}\frac{\alpha_s}{\kappa^*}\right\}$$

$$(3.172)$$

根据此结果，$\sigma_{bl}^{(2)}$ 的方程为

$$\frac{\mathrm{d}^2\sigma_{bl}^{(2)}}{\mathrm{d}\hat\eta^2}=(i\omega_0+k^2)\sigma_{bl}^{(0)}+\frac{\mathrm{d}\sigma_{bl}^{(1)}}{\mathrm{d}\hat\eta}+$$

$$\frac{\alpha_s}{1-\alpha_s}\left[\hat r^*\hat b\left(\frac{\mathrm{d}\sigma_{bl}^{(0)}}{\mathrm{d}\hat\eta}-\chi\frac{\mathrm{d}\sigma_{bl}^{(0)}}{\mathrm{d}\hat\eta}\right)-\hat l^*\frac{\mathrm{d}^2\sigma_{bl}^{(1)}}{\mathrm{d}\hat\eta^2}-i\omega_0\hat r^*\hat b\left(\frac{\mathrm{d}T_0}{\mathrm{d}\hat\eta}-\chi\frac{\mathrm{d}p_0}{\mathrm{d}\hat\eta}\right)\right]$$

$$(3.173)$$

在与外部解匹配的情况下，式（3.173）的允许解为

$$\sigma_{bl}^{(2)}=D_1\hat\eta+D_2-\frac{c_m^{(0)}(T_m-1)(q_+^0\hat\eta)^2}{2}-\frac{\hat l^*\alpha_s}{1-\alpha_s}$$

$$\left\{-c_m^{(0)}(T_m-1)q_+^0\left[\hat\eta-(x_r^0-x_m^0)_1\right]+\left[\hat c_1\mathrm{e}^{-q_+^0(x_r^0-x_m^0)_0}-c_m^{(0)}(T_m-1)\right.\right.$$

$$\left(\frac{\alpha_s}{1-\alpha_s}\left[\hat l^*(i\omega_0+q_+^0)+\hat r^*\hat b(\chi-1)q_+^0\right]-i\omega_1\right)\frac{(x_r^0-x_m^0)_0}{2q_+^0-1}-$$

$$\frac{\hat r^*\hat b\alpha_s}{1-\alpha_s}\left[(T_m-1)(\chi-1)\frac{i\omega_0}{i\omega_0+k^2}-c_m^{(0)}\chi(p_0-T_m+1)\right]\right\}-$$

$$\frac{\hat r^*\hat b\chi\kappa^*}{1-\alpha_s}\left\{c_m^{(0)}T_m(T_m-1)\left[\frac{p_b+1}{p_0-1}\left(1-\frac{2T_m-p_b-1}{p_0-T_m+1}\right)+\right.\right.$$

$$\ln(p_0-T_m+1)-\frac{3T_m-p_b-1}{p_0+1}\ln\frac{p_0-T_m+1}{p_b-T_m+1}+\frac{p_0-T_m+1}{2(p_0-1)}$$

$$\ln^2\left(\frac{p_0 - T_m + 1}{p_b - T_m + 1}\right)\bigg] - \bigg[i\omega_0 - (T_m - 1)c_m^{(0)} + \frac{\alpha_s}{\kappa^*}c_m^{(1)}\bigg]p_0 - c_m^{(0)}(T_m -$$

$$1)(p_b - T_m + 1)\ln(p_0 - T_m + 1) + \left(c_m^{(0)} +\right.$$

$$i\omega_0\right)\left(\frac{p_0^2}{2} + T_m[p_0 + (T_m - 1)\ln(p_0 - T_m + 1)]\right)\bigg\} \tag{3.174}$$

式中，积分常数 D_1 和 D_2 由与外部解的匹配来确定。为此，既然 $p_0 \sim (T_m - 1) + e^{\hat{\alpha}\hat{\eta}/T_m\kappa^*}$ 在这个极限内，上面给出的 $\hat{\eta} \to -\infty$ 的内部解的行为，则

$$\sigma_{bl}^{(2)} \sim (T_m - 1)\left\{-\frac{c_m^{(0)}(q_+^0\hat{\eta})^2}{2} + \frac{\alpha_s}{1 - \alpha_s}\left[\hat{l}^*q_+^0 c_m^{(0)} +\right.\right.$$

$$\hat{r}^*\hat{b}\chi\left(c_m^{(0)} + \frac{c_m^{(0)} + i\omega_0}{T_m}\right)\bigg]\hat{\eta}\bigg\} + D_1\hat{\eta} + D_2 + \cdots \tag{3.175}$$

另外，计算了上述外部解 $\sigma^{(2)}$ 在 $\zeta \to -(x_r^0 - x_m^0)_0$ 下的行为，即

$$\sigma^{(2)}\big|_{\zeta = -(x_r^0 - x_m^0)_0} \sim \left[\tilde{c}_1 - S_1(x_r^0 - x_m^0)_0 + S_2(x_r^0 - x_m^0)_0^2\right]e^{-q_+^0(x_r^0 - x_m^0)_0} +$$

$$\left[S_3 - S_4(x_r^0 - x_m^0)_0\right]e^{-(x_r^0 - x_m^0)_0} + S_5 e^{-2(x_r^0 - x_m^0)_0} + S_6 e^{-(1 + q_+^0)(x_r^0 - x_m^0)_0} \tag{3.176}$$

对于低阶系数 $\sigma^{(0)}$、$\sigma^{(1)}$、$\sigma_{bl}^{(0)}$ 和 $\sigma_{bl}^{(1)}$，按照 ϵ 中的适当顺序进行类似计算，然后对三项内解和外解 $\sigma_{bl} \approx \sigma_{bl}^{(0)} + \epsilon\sigma_{bl}^{(1)} + \epsilon^2\sigma_{bl}^{(2)}$ 和 $\sigma \approx \sigma^{(0)} + \epsilon\sigma^{(1)} + \epsilon^2\sigma^{(2)}$ 分别进行（3，3）匹配。结果，D_1 的表达式为

$$D_1 = \left[\hat{c}_1 q_+^0 + L_1\frac{q_+^0(x_r^0 - x_m^0)_0 - 1}{2q_+^0 - 1}\right]e^{-q_+^0(x_r^0 - x_m^0)_0} + \frac{L_2}{i\omega_0 + k^2}e^{-(x_r^0 - x_m^0)_0} -$$

$$\frac{\alpha_s(T_m - 1)}{(1 - \alpha_s)T_m}\{\hat{l}^*q_+^0 c_m^{(0)}T_m + \hat{r}^*\hat{b}\chi[i\omega_0 + c_m^{(0)}(T_m + 1)]\} \tag{3.177}$$

进行 $d\sigma_{bl}^{(2)}/d\hat{\eta}\big|_{\hat{\eta} = 0}$ 计算，结果为

$$\frac{d^2\sigma_{bl}^{(2)}}{d\hat{\eta}^2}\bigg|_{\hat{\eta} = 0} = -\frac{\alpha_s^2}{\kappa^*(1 - \alpha_s)}\hat{r}^*\hat{b}\chi\frac{p_b - T_m + 1}{p_b + 1}(\hat{l}^*c_m^{(0)} +$$

$$\frac{\alpha_s}{1 - \alpha_s}c_m^{(1)}) + \frac{\alpha_s}{1 - \alpha_s}\hat{r}^*\hat{b}\left[\chi(c_m^{(0)} + i\omega_0)p_b - (\chi - 1)(T_m - 1)\frac{i\omega_0}{i\omega_0 + k^2}\right] -$$

$$\frac{\alpha_s}{1 - \alpha_s}c_m^{(0)}(T_m - 1)\hat{r}^*\hat{b}\chi\left(\frac{c_m^{(0)} + i\omega_0}{T_m c_m^{(0)}} + 1\right) + q_+^0\hat{c}_1 e^{q_+^0(x_r^0 - x_m^0)_0} +$$

$$\frac{c_m^{(0)}(T_m - 1)[1 - q_+^0(x_r^0 - x_m^0)_0]}{2q_+^0 - 1}$$

$$\left\{\frac{\alpha_s}{1 - \alpha_s}[\hat{l}^*(i\omega_0 + q_+^0) + \hat{r}^*\hat{b}(\chi - 1)q_+^0] - i\omega_1\right\} \tag{3.178}$$

此式可确定 $c_m^{(1)}$ 和积分常数 $\hat{c}_1$。

考虑液—气和燃烧气体区域的下一阶温度扰动方程。当 $r = b = l = 1$ 时，从式（3.101）和式（3.102）得到在 $O(\epsilon)$ 处 $\sigma^{(1)}$ 的方程：

$$(1 - \alpha_s)\left[(i\omega_0 + k^2)\sigma^{(1)} + \frac{d\sigma^{(1)}}{d\zeta} - \frac{d^2\sigma^{(1)}}{d\zeta^2}\right] = -(1 - \alpha_s)i\omega_1\sigma^{(0)} - \alpha_s \hat{r}^* \hat{b}\frac{d\sigma^{(0)}}{d\zeta} +$$

$$\alpha_s \hat{l}^*\left(\frac{d^2\sigma^{(0)}}{d\zeta^2} - k^2\sigma^{(0)}\right) + \alpha_s \hat{r}^* \hat{b}\frac{dT_0}{d\zeta}i\omega_0, \quad -(x_r^0 - x_m^0)_0 < \zeta < 0$$

$$(3.179)$$

$$\hat{b}(1 - \alpha_s)\frac{d\sigma^{(1)}}{d\zeta} + \hat{l}^*\left(k^2\sigma^{(1)} - \frac{d^2\sigma^{(1)}}{d\zeta^2}\right) = -\alpha_s \hat{r}^* \hat{b}\frac{d\sigma^{(0)}}{d\zeta}, \zeta > 0$$

$$(3.180)$$

结果是，温度扰动 $\sigma^{(1)}$ 的表达式为

$$\sigma^{(1)} = \hat{c}_2 \mathrm{e}^{q_-^{(0)}\zeta} + \hat{c}_3 \mathrm{e}^{q_+^{(0)}\zeta} - \zeta\frac{M_1}{2q_+^{(0)} - 1}\mathrm{e}^{q_+^{(0)}\zeta} + \frac{M_2}{i\omega_0 + k^2}\mathrm{e}^{\zeta}, \quad -(x_r^0 - x_m^0)_0 < \zeta < 0$$

$$(3.181)$$

$$\sigma^{(1)} = \frac{\hat{l}^* k^2}{\hat{b}(1 - \alpha_s)}\frac{2i\omega_0}{\beta_0}(T_b^0 - 1)\zeta + \hat{c}_4, \quad \zeta > 0 \tag{3.182}$$

$$M_1 = c_m^{(0)}(T_m - 1)\mathrm{e}^{q_+^{(0)}(x_r^0 - x_m^0)_0}\left(i\omega_1 + \frac{\alpha_s}{1 - \alpha_s}[\hat{r}^* \hat{b}q_+^{(0)} - \hat{l}^*(i\omega_0 + q_+^{(0)})]\right)$$

$$(3.183\text{a})$$

$$M_2 = \frac{\alpha_s}{1 - \alpha_s}\hat{r}^* \hat{b}i\omega_0 c_m^{(0)}(T_m - 1)\mathrm{e}^{(x_r^0 - x_m^0)_0} \tag{3.183b}$$

同时确定了积分常数 $\hat{c}_i$。

鉴于这些结果，c_m^1 和 $\hat{c}_i$ 是由跳跃条件式（3.103）~式（3.107）以与 ϵ 相关的适当的阶确定。从而得到

$$\hat{c}_1 = \left\{-(T_m - 1)\left[\frac{(x_r^0 - x_m^0)_0 c_m^{(0)}i\omega_1}{2q_+^{(0)} - 1} + c_m^{(1)}\right] - (T_m - 1)c_m^{(0)}q_+^{(0)}(x_r^0 - \right.$$

$$x_m^0)_1\right\}\mathrm{e}^{q_+^{(0)}(x_r^0 - x_m^0)_1} + \frac{\alpha_s}{1 - \alpha_s}\left\{\frac{(x_r^0 - x_m^0)_0 c_m^{(0)}(T_m - 1)}{2q_+^{(0)} - 1}[\hat{l}^*(i\omega_0 + q_+^{(0)}) + \right.$$

$$\hat{r}^* \hat{b}(\chi - 1)q_+^{(0)}] + (T_m - 1)\hat{r}^* \hat{b}(\chi - 1)\frac{i\omega_0}{i\omega_0 + k^2} - \hat{r}^* \hat{b}c_m^{(0)}\chi(p_b - T_m + 1) -$$

$$c_m^{(0)}[\hat{r}^* \hat{b}(T_m - 1 - \chi p_b) - (T_m - 1)\hat{l}^*]\right\}\mathrm{e}^{q_+^{(0)}(x_r^0 - x_m^0)_0} \tag{3.184a}$$

$$\hat{c}_2 = \left[-c_m^{(0)}\gamma_s^* \frac{q_-^0 + i\omega_0}{q_+^{(0)} - q_-^{(0)}} + c_m^{(0)}(T_m - 1)\frac{q_+^{(0)} q_-^0}{q_+^{(0)} - q_-^0}(x_r^0 - x_m^0)_1\right]$$

$$\mathrm{e}^{q_-^{(0)}(x_r^0 - x_m^0)_0} + \frac{\alpha_s}{1 - \alpha_s}\left\{(T_m - 1)\hat{r}^* \hat{b}\chi q_-^0 \frac{i\omega_0}{i\omega_0 + k^2} + q_+^{(0)} \hat{r}^* \hat{b}c_m^{(0)}\chi(p_b - T_m + 1) - \right.$$

$$c_m^{(0)}(T_m-1)\frac{q_+^{(0)}}{2q_+^{(0)}-1}\hat{r}^*\hat{b}\chi+\hat{r}^*\hat{b}\chi\bigg[(c_m^{(0)}+i\omega_0)\Big(1-\frac{1}{T_m-p_b}\Big)+$$

$$c_m^{(0)}(T_m-1)\bigg]\bigg\}\frac{\mathrm{e}^{q_+^{(0)}(x_r^0-x_m^0)_0}}{q_+^{(0)}-q_-^0} \tag{3.184b}$$

$$\hat{c}_3=\bigg[-c_m^{(0)}\gamma_s^*\frac{q_-^0+i\omega_0}{q_+^{(0)}-q_-^0}-c_m^{(0)}(T_m-1)i\omega_1\frac{(x_r^0-x_m^0)_0}{2q_+^{(0)}-1}-c_m^{(0)}(T_m-$$

$$1)(x_r^0-x_m^0)_0q_+^0\frac{2q_+^0-q_-^0}{q_+^{(0)}-q_-^0}\bigg]\mathrm{e}^{q_+^{(0)}(x_r^0-x_m^0)_0}-c_m^{(1)}(T_m-1)\mathrm{e}^{q_+^{(0)}(x_r^0-x_m^0)_0}-$$

$$\frac{\alpha_s}{1-\alpha_s}\bigg\{\frac{(x_r^0-x_m^0)_0c_m^{(0)}(T_m-1)}{2q_+^{(0)}-1}\big[\hat{r}^*\hat{b}q_+^{(0)}-\hat{l}^*(i\omega_0+q_+^{(0)})\big](q_+^{(0)}-q_-^0)+$$

$$(T_m-1)\hat{r}^*\hat{b}\big[q_-^0(\chi-1)+q_+^{(0)}\big]\frac{i\omega_0}{i\omega_0+k^2}-c_m^{(0)}q_-^0\big[(T_m-$$

$$1)(\hat{r}^*\hat{b}-\hat{l}^*)-\hat{r}^*\hat{b}\chi p_b\big]-c_m^{(0)}(T_m-1)\frac{q_+^{(0)}}{2q_+^{(0)}-1}\hat{r}^*\hat{b}\chi+c_m^{(0)}(T_m-$$

$$1)q_+^{(0)}\big[\hat{r}^*\hat{b}(1-\chi)-\hat{l}^*\big]+\hat{r}^*\hat{b}\chi\big[(c_m^{(0)}+i\omega_0)(1-T_m^{-1}-p_b)+$$

$$c_m^{(0)}(T_m-1)\big]\bigg\}\frac{\mathrm{e}^{q_+^{(0)}(x_r^0-x_m^0)_0}}{q_+^{(0)}-q_-^0} \tag{3.184c}$$

$$\hat{c}_4=\frac{2(T_b^0-1)}{\beta_0}\bigg[\frac{\beta_1}{\beta_0}i\omega_0-i\omega_1-\frac{\alpha_s}{1-\alpha_s}\hat{r}^*\frac{T_b^0-1-\chi p_b}{T_b^0-1}i\omega_0\bigg] \tag{3.184d}$$

$$c_m^{(1)}=\bigg[-\frac{2(T_b^0-1)}{\beta_0^2(T_m-1)}i\omega_0\beta_1+\frac{(T_m-1)(x_r^0-x_m^0)_1-\gamma_s^*}{T_m-1}\mathrm{e}^{(x_r^0-x_m^0)_0}\bigg]\mathrm{e}^{-q_+^{(0)}(x_r^0-x_m^0)_0}+$$

$$i\omega_1\bigg[\frac{2(T_b^0-1)}{\beta_0(T_m-1)}\mathrm{e}^{-q_+^{(0)}(x_r^0-x_m^0)_0}-c_m^{(0)}\frac{(x_r^0-x_m^0)_0}{2q_+^{(0)}-1}\bigg]+$$

$$c_m^{(0)}\frac{\gamma_s^*}{(T_m-1)(q_+^{(0)}-q_-^0)}\big[q_+^{(0)}+i\omega_0-$$

$$(q_-^0+i\omega_0)\mathrm{e}^{(q_-^0-q_+^{(0)})(x_r^0-x_m^0)_0}\big]+c_m^{(0)}\frac{q_+^{(0)}(x_r^0-x_m^0)_1}{q_+^{(0)}-q_-^0}\big[q_+^{(0)}\,\mathrm{e}^{(q_-^0-q_+^{(0)})(x_r^0-x_m^0)_0}-$$

$$(2q_+^{(0)}-q_-^0)\big]-\frac{\alpha_s}{1-\alpha_s}\frac{1}{q_+^{(0)}-q_-^0}\bigg\{\frac{i\omega_0}{i\omega_0+k^2}\hat{r}^*\hat{b}\big[(q_-^0(\chi-1)+q_+^{(0)})-$$

$$\chi q_-^0\,\mathrm{e}^{(q_-^0-q_+^{(0)})(x_r^0-x_m^0)_0}\big]+c_m^{(0)}q_+^{(0)}\big[\hat{r}^*\hat{b}(1-\chi)-\hat{l}^*-\hat{r}^*\hat{b}\chi\frac{p_b-T_m+1}{T_m-1}\mathrm{e}^{(q_-^0-q_+^{(0)})(x_r^0-x_m^0)_0}\big]+$$

$$\hat{r}^*\hat{b}\chi\big[(c_m^{(0)}+i\omega_0)\frac{T_m(1-p_b)-1}{T_m(T_m-1)}-c_m^{(0)}\frac{q_+^{(0)}}{2q_+^{(0)}-1}\big]\big[1-\mathrm{e}^{(q_-^0-q_+^{(0)})(x_r^0-x_m^0)_0}\big]+$$

$$c_m^{(0)}\frac{(q_+^{(0)}-q_-^0)(x_r^0-x_m^0)_0}{2q_+^{(0)}-1}\big[\hat{r}^*\hat{b}q_+^{(0)}-\hat{l}^*(i\omega_0+q_+^{(0)})\big]-$$

$$c_m^{(0)} \frac{q_-^0 \left[(T_m - 1)(\hat{r}^* \hat{b} - \hat{l}^*) - \hat{r}^* \hat{b} \chi p_b \right]}{T_m - 1} - \left[\frac{i\omega_0 \hat{r}^* \hat{b}}{i\omega_0 + k^2} + (\hat{r}^* \hat{b} - \hat{l}^*) \left[1 + \right. \right.$$

$$\left. (x_r^0 - x_m^0)_0 \right] - \frac{\hat{r}^* \hat{b} \chi p_b}{T_m - 1} \right] (q_+^{(0)} - q_-^0) e^{(1 - q_+^{(0)})(x_r^0 - x_m^0)_0} - \frac{2i\omega_0 \hat{r}^* (T_b^0 - 1 - \chi p_b)}{\beta_0 (T_m - 1)} (q_+^{(0)} -$$

$$q_-^0) e^{-q_+^{(0)}(x_r^0 - x_m^0)_0} \Big\} \tag{3.185}$$

式中，$(x_r^0 - x_m^0)_1$ 由式（3.73）的展开式确定：

$$(x_r^0 - x_m^0)_1 = \gamma_s^* \frac{T_b^0 - T_m}{(T_b^0 - 1)(T_m - 1)} + \frac{\alpha_s}{1 - \alpha_s}$$

$$\left\{ (\hat{l}^* - \hat{r}^* \hat{b}) \ln \frac{T_b^0 - 1}{T_m - 1} + \hat{r}^* \left[\chi p_b \frac{\hat{b} T_b^0 - 1 + (1 - \hat{b}) T_m}{(T_b^0 - 1)(T_m - 1)} - 1 \right] \right\}$$

$$\tag{3.186}$$

　　最后，在 $O(\epsilon)$ 处应用式（3.108），对于 $\hat{c}_1$、$\hat{c}_2$、$\hat{c}_3$、$\hat{c}_4$ 和 $c_m^{(1)}$，使用上述表达式给出了 $O(\epsilon)$ 增长率系数 $i\omega_1$ 的方程。当 $i\omega_1$ 的实部设置为 0 时，该方程将确定中性稳态边界的一阶修正 $\epsilon\beta_1$，因此，$O(\epsilon)$ 色散关系 $i\omega_i(k)$ 的方程为

$$i\omega_1 \left[\beta_0 + 2(1 - \hat{b} - q_+^{(0)}) - \frac{2i\omega_0 + \beta_0}{2q_+^{(0)} - 1} \right] + \frac{2i\omega_0}{\beta_0} (q_+^{(0)} - 1 + \hat{b}) \beta_1$$

$$= \gamma_s^* \left\{ \frac{(i\omega_0 - q_-^0) \beta_0}{T_b^0 - 1} - \frac{\beta_0 + 2i\omega_0}{T_m - 1} \left[q_+^{(0)} q_+^{(0)} \frac{T_b^0 - T_m}{T_b^0 - 1} - (q_-^0 + i\omega_0) \right] e^{(q_-^0 - q_+^{(0)})(x_r^0 - x_m^0)_0} \right\} +$$

$$\frac{\alpha_s}{1 - \alpha_s} \left\{ \left[(\hat{l}^* - \hat{r}^* \hat{b}) \ln \frac{T_b^0 - 1}{T_m - 1} + \hat{r}^* \left[\chi p_b \frac{\hat{b} T_b^0 - 1 + (1 - \hat{b}) T_m}{(T_b^0 - 1)(T_m - 1)} - 1 \right] \right] \times$$

$$\left[(\beta_0 + 2i\omega_0) e^{(q_-^0 - q_+^{(0)})(x_r^0 - x_m^0)_0} + \beta_0 q_-^0 \right] + \hat{r}^* \hat{b} \chi \frac{\beta_0 (T_m - 1) q_-^0}{T_b^0 - 1} \frac{i\omega_0}{i\omega_0 + k^2} e^{q_-^0 (x_r^0 - x_m^0)_0} +$$

$$\hat{r}^* \hat{b} \chi (\beta_0 + 2i\omega_0) q_+^{(0)} \left(\frac{p_b - T_m + 1}{T_m - 1} - \frac{1}{2q_+^{(0)} - 1} \right) e^{(q_-^0 - q_+^{(0)})(x_r^0 - x_m^0)_0} +$$

$$\hat{r}^* \hat{b} \chi \beta_0 \left[\frac{T_b^0 - 1}{T_m - 1} \cdot \frac{\beta_0 + 2i\omega_0}{T_m - 1} e^{-q_+^{(0)}(x_r^0 - x_m^0)_0} + i\omega_0 \right] \frac{T_m (1 - p_b) - 1}{T_m (T_b^0 - 1)} e^{q_+^{(0)}(x_r^0 - x_m^0)_0} +$$

$$(\beta_0 + 2i\omega_0) \left[\frac{\hat{r}^* \hat{b} q_+^{(0)} - \hat{l}^* (i\omega_0 + q_+^{(0)})}{2q_+^{(0)} - 1} + q_+^{(0)} \hat{l}^* \right] - \beta_0 \left[q_-^0 \frac{i\omega_0 \hat{r}^* \hat{b}}{i\omega_0 + k^2} + \right.$$

$$q_-^0 \frac{\hat{r}^* \hat{b} \chi p_b}{T_b^0 - 1} + \hat{l}^* \right] + \beta_0 (\hat{l}^* - \hat{r}^* \hat{b}) \left[1 + q_-^0 + q_-^0 \ln \frac{T_b^0 - 1}{T_m - 1} \right] +$$

$$i\omega_0 \hat{r}^* \frac{T_b^0 - 1 - \chi p_b}{T_b^0 - 1} \left[2q_+^{(0)} - \frac{1 - \hat{b}}{T_b^0 - 1} \left(\frac{2Q_0 \beta_0}{1 - \hat{b}} + \beta_0 (T_b^0 + 1) + 2(T_b^0 - 1) \right) \right] \right\}$$

$$\tag{3.187}$$

式中，β_0 和 ω_0 分别由式（3.160）和式（3.161）给出。

3.6.3 色散关系分析

式（3.187）给出的色散关系反映了非零孔隙度以及约束的影响。事实上，对于 $i\omega_1$，式（3.187）的左侧与式（3.112）的左侧相同。然而，式（3.187）右侧的差异不仅反映了约束的影响（如在不同条件下存在的燃烧压力 p_b），还反映了用固—气区的 Darcy 公式代替先前研究的恒压条件，并处理弱渗透性情况的结果。尽管后者的影响在小超压 $p_b \to 1$ 的极限下预计不会很大，但值得注意的是，即使在该极限下，两个模型仍存在一些差异，因为只有在大渗透率的极限下，才能从 Darcy 理论中恢复恒压。因此，即使在零超压极限下，本模型也提供了固—气区的非零压力场。

为了得到中性稳态校正，设置 $\mathcal{R}\{i\omega_1\} = 0$，并将式（3.187）的实部和虚部分别等于 0。因此，β_1 和 ω_1 的耦合线性方程组为

$$a_{1,1}\omega_1 + a_{1,2}\beta_1 = \frac{\alpha_s}{1 - \alpha_s}c_{1,1} + \gamma_s^* c_{1,2}, \quad a_{2,1}\omega_1 + a_{2,2}\beta_1 = \frac{\alpha_s}{1 - \alpha_s}c_{2,1} + \gamma_s^* c_{2,2}$$

$$\tag{3.188}$$

式中，

$$a_{1,1} = q_i + \frac{2\omega_0 q_r - \beta_0 q_i}{q_r^2 + q_i^2}, \quad a_{1,2} = -\frac{\omega_0 q_i}{\beta_0} \tag{3.189}$$

$$a_{2,1} = \beta_0 + 1 - 2\hat{b} - q_r - \frac{2\omega_0 q_i - \beta_0 q_r}{q_r^2 + q_i^2}, \quad a_{2,2} = \frac{\omega_0}{\beta_0}(q_r - 1 + 2\hat{b}) \tag{3.190}$$

$$c_{1,1} = A_1 \frac{\beta_0}{2}(1 - q_r) + A_1 e^{-q,\ln\gamma}[\beta_0 \cos(q_i \ln\gamma) + 2\omega_0 \sin(q_i \ln\gamma)] + \frac{1}{2}A_4\beta_0$$

$$(T_b^0 - 1)e^{-q,\ln\gamma}\cos\left(\frac{q_i \ln\gamma}{2}\right)\left\{\frac{T_m - 1}{T_b^0 - 1} \cdot \frac{\omega_0^2(1 - q_r) + \omega_0 k^2}{\omega_0^4 + k^2}e^{\frac{1}{2}(1+q_r)\ln\gamma} + \right.$$

$$\left[A_6\left(1 + q_r - 2\frac{\omega_0}{\beta_0}q_i\right) - \frac{q_r(1 + q_r) + q_i(q_i + 2\omega_0/\beta_0)}{q_r^2 + q_i^2} + 2A_3\gamma\right]\cos\left(\frac{q_i \ln\gamma}{2}\right) + $$

$$\left[A_6\left(q_i + 2\frac{\omega_0}{\beta_0}(1 + q_r)\right) + \frac{q_i - 2(\omega_0/\beta_0)[q_r(1 + q_r) + q_i^2]}{q_r^2 + q_i^2} + \right.$$

$$\left. 4A_3\gamma\frac{\omega_0}{\beta_0}\right]\sin\left(\frac{q_i \ln\gamma}{2}\right)\right\} + \frac{1}{2}A_4\beta_0(T_b^0 - 1)e^{-q,\ln\gamma}\sin\left(\frac{q_i \ln\gamma}{2}\right)\left\{\frac{T_m - 1}{T_b^0 - 1} \cdot \right.$$

$$\frac{\omega_0 k^2(1 - q_r) - \omega_0^2}{\omega_0^2 + k^4}e^{\frac{1}{2}(1+q_r)\ln\gamma} + \left[A_6\left(q_i + 2\frac{\omega_0}{\beta_0}(1+q_r)\right) + \frac{q_i - 2(\omega_0/\beta_0)[q_r(1 + q_r) + q_i^2]}{q_r^2 + q_i^2} + \right.$$

$$\left. 4A_3\gamma\frac{\omega_0}{\beta_0}\right]\cos\left(\frac{q_i \ln\gamma}{2}\right) - \left[A_6\left(1 + q_r - 2\frac{\omega_0}{\beta_0}q_i\right) - \frac{q_r(1 + q_r) + q_i(q_i + 2\omega_0/\beta_0)}{q_r^2 + q_i^2} + \right.$$

$$2A_3\gamma\Big]\sin\Big(\frac{q_i\ln\gamma}{2}\Big)\Big\}+A_3A_4\omega_0\beta_0(T_b^0-1)\sin\Big(\frac{q_i\ln\gamma}{2}\Big)e^{\frac{1}{2}(1-q_r)\ln\gamma}+\hat{l}^*\Big[\frac{\beta_0(q_r-1)}{2}-$$

$$\omega_0q_i\Big]+\frac{1}{q_r^2+q_i^2}\Big\{\frac{\beta_0}{2}[A_5q_r(1+q_r)+q_i(A_5-2\hat{l}^*\omega_0)]+\omega_0(A_5q_i+$$

$$2q_r\hat{l}^*)\Big\}-A_2\hat{r}^*\omega_0q_i-\frac{\hat{r}^*\hat{b}\omega_0\beta_0}{2(\omega_0^2+k^4)}[(1+q_r)\omega_0+q_ik^2]-\frac{1}{2}A_5\beta_0[2+$$

$$(1-q_r)(1+\ln\gamma)]-\frac{\hat{r}^*\hat{b}\chi p_b\beta_0(1-q_r)}{2(T_m-1)}\tag{3.191}$$

$$c_{1,2}=\frac{\beta_0(q_r-1)}{2(T_b^0-1)}+\Big\{\omega_0q_i[(1+q_r)\gamma+1]-2\omega_0^2-\frac{\beta_0\gamma}{4}[(1+q_r)^2-q_i^2]+$$

$$\frac{\beta_0(q_r-1)}{2}\Big\}\frac{\cos(q_i\ln\gamma)}{T_m-1}e^{-q_r\ln\gamma}-\Big\{\frac{\omega_0\gamma}{2}[(1+q_r)^2-q_i^2]-$$

$$\omega_0(\beta_0+1-q_r)+\frac{\beta_0q_i}{2}[(1+q_r)\gamma+1]\Big\}\frac{\sin(q_i\ln\gamma)}{T_m-1}e^{-q_r\ln\gamma}\tag{3.192}$$

$$c_{2,1}=A_1\frac{\beta_0q_i}{2}+A_1e^{-q_r\ln\gamma}[2\omega_0\cos(q_i\ln\gamma)-\beta_0\sin(q_i\ln\gamma)]+\frac{A_4\beta_0(T_b^0-1)}{2}$$

$$e^{-q_r\ln\gamma}\cos\Big(\frac{q_i\ln\gamma}{2}\Big)\Big\{\frac{T_m-1}{T_b^0-1}\cdot\frac{\omega_0k^2\omega_0^2(1-q_r)-\omega_0^2}{\omega_0^2+k^4}e^{\frac{1}{2}(1+q_r)\ln\gamma}+$$

$$\Big[A_6\Big(q_i+2\frac{\omega_0}{\beta_0}(1+q_r)\Big)+\frac{q_i-2(\omega_0/\beta_0)[q_r(1+q_r)+q_i^2]}{q_r^2+q_i^2}+$$

$$4A_3\gamma\frac{\omega_0}{\beta_0}\Big]\cos\Big(\frac{q_i\ln\gamma}{2}\Big)-\Big[A_6\Big(1+q_r-2\frac{\omega_0}{\beta_0}q_i\Big)-\frac{q_r(1+q_r)+q_i(q_i^2+2\omega_0/\beta_0)}{q_r^2+q_i^2}+$$

$$2A_3\gamma\Big]\sin\Big(\frac{q_i\ln\gamma}{2}\Big)\Big\}-\frac{A_4\beta_0(T_b^0-1)}{2}e^{-q_r\ln\gamma}\sin\Big(\frac{q_i\ln\gamma}{2}\Big)\Big\{\frac{T_m-1}{T_b^0-1}\cdot$$

$$\frac{\omega_0k^2+\omega_0^2(1-q_r)}{\omega_0^2+k^4}e^{\frac{1}{2}(1+q_r)\ln\gamma}+\Big[A_6(1+q_r-2\frac{\omega_0}{\beta_0}q_i)-\frac{q_r(1+q_r)+q_i(q_i+2\omega_0/\beta_0)}{q_r^2+q_i^2}+$$

$$2A_3\gamma\Big]\cos\Big(\frac{q_i\ln\gamma}{2}\Big)+\Big[A_6(q_i+2\frac{\omega_0}{\beta_0}(1+q_r))+\frac{q_i-2(\omega_0/\beta_0)[q_r(1+q_r)+q_i^2]}{q_r^2+q_i^2}+$$

$$4A_3\gamma\frac{\omega_0}{\beta_0}\Big]\sin\Big(\frac{q_i\ln\gamma}{2}\Big)\Big\}+A_3A_4\omega_0\beta_0(T_b^0-1)\cos\Big(\frac{q_i\ln\gamma}{2}\Big)e^{\frac{1}{2}(1-q_r)\ln\gamma}+$$

$$\hat{l}^*\Big[\frac{\beta_0q_i}{2}+\omega_0(q_r+1)\Big]+\frac{1}{q_r^2+q_i^2}\Big\{-\frac{\beta_0}{2}(2q_r\hat{l}^*\omega_0+A_5q_i)+\omega_0[A_5q_r(1+$$

$$q_r)+q_i(A_5-2\hat{l}^*\omega_0)]\Big\}+\frac{\hat{r}^*\hat{b}\omega_0\beta_0}{2(\omega_0^2+k^4)}[q_i\omega_0-(1-q_r)k^2]-$$

$$\frac{\beta_0 q_i}{2}\Big[A_5(1+\ln\gamma)+\frac{\hat{r}^*\hat{b}\chi p_b}{T_m-1}\Big]+\hat{r}^*\omega_0 A_2\Big[q_r-1+2\hat{b}-\beta_0\frac{2Q_0+(1-\hat{b})(T_b^0+1)}{T_b^0-1}\Big]$$

$$(3.193)$$

$$c_{2,2}=\beta_0\frac{q_i+2\omega_0}{2(T_b^0-1)}-\Big\{\frac{\beta_0 q_i}{2}\big[(1+q_r)\gamma+1\big]-\beta_0\omega_0+\frac{\omega_0\gamma}{2}\big[(1+q_r)^2-q_i^2\big]-$$

$$\omega_0(1-q_r)\Big\}\frac{\cos(q_i\ln\gamma)}{T_m-1}e^{-q_i\ln\gamma}+\Big\{\frac{\beta_0\gamma}{4}\big[(1+q_r)^2-q_i^2\big]-\frac{\beta_0}{2}(1-q_r)-$$

$$\omega_0 q_i\big[(1+q_r)\gamma+1\big]+2\omega_0^2\Big\}\frac{\sin(q_i\ln\gamma)}{T_m-1}e^{-q_i\ln\gamma}$$

$$(3.194)$$

定义 Y, q_r, q_i 为

$$Y=\frac{T_b^0-1}{T_m-1},\quad \sqrt{1+4(i\omega_0+k^2)}\equiv q_r+iq_i \qquad (3.195)$$

或等效为

$$\begin{Bmatrix} q_r \\ q_i \end{Bmatrix}=\frac{\sqrt{2}}{2}\sqrt{\sqrt{(1+4k^2)^2+16\omega_0^2}\pm(1+4k^2)} \qquad (3.196)$$

式（3.195）采用了主根，并且

$$A_1=-A_5\ln Y+\hat{r}^*\Big[\chi p_b\frac{\hat{b}T_b^0-1+(1-\hat{b})T_m}{(T_m-1)(T_b^0-1)}-1\Big],\quad A_2=\frac{T_b^0-1-\chi p_b}{T_b^0-1}$$

$$(3.197)$$

$$A_3=\frac{T_m(1-p_b)-1}{T_m},\quad A_4=\frac{\hat{r}^*\hat{b}\chi}{T_b^0-1},\quad A_5=\hat{r}^*\hat{b}-\hat{l}^*,\quad A_6=\frac{p_b-T_m+1}{T_m-1}$$

$$(3.198)$$

解式（3.172）得到

$$\beta_1=\frac{\alpha_s}{1-\alpha_s}\hat{\beta}_\alpha+\gamma_s^*\hat{\beta}_\gamma \qquad (3.199)$$

式中，

$$\hat{\beta}_\alpha=\frac{a_{1,1}c_{2,1}-a_{2,1}c_{1,1}}{a_{1,1}a_{2,2}-a_{2,1}a_{1,2}},\quad \hat{\beta}_\gamma=\frac{a_{1,1}c_{2,2}-a_{2,1}c_{1,2}}{a_{1,1}a_{2,2}-a_{2,1}a_{1,2}}$$

从式（3.199）中观察到，扰动系数 β_1 包括两个因素：第一个因素分离了对孔隙度 α_s 的依赖性；第二个因素解释了与熔化热 γ_s^* 相关的所有影响。系数 $\hat{\beta}_\alpha$ 和 $\hat{\beta}_\gamma$ 与这些参数无关，但第一个因素分别通过对气固密度 $\hat{r}^*$、热导率 $\hat{l}^*$ 和热容比 $\hat{b}$ 以及燃烧超压 p_b 的依赖，与两相流的影响内在地耦合在一起。最后一个参数反映了通过热气压力驱动渗透进入多孔烟火固体而产生约束效应以及由

此产生的固体预热。结合无约束问题，详细研究了其他参数对中性稳态边界位置的影响。因此，着重说明稳态边界随超压 p_b 的变化，并注意到与约束相关的所有变化均按因子 $\alpha_s(1-\alpha_s)^{-1}$ 进行缩放。

在继续确定对式（3.160）和式（3.161）给出的对前导阶稳态边界的修正之前，先定义一个替代的稳态参数是有用的。因此，定义了一个修正的 Zel'dovich 数 β^0，与式（3.48）和式（3.18）定义的参数 β 不同，β^0 与 T_b 的精确值无关。根据式（3.36），T_b 随许多其他参数而变化，包括超压 p_b。式（3.120c）中引入的展开式 $T_b \sim T_b^0 + \epsilon T_b^1 + \cdots$，根据式（3.36）和式（3.120a）计算式（3.157）中给出的 T_b^0 表达式，以及下一阶修正 $T_b^1 = -\hat{r}^* \alpha_s(1-\alpha_s)^{-1}\left[T_b^0 - (1+\chi p_b)\right]$。现在引入一个仅基于 T_b^0 的修正 Zel'dovich 数 β^0：

$$\beta^0 = \left[1 - (T_b^0)^{-1}\right]N^0, \quad N^0 = \frac{\tilde{E}}{\tilde{R}^\circ \tilde{T}_b^0} = \frac{\tilde{E}}{\tilde{R}^\circ \tilde{T}_u \tilde{T}_b^0} \tag{3.200}$$

并且，$\beta \sim \beta_0 + \epsilon\beta_1 + \cdots$ 与 $\beta^0 \sim \beta_0^0 + \epsilon\beta_1^0 + \cdots$ 间的关系为

$$\beta_0^0 = \beta_0, \quad \beta_1^0 = \beta_1 + \hat{\beta}_1, \quad \hat{\beta}_1 = -\hat{r}^* \frac{\alpha_s}{1-\alpha_s}\left(\beta_0 - \frac{\chi p_b N^0}{T_b^0}\right)\frac{T_b^0 - 2}{T_b^0} \tag{3.201}$$

因此，中性稳态边界关于修正参数 β^0 经 $O(\epsilon)$ 的总表达式如下：

$$\beta^0 \sim \beta_0 + \left\{\frac{\alpha_s}{1-\alpha_s}\left[\hat{\beta}_\alpha - \hat{r}^*\left(\beta_0 - \frac{\chi p_b N^0}{T_b^0}\right)\frac{T_b^0 - 2}{T_b^0}\right] + \hat{\beta}_\gamma \gamma_s^*\right\}\epsilon + \cdots \tag{3.202}$$

从式（3.202）可以看出，对前导阶中性稳态边界 $\beta_0(k)$ 的修正由三个贡献组成：一个与 $\alpha_s\hat{\beta}_\alpha/(1-\alpha_s)$ 成比例的项，反映了孔隙度和两相输运的影响；一个与 $\gamma_s^*\hat{\beta}_\gamma$ 成比例的项，包含与熔化相关的吸热或放热效应；另一个与 $\alpha_s\hat{\beta}_1/(1-\alpha_s)$ 成比例的项，源于稳态参数本身的变化，原因是影响燃烧温度的其他参数也在变化。从式（3.188）系数表达式中 p_b 的出现可以看出，超压值通过 $\hat{\beta}_\alpha$ 和 $\hat{\beta}_1$ 而不是通过 $\hat{\beta}_\gamma$ 影响稳态边界。因此，由于这里的重点是与约束有关的影响，通过将 γ_s^* 设为 0 来忽略熔融热效应。

由式（3.186）到 $O(\epsilon)$ 给出的前导阶稳态边界 $\beta_0(k)$ 和修正边界 $\beta^0(k)$ 的曲线如图 3.7（a）～图 3.7（f）所示，代表 ϵ 值，以及气—固热容比 $\hat{b}$、导热率 $\hat{l}^*$ 和超压 p_b 的各种值。前导阶稳态边界 $\beta_0(k)$ 中相对较大的位移部分地反映了 $O(1)$ 的稳态参数 β_0 与 $\hat{b}$ 的定义发生了变化，主要是由于它与前导阶燃烧温度 T_b^0 成反比；而根据式（3.157），后者又与 $\hat{b}$ 成反比。换言之，Zel'dovich β_0 数与 $\hat{b}$ 大致成比例，因此，随着参数的变化，β_0 的定义发生了变

化，从而解释了稳态边界与 $\hat{b}$ 之间的大部分变化。尽管如此，很明显，与较低的气相热容相关的较高的燃烧温度会在较小的 Zel'dovich 数下产生非稳态。式（3.160）给出了 $\beta_0(k)$ 的表达式与 p_b 无关，因此，正是对 $\hat{b}$ 的固定值边界的修改，决定了约束对临界 Zel'dovich 数 β^0 作为扰动波数 k 的函数的影响。

在图 3.7（a）~图 3.7（f）中，前导阶稳态边界的修正，最明显的趋势是与超压 p_b 增加相关的稳态效应。随着该参数的增加，$p_b = 0$ 的初始校正（可能是正的，也可能是负的）总是将修改后的边界向正方向移动，从而提高稳态平面的燃烧稳定的参数范围。这一趋势主要归因于气流在未燃烧固体方向上的减慢和最终逆转，导致燃烧温度升高，以及伴随气体渗透和材料预热的有效 Zel'dovich 数降低。因此，在图 3.7（a）~图 3.7（d）中，对应于不同的 $\hat{b}$ 值，随着气—固热容比 $\hat{b}$ 的增大（因此 T_b^0 减小），无约束 $p_b = 0$ 的初始两相流效应从稳态变为非稳态。但是，随着超压的增加，气体渗透层中反向气流的对流影响增大，往往会导致整个两相流的影响，对于足够大的 p_b 值，这种影响始终是稳态的。与这一论点一致，注意到非零超压的稳态影响，因此在小波数（大波长）时更明显，这表明垂直于基本平面解的纵向扰动比扰动的横向（网状的）分量更明显地受到这种影响的抑制。

图 3.7（a）~图 3.7（d）中保持恒定的气—固导热系数 $\hat{l}^*$ 在图 3.7（e）和图 3.7（f）中分别相对于图 3.7（a）和图 3.7（c）中使用的值降低。通过比较这两组不同 $\hat{l}^*$ 值的曲线，可以看出，降低电导率比的效果会显著破坏稳定性。这一结果在逻辑上归因于这样一个事实：即减少的气相传热不太能够抑制横向扰动，并与对流一起参与热量向原始多孔烟火固体的稳定传输。基于上述讨论，通过指出气—固扩散比率（与 $\hat{l}^*/\hat{b}$ 成比例）的增加是稳态的，可以综合 $\hat{b}$ 和 $\hat{l}^*$ 的变化对前导阶边界修正的综合影响。

图 3.7（a）~图 3.7（f）表示式（3.202）中与 $\hat{\beta}_\alpha$ 和 $\hat{\beta}_1$ 成比例的项的组合效应，其中，如式（3.200）和式（3.201）所示，$\epsilon\hat{\beta}_1$ 表示由于原始 Zel'dovich 数 β^0 随燃烧温度 T_b 的变化而产生的稳态边界移动部分，根据式（3.36），其随 $p_b = p_g^b - 1$ 而变化。很明显，刚才描述的稳态或失稳效应的大小与 $\alpha_s/(1 - \alpha_s)$ 成正比，因此随着负责两相流效应的孔隙度的增加而变得更大。虽然从最后一个式（3.201）中可以清楚地看出参数对 $\hat{\beta}_1$ 的影响，但是 $\hat{\beta}_\alpha$ 产生的贡献行为却不那么明确。因此，在图 3.8（a）和图 3.8（b）中绘制了贡献 $\beta_1 = \alpha_s\hat{\beta}_\alpha/(1 - \alpha_s)$（对于 $\gamma_s^* = 0$）以及综合结果 $\beta_1 + \hat{\beta}_1$，其解释了图 3.7（a）~图 3.8（f）中的总校正。图 3.8（a）的系数为 $\hat{b} = 0.25$，$\hat{l}^* = 1$；图

3.8（b）的系数为 $\hat{b} = 0.75$，$\hat{l}^* = 1$。这些系数采用图3.7应用的其余参数 α_s、T_m、T_b^0、χ 的相同代表值计算，其中 $A = \beta_1 + \hat{\beta}_1$。从图3.8（a）和图3.8（b）可以看出，非零超压的稳态效应主要归因于 β_1，因为根据式（3.201），$\hat{\beta}_1$ 开始的贡献为负值；对于给定的 k 值，只有当 $p_b > T_b^0 \beta_0(k)/\chi N_0$ 给出足够大的超压时，才会变为正值。还可以看出，β_1 的稳态作用在中间扰动波数下最弱。对于大波数和小波数，热扩散系数分别在抑制扰动的横向分量和纵向分量方面的稳态影响都越来越显著。因此，$\beta_1(k)$ 通常在某个非零值 k 处具有最小值。图3.8（a）和图3.8（b）中与 $\beta_1 + \hat{\beta}_1$ 之和相对应的曲线乘以 ϵ 时，分别给出了图3.7（a）和图3.7（c）中校正后的和前导阶边界之间的差值。结果再次强调，与约束相关的非零超压效应相对于前导阶（无约束）稳态边界是稳定的。

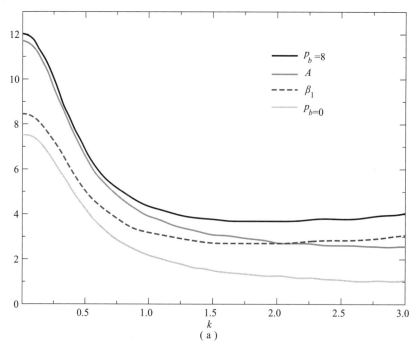

图3.8 对前导阶稳态边界 $\beta_0(k)$ 的一级校正系数 $\beta_1(k)$ 和 $(\beta_1 + \hat{\beta}_1)(k)$

（a）$\hat{b} = 0.25$，$\hat{l}^* = 1$

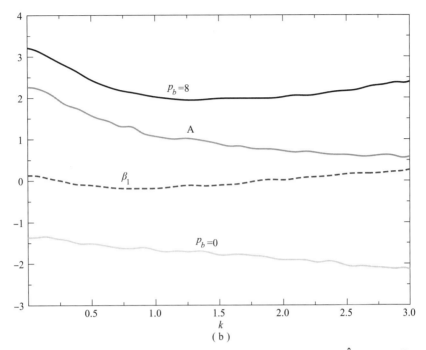

图 3.8 对前导阶稳态边界 $\beta_0(k)$ 的一级校正系数 $\beta_1(k)$ 和 $(\beta_1 + \hat{\beta}_1)(k)$（续）

（b）$\hat{b} = 0.75, \hat{l}^* = 1$

第 4 章

烟火火焰辐射

烟火药燃烧火焰是产生各种特殊烟火效应的载体，是大多数烟火器材的主要特征，有色和白色火焰是应用较广的两类烟火火焰。根据烟火火焰光效应产生机理，人们习惯将有色烟火火焰称为发光，这是物质在热辐射之外，以光的形式发射出多余的能量，这种发射过程具有一定的持续时间。而将受绝对黑体辐射定律支配的灼热固体、液体和高压气体所特有的光效应称为热辐射或纯温度辐射。烟火火焰的发光和热辐射有各种各样的用途，如军事上应用的照明剂、有色发光信号剂、红外诱饵剂等，民间有壮观的空中烟花和舞台烟火等。

|4.1 火焰发光与热辐射|

4.1.1 火焰结构

由于烟火药中各不同反应物间的氧化—还原反应的交错进行，并且在整个烟火燃烧反应过程中，火焰不断地和周围介质进行热交换，因此火焰中出现不同的温度层（即燃烧温度为变量）。与温度层相对应的为辐射层（图4.1），经历氧化层后为烟层（图4.1中未标示）。由于不同的物质有不同的沸点，所以归根到底，在所有温度层内都或多或少地存在着温度辐射，当然，不同烟火火焰温度层的相对分布也不同，但温度层的排列程序一般不变。

负氧平衡烟火药的火焰特征是还原层显著增大。氧化层非常狭小，直接贴近在同样相当狭小的完全燃烧层上。温度层的排列可为如下形式：火焰内部的还原层内温度最低，因此主要是分子辐射；较高的温度位于火焰表面附近，此处产生燃尽的反应生成物，如图4.1（a）所示。因为温度较低，除了有易于解离为原子并能引起低温激发作用的物质（如钾、钠）的情况外，通常没有原子辐射。

对于完全或几乎完全保证氧的烟火药燃烧来说，如图4.1（b）所示，一般燃烧温度都较高，而且温度层和辐射层的分布有些不一样。还原层被大大压缩，其仅在完全氧平衡的条件下借助氧化剂被还原为元素而生成的物质的存在

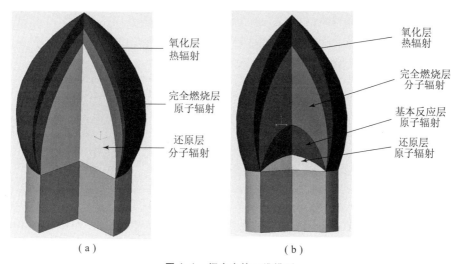

图 4.1　烟火火焰三维模型

(a) 负氧平衡；(b) 零氧平衡

而存在。这个还原层不同于图 4.1 (a) 中的情况，其温度为最高。也许最高温度产生在燃烧最外层的表面处；如果还原后生成能借空气中氧起氧化作用的物质，也可能产生在接近火焰表面的燃烧层内。在这些高温燃烧层内，尤其是在还原层内，可能产生原子辐射。此时还原生成的原子和尚未来得及参与反应的原子都能产生辐射。离反应层较远的火焰部分以及温度较低的火焰部分内，燃烧生成物产生分子辐射。上述两种情况的特征是：火焰外围燃烧层都因空气内流入氧而具有氧化性能，此燃烧层内产生辐射的物质即为已冷却的固体生成物（热辐射层）。此温度较低的燃烧层在任何形式的火焰内均存在，而火焰最终生成固体物质。

最后，气流夹带的固体颗粒在火焰周围形成具有散射功能的烟层。任何烟火药火焰内部或多或少存在这种烟层，它对火焰的光学性能影响很大。大多数情况下，烟火药燃烧生成的羽烟相当浓，有时可以强烈地遮住火焰的基本辐射。

4.1.2　烟火火焰辐射特征

烟火火焰辐射过程很复杂，火焰光效应的主要载体为灼热的固体或液体粒子、气体（原子或分子辐射）。一般情况下，固体、液体或高压气体的电子是很难脱离原子核的束缚而成为游离电子。但在相当高的温度（小于物质的分解温度）作用下，电子会发生扰动，从而辐射出不同波长的光。这种辐射包括由红到紫的各种波长都有连续彩色光带的白色光，称为连续光谱。大多数烟火药火焰是热辐射（连续光谱）、原子辐射（线状光谱）、分子辐射（带状光谱）发出的各自光谱交错并存（表4.1），因此不可能利用烟火药火焰的热辐射来获得有色发光剂所需要的能呈现单色的光谱。

表 4.1　烟火药火焰过程特性及辐射特征等

过程特性	引起激发作用的因素	物质状态	辐射体性质	辐射特性
热辐射	温度	固体、液体	颗粒（肉眼可见）	连续光谱
热辐射	温度	气体	原子	线状光谱
			分子	带状光谱
冷光	火焰的电子化学过程	固体、气体	分子络合物	带状光谱
			原子	线状光谱
			分子	带状光谱
解离	温度	气体	分子	连续光谱

例如，闪光烟火药燃烧时，总会有一些固体、液体生成物存在，因而产生一些连续光谱，并对光的色彩进行干扰，从而降低了颜色的浓度。有关技术标准对闪光烟火药燃烧过程中产生的残渣作出数量上的要求，也就含有这一层意思。但对于强闪光（白光）来说，由于在火焰中存在固体或液体物质时能够增加火焰的光辐射亮度，对于提高白光或红外辐射强度是有益的。

4.1.3　有色发光火焰

一些元素和化合物，当被加热到高温并且在烟火火焰中以气相存在时，在电磁光谱的可见光区域（380～780 nm）具有独特的发射线或窄波段的发光。

根据现代化学理论，色和光的产生理论涉及原子和分子中电子的能级。量子理论认为，原子或分子是束缚体系，所有束缚体系都是量子化的，即只能存在于某些允许的能态中；在束缚体系中，电子可以占据许多轨道或能级。电子的能级是分立的、不连续的，每个能级对应一个离散的能量值，只有在允许的能态之间发生跃迁才会有能量的变化（图4.2）。量子力学规定所有轨道最多填充2个电子，这2个电子自旋相反并且不彼此强烈排斥。

发光是由原子和分子中的电子跃迁运动引起的，运动时的电子放出原来储藏的能量。因此电子积聚能量的过程，即激发过程先于能量辐射作用。由于电子在积聚能量的过程中不发光，因而发光是间歇性的，仅因为这种间歇的时间极短及各个分子或原子的热激发和光辐射参差不齐的关系，人们肉眼不能觉察罢了。

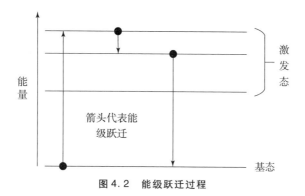

图 4.2　能级跃迁过程

当电子从较高能态运动到较低能态时，将发射光子，如图 4.3（a）所示。发射的光子能量（E_p）等于跃迁的初始能级和最终能级间的能量差，如图 4.3（b）和图 4.3（c）所示。因此，发射光的颜色取决于能级之间的差异。

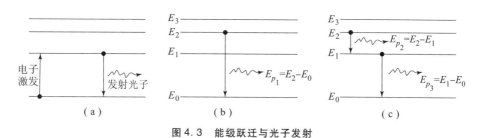

图 4.3　能级跃迁与光子发射

（a）电子从高能态跃迁至低能态，发射光子过程；

（b）和（c）电子从高能级态跃迁至低能态发射的光子能量

烟火药火焰中的反应生成物受到热能激发时，其分子或原子受激发而获得了能量（热能），使其电子离开了原来的正常运行轨道而转移到较远的新的运行轨道（即电子由低能级进入高能级），这是积聚能量的过程；而当电子由新的运行轨道回到原来的正常运行轨道时，是放出能量的过程，即电子由高能级回到低能级。放出的能量以电磁波的方式向外辐射，若该电磁波的频率落在可见光的光谱范围内，即是发光，或叫作光辐射。

对于钠原子（原子序数 11），中性原子中有 11 个电子，这些电子将连续地填充至最低的能级，在任意给定的轨道中最多填充 2 个电子，填充能级如图 4.4 所示。第 11 个（最高能量）电子位于 3s 能级，最低空位能级是 3p 能级，每个原子中占据的最高和未占据的最低能级间的差异是 3.38×10^{-19} J。

当以热或光形式的能量被钠原子吸收后，将电子从 3s 提升到 3p 能级（激发态）需要 3.38×10^{-19} J 的能量。在该激发态中的电子是不稳定的，倾向于

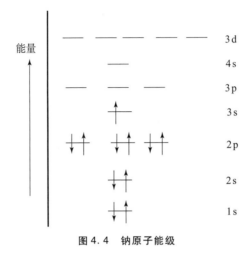

图 4.4　钠原子能级

快速返回到基态，释放出的能量正好等于基态和激发态之间的能量差，该能量差对应于 589 nm 波长的光（可见光谱的黄光部分）。因此，加热到高温的钠原子会发出黄光，是因为电子被热激发到 3p 能级，然后返回到 3s 能级，并释放过剩的能量。

烟火火焰的有色发光激发作用基本上有 2 种：①物质具有许多未结合的游离电子；②电子与物质结合。电子与物质结合时，激发发光过程与所取物质的特性有关。烟火药火焰发光的必备要素是热量（来自氧化剂和燃料之间的反应）和发射色光的物质。火焰中的一个分子或一个原子在某一瞬时发出来的光具有一定的频率，是单色的。但在相当高温度的热光源（火焰）中引入的热量很多，导致与原子或分子紧密结合的电子也被引起激发作用。大量的分子或原子在热能激发下，都将发射出电磁波（光波）。由于各个分子或原子的热激发和光辐射参差不齐，而且彼此之间没有联系，因而在同一瞬间，各个分子或原子所发出来的光的频率、振动方向和周期也都各不相同，于是出现的便不是单色光而是多种单色光组成的复色光。

欲在烟火燃烧反应的火焰中获取满意的单色火焰（图 4.5），只能利用烟火药中某些物质的原子辐射或分子辐射中某光谱区单色光的最强辐射。能使火焰呈现单色光的药剂，应该具备的基本条件有以下 5 点：

（1）单色辐射光谱。有色发光烟火药在燃烧反应中成为气态产物时，应能产生单色原子或分子辐射光谱。所产生的这些光谱必须落在符合要求的光谱范围内，且应具有足够的发光强度。某些物质如盐类氧化剂，在燃烧反应时不可避免地会产生对火焰颜色进行干扰的辐射光谱，应尽量不用或减少用量。

图 4.5　五彩斑斓的烟火火焰发光（附彩插）

（2）足够的反应生成热。烟火药燃烧时，必须能发出足够的热量，因为只有这样才能对反应生成物进行激发，使大部分生成物变为气态的分子和原子，产生足够强度的单色辐射光谱。

（3）一定的燃烧温度界限。利用分子辐射取得单色光时，如果整个药剂燃烧的温度过低，则不能对反应生成物进行激发，使其变为气化的分子状态。如果燃烧的温度过高，即超过该反应生成物的分解温度时，则分子被分解，分子辐射又会消失。例如 BaCl 的分解温度是 2 000 ℃，火焰超过此温度时将不会有 BaCl 的分子辐射存在，绿光就会消失。

（4）尽量降低反应生成物中固体和液体成分。因为固体、液体反应生成物只发出连续光谱，对单色光起干扰作用。它们在数量上的增加虽然能够大大地提高火焰的光亮度，但却降低了单色光的纯度。

（5）良好的挥发性能。单色火焰是由反应生成物的分子、原子气化时呈现出来的。这种气化除了需要足够的热量作为激发能之外，反应生成物本身应具有良好的挥发性能，使之能在特定的温度范围内完全气化。例如，为了形成单色火焰发光，常使用易挥发的碱土金属氯化物（如 $SrCl_2$、$BaCl_2$ 等）化合物。

4.1.4　火焰热辐射

除有色发光烟火药外，大多数烟火药火焰中含众多的固体粒子。这些固体粒子的组成主要为碳粒子和难熔性氧化物。其中碳粒子来源于烟火药中的黏合剂或部分氧化剂（如高分子氧化剂 PTFE，有机氧化剂 C_2Cl_6 等）或添加的有机反应物（如苯酐等富碳化合物）；难熔性氧化物来源于燃料（如 Mg、Al 等金属燃料，Si、B 等非金属燃料）的氧化反应生成物。这些固体燃烧产物在火焰中发生热辐射，产生白光和红外辐射。

理想情况下，火焰中固体热辐射用 Planck 定律来表述，相应的辐射体被称为黑体。粒子的辐射出射度 $M(W)$ 与表面积 A 和绝对温度 T 的四次方成正比。

$$M = A\sigma T^4$$

式中，$\sigma = 5.670\,5 \times 10^{-8}\ W/(m^2 \cdot K^{-4})$，是 Stefan – Boltzmann 常数。

实际火焰中的固体发射体所释放的能量并不像 Planck 定律所预期的那样多。为了描述实际辐射源与理想辐射源的偏差，引入了发射率的概念。发射率 ε 是由实际辐射体的辐射出射度 M' 与相同温度下黑体的辐射出射度 M 之比确定。

$$\varepsilon_{\lambda,T} = \frac{M'}{M}$$

因此，发射率的值在 $0 < \varepsilon < 1$ 之间。图 4.6 为黑体（$\varepsilon = 1$） 在 $t = 3\,000\ K$ 时的辐射出射度，以及灰体（$\varepsilon = 0.25$）和虚构的选择性辐射体（两者温度相同） 的辐射发射率曲线。

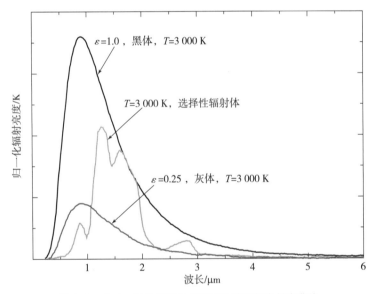

图 4.6 黑体、灰体和选择性辐射体的辐射发射率曲线

材料的发射率是温度和波长的函数。有些材料在离散波长范围内显示出发射率的不变性，因此在该范围内可视为灰体。但是，在这个特定范围之外，发射率可能会发生不连续的变化。这些效应主要与物质的分子或原子结构和宏观形态有关。在热平衡时，物质既会发射辐射，也会吸收辐射。根据 Kirchhoff 定律，物质发出的辐射和它吸收的辐射一样多，因此，可以写作 $\varepsilon = \alpha$，α 为吸收率。

含碳火焰辐射符合灰体辐射，而氧化物常为选择性辐射，每一种物质的选择性辐射又是各不相同的，并且还与温度有关，因此光谱的辐射能量分布与绝对黑体的辐射显著不同。

白色氧化物的辐射能力取决于：①物质的特性及纯度；②温度；③颗粒大小；④火焰的性质。在 1 400 ~ 2 000 K 范围内，MgO、Al_2O_3、ThO_2、BeO 随温度增加时，几乎所有波长的辐射能力都增大。可能增加得很大，以至在光谱的短波（天蓝色）区域内，增加的情况和该温度的绝对黑体相对应。文献报道的上述氧化物辐射顺序为：

$$Al_2O_3 > MgO > BeO > ThO_2$$

根据 Kirchhoff 定律，颗粒很大时，透明的这些氧化物一般应该是不辐射的，或者辐射能力很差。然而我们清楚地知道，进入火焰内的黑色物质（如石墨）的亮度比白色物质（如石灰）小得多，这种差别可以用辐射强度和辐射体颗粒大小的关系来解释。可以采用细磨的方法提高物质辐射能力。大家知道，抛光的金属辐射能力非常差，粉末状的金属辐射出的光就非常强，因为由许多颗粒引起光的多次反射造成了与绝对黑体相似的条件。细的透明粉末同样也具有上述类似的现象。因此，将物质细磨可以使辐射接近于该温度时绝对黑体的辐射曲线。

4.2　火焰热辐射面积

火焰光学性能与火焰尺寸的关系与光通过辐射层时被吸收的程度有关。部分谱线或光带被辐射层吸收后，会出现转动谱线，降低了火焰的辐射能量，因此增加火焰厚度不一定总能提高火焰发光或辐射强度。火焰的光学性能与火焰厚度增加之间不是简单的比例关系，对于一定温度火焰层的光学性能仅取决于火焰层厚度与辐射体平均密度的乘积。所以，研究火焰的辐射效应，具有较大实际意义的不是火焰厚度，而是火焰的辐射面积。通常希望使火焰具有扁平的形状，而不是使其具有常见的锥形或球形。

4.2.1　火焰辐射面积计算

由金属镁粉、聚四氟乙烯（PTFE）和氟橡胶组成的 MTV 烟火药是应用最早也是应用最广泛的机载烟火红外诱饵剂。其所用的金属燃料镁既可以与空气中的氧气反应，也可以与反应产物中的氟元素进行气相燃烧反应，因此，MTV烟火诱饵剂的燃烧火焰可以作为燃烧射流进入静止的空气中。图 4.7 为 Koch等研究的端面燃烧圆柱形 MTV 烟火诱饵药柱燃烧时形成的静态火焰的主要形态特征。

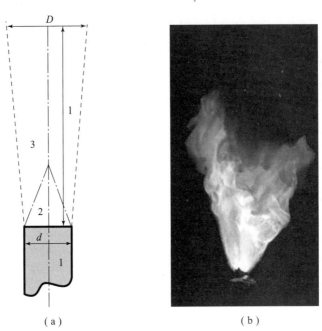

（a）　　　　　　　　　　　　（b）

图 4.7　MTV 诱饵燃烧火焰形态及短爆光图像（1/8 000 s，孔径为 16）

（a）火焰形态；（b）燃烧爆光图像

在图 4.7（a）中：数字 1 为 MTV 诱饵药柱；数字 2 为药柱燃烧产生的锥形厌氧核心区，包含主要燃烧产物，如蒸发的镁金属、氟化物、浓缩金属颗粒、碳粒子和氟碳化合物；数字 3 为主要燃烧产物与大气的动量传递混合以及随后的后燃反应发生区。因此，富氧区的火焰温度通常比锥形厌氧核心区高。

辐射区的长度 l 取决于大气压力和烟火诱饵剂的化学计量比。因此，在较低的环境氧分压和较高的燃料剩余量下，火焰长度 l 和终端直径都将延长。

Dillehay 描述了压力对火焰羽流长度的影响关系：

$$l = \frac{d}{\xi_F \cdot \sqrt[3]{\dfrac{0.1}{p}}}$$

式中，p 是环境压力，MPa；ξ_F 是药剂中金属燃料的质量含量；d 是诱饵药柱的直径，m。

火焰辐射羽流的终端直径 D 由以下关系式给出：

$$D = \sqrt[6]{\frac{0.1}{p}} \cdot d \cdot \sqrt{1 + \frac{1}{\xi_F}}$$

因此，火焰辐射面积可以描述为截锥的表面积。

$$A_p = \pi \cdot (R)^2 + \pi \cdot m \cdot (r + R)$$

式中，取 $r = d/2$，$R = D/2$，以及

$$m = \sqrt{(R - r)^2 + l^2}$$

4.2.2　增大火焰辐射面积途径

红外诱饵的辐射性能与火焰辐射亮度和辐射面积成正比，增大火焰辐射面积有利于降低火焰的光学厚度，是提高火焰红外辐射强度的主要途径。

光学厚度的定义为

$$\kappa_\lambda(l) = \alpha_{ext,\lambda} \cdot L_m$$

式中，L_m 是辐射区厚度或辐射传播的平均路程，m；$\alpha_{ext,\lambda} = \alpha_{abs,\lambda} + \alpha_{sca,\lambda}$ 是质量消光系数，m^2/g；$\alpha_{abs,\lambda}$ 和 $\alpha_{sca,\lambda}$ 分别是火焰中所有组分的光谱吸收系数和光谱散射系数。

如果光学厚度 $\kappa_\lambda(1) \ll 1$，则火焰很薄，无自吸收发生。在 $\kappa_\lambda(1) \gg 1$ 处，可认为火焰较厚，除了传导和对流热传递外，火焰的厚度不会对辐射强度产生影响。

典型 MTV 烟火诱饵剂配方为：

40% ~ 60%（Mg）粉；

30% ~ 50% 聚四氟乙烯（PTFE）；

5% 氟橡胶。

在无空气存在的情况下，Mg/PTFE 的主要燃烧反应为

$$m\text{Mg} + (\!-\!C_2F_4\!-\!) \longrightarrow 2\text{MgF}_2(l) + (m-2)\text{Mg}(g) + 2C + h \cdot \nu, m > 2$$

在有氧条件下，Mg/PTFE 的主要燃烧反应为

$$m\text{Mg} + (\!-\!C_2F_4\!-\!) + \frac{m+2}{2}O_2 \longrightarrow 2\text{MgF}_2(l) + (m-2)\text{MgO}(S) + 2CO_2 + h \cdot \nu, m \geqslant 2$$

反应产物 MgF_2 的生成热可将产物 C（辐射率达到 0.8）加热至 2 200 K，从而产生较强的红外辐射。MgF_2 的红外辐射对全部辐射的贡献较少，而 Mg 基本上不产生红外辐射。在 MTV 诱饵剂中过量的 Mg 蒸发形成气体（$T = 3\,100$ K）与大气中的 O_2 反应，生成 MgO，并释放出大量能量。MgO 的辐射特性与灰体

辐射类似，光谱发射率范围为：$\varepsilon_{\lambda < 2.8\ \mu m} = 0.04$，$\varepsilon_{2.8 < \lambda < 4.0\ \mu m} = 0.08$，$\varepsilon_{4.0 < \lambda < 8.0\ \mu m} = 0.38$。另外，从氟化物中还原产生的无定形碳也被氧化成 CO_2 或 CO，从而提供一定的辐射能。由于 CO_2（温度达到 2 500 K 时，$\varepsilon_{CO_2} > 0.7$）在 4.2 ~ 4.6 μm 波段的红外辐射接近于 2 倍的灰体辐射，因而 MTV 诱饵在此波段的辐射较强，但仍低于峰值辐射。MTV 诱饵的燃烧温度一般为 2 000 ~ 2 200 K，其峰值辐射波长位于 1.3 ~ 1.5 μm，如图 4.8 所示。

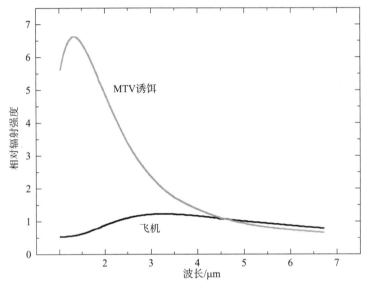

图 4.8　MTV 诱饵剂与飞机相对辐射强度

对于 MTV 诱饵药柱，其火焰由内层主反应区、Mg 和 C 与空气中 O_2 作用的中层反应区、外层扩散区组成，如图 4.9（a）所示。

内层主反应区具有较高浓度的碳粒子，因而具有较强的红外辐射能量，主反应区被第二层（中层）反应区所包括。中层反应区为 Mg 和 C 与空气中 O_2 作用区，其辐射强度比内层主反应区低。但是中层反应区具有较高的燃烧温度，其释放的能量可进一步加热内层主反应区，从而影响内层主反应区的辐射强度。外层外散区包围着中层反应区，由于辐射传递和周围大气的热传导，会降低反应产物 MgO 和 CO_2 的温度；而且，内层主反应区空间面积的膨胀也会影响辐射强度，与其中碳粒子浓度的影响一样。

通常，在内层主反应区中碳粒子浓度太高，它们很难向周围环境中直接发射辐射，因而对辐射强度基本无贡献。若使用一种光学透明的气体（如氮气）稀释主反应区，可使内层主反应区膨胀，如图 4.9（b）所示，降低其碳粒子浓度，从而可实现较高浓度的碳粒子向周围环境的发射辐射。

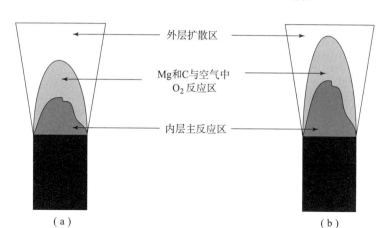

图 4.9 诱饵药柱燃烧反应区
（a）MTV 药柱；（b）含高氮添加剂的 MTV 药柱

四唑酸盐的分解放热，有利于提高燃烧速率，从而提高火焰温度，与含聚四氟乙烯的 MTV 诱饵剂相比，保证了低金属（如镁粉）含量诱饵剂的高燃烧速率；而且释放的氮气作为火焰膨胀剂，扩展了火焰中碳粒子的辐射面积，从而提高了火焰辐射强度。

与 MTV 甚至基于石墨氟化物的烟火诱饵药剂相比，取代聚四氟乙烯的肼基 – 5 – 七氟丙基四氮唑和铵基 – 5 – 七氟丙基四氮唑的光谱效率更高。

4.3 火焰中的炭黑粒子

在宏观层面上，炭黑是蜡烛最有意义的部分，即产生大部分发射光的黄色火焰（图 4.10）。如果在火焰的上部区域放置一个金属探针，并在移除时检查其表面，就会发现一种油腻的黑色物质。在透射电子显微镜下检查这种物质，会发现类似于图 4.11 所示的分形聚集体，由近球形单体的支链随机形成。这些单体（通常称为初级粒子）的尺寸范围为 20 ~ 100 nm。虽然初级粒子似乎遵循对数正态尺寸分布，但该分布在很大程度上与燃料或火焰类型无关，因为在不同试验条件下收集的粒子尺寸相似

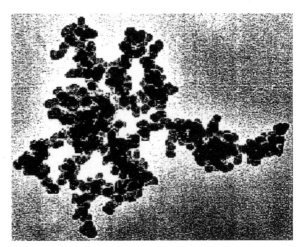

图 4.10　蜡烛——扩散火焰　　　　　图 4.11　成长完全的炭黑聚集体

炭黑由直径为 5～80 nm 的粒子组成，是由随机取向的、线性尺寸范围为 1.6～4.5 nm 的石墨微晶分散在无定型碳基体中形成的。粒子相互碰撞生成较大的球形粒子，进一步熔结成最后的炭黑聚集体。炭黑聚集体形态的有序程度介于结晶和无定型碳之间，视为石墨的"准晶体"。每一个炭黑聚集体都有其独特的外形，它们各向异性，是不规则的。

4.3.1　火焰生成炭黑

烟火药火焰中的大量炭黑是含碳化合物（如 PTFE、C_2Cl_6 等）不完全燃烧形成的。火焰中炭黑生成过程包括自由基及离子向分子转化、分子体系向粒子体系转化、晶核生成和晶核长大、粒子间的碰撞和聚集或附聚以及氧化过程。

炭黑生成的热力学方程可以写为

$$C_mH_n + yO_2 \rightarrow 2yCO + (n/2)H_2 + (m - 2y)C$$

按照这个方程，仅在 $m > 2y$ 时才能生成炭黑，即 C/O 比大于 1 才能生成炭黑。

C_nH_{2n+2} 在高温下裂解成 C_2^{2+} 自由基，脱氧环化成苯自由基，由于离子—分子相互作用比分子—分子或原子团—分子相互作用快，因此火焰中的离子很快排成较稳定的聚合原子核或芳烃结构，这是生成炭黑的先驱物质。炭黑生成前兆的先驱物质转化为炭黑将取决于燃烧条件、局部组成和燃烧火焰温度。如果体系的热力学条件不能使晶核大量迅速生成，则活性烃团就消耗于晶核长大上，生成更大的"粒子"，成为分散的固相产物。

烃分子通过火焰界面衰变成 C_2H_2、$(C_2H_2)_n$、PAHs 的自由基，并进行分子重排、环化，这可能是炭黑开始生成和成核机理的关键。

芳烃具有稳定的共轭结构，不容易断裂而容易脱氢生成共轭芳烃自由基。C_nH_{2n+2} 和芳烃一起高温裂解，分别经过自身路径，达到共轭芳烃基。

多环芳烃（PAHs）是具有质量、尺寸、结构和一定范围 H/C 比的一种或多种基团。PAHs 在氧化和炭黑生成阶段之间的边界有很强的活性，芳烃类的凝聚是在火焰中生成炭黑的一个重要途径，即在炭黑生成过程中，PAHs 起着重要的作用。高活性、高度凝聚的共轭芳烃基团相互作用经六角形的晶格面，生成晶核和晶核增长。

图 4.12 示意性地显示了炭黑凝聚的常规描述，通常从气相中前驱体的均质成核开始。凝聚相物质聚结，形成第一个可识别的初级粒子。最早可见的颗粒尺寸通常为 1 ~ 2 nm。

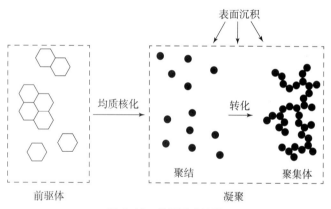

图 4.12　炭黑形成过程

炭黑粒子成核作用的开始，是炭黑生成的重要过程。在该初始阶段之后，存在从纯聚结生长到聚集的过渡。聚集是新生成粒子聚集在一起形成更大、更复杂结构的过程（图 4.11）。粒子也会因表面沉积而生长。在凝聚的聚结和聚集阶段，气相物质（如 C_2H_2）会附着在生长粒子的表面。表面生长在炭黑颗粒表面增加了一层均匀的质量，产生了大部分固相材料。这种生长机制促使其形成更圆、更均匀的形状，抵消聚集增加的部分几何随机性，并在极端情况下形成完美的球状粒子。

4.3.2　炭黑粒子聚集生长

一般来说，初级粒子的形成先于聚集体的形成。成核作用决定了炭黑粒子数；粒子聚集和聚集体表面增长过程决定了粒子大小；结构取决于过程粒子的碰撞频率。

炭黑粒子增长涉及 2 个理论：

一种理论是假设粒子由黏性物质组成，如图 4.13（a）所示，即小尺寸完全聚结的液滴。随着粒子尺寸的增加，它们没有足够的时间熔合。

另一种理论认为近似球形的初级粒子是表面生长伴随聚集的结果，如图 4.13（b）所示。因此，这种转变是由表面生长停止引起的。因此，表面生长的平滑效果并不会隐藏聚集过程中添加的粒子的特性。

（a）   （b）

图 4.13 对炭黑聚结生长有贡献的 2 种理论
（a）黏滞力；（b）聚集与表面生长同时进行

迄今为止，所有关于炭黑形成初始阶段的数值模型都认为粒子絮凝是完全聚结的。使用动态 Monte Carlo 方法可模拟表面同时生长的炭黑聚集体。如图 4.14（a）所示，将单个固体粒子（以下称为收集器）浸没在球形初级颗粒和气态表面生长物种的取之不尽的集合中。该模型从粒子起始区域开始，在该区域，收集器可以通过与初级粒子的组合体平均碰撞以及气态物质在其表面上的沉积而增长；然后，选择一个称为候选粒子的初级粒子，并沿着随机生成的轨迹向收集器移动。候选粒子与收集器碰撞一次形成一个粒子，并在没有重排的情况下保持碰撞，如图 4.14（b）所示。接下来，计算每次碰撞的经历时间（Δt）。如图 4.14（c）和图 4.14（d）所示，收集器表面在 Δt 期间通过表面沉积而均匀生长。

由于聚集体是由 N 个相交球的并集而成，因而体积 V、表面积 S、分形维数 D_g、回转半径 R_g 和质心 $\boldsymbol{x}_{cm}$ 的计算是复杂的。

最小包络半径 R_e 是以几何中心 $\boldsymbol{x}_{cg}$ 为中心的最小球的半径定义，该球包含聚集体中的所有 N 个球。从图 4.15 中可以明显看出，通常 $\boldsymbol{x}_{cg}$ 和 $\boldsymbol{x}_{cm}$ 是不同的。R_e 和 $\boldsymbol{x}_{cg}$ 不是通过抽样计算的。

引入的分形维数由幂律定义为

$$V_r \sim r^{D_f} \tag{4.1}$$

式中，V_r 是在 $\boldsymbol{x}_{cg}$ 的距离 r 内包含的聚集体体积；r 是球的半径，数学描述为

$$r = \| \boldsymbol{x} - \boldsymbol{x}_{cg} \| : \boldsymbol{x} \in R^3, \ 0 \leqslant r \leqslant R_e \tag{4.2}$$

式中，$\| \bullet \|$ 已用于表示向量范数。实际上，D_f 是通过放置一系列以 $\boldsymbol{x}_{cg}$ 为中心、

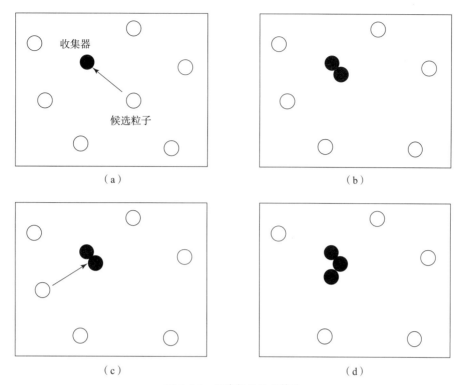

图 4.14　四步粒子生长算法

（a）候选粒子与收集器碰撞示意；（b）候选粒子与收集器初次碰撞形成新收集器（无重排）；

（c）候选粒子与新收集器碰撞示意；（d）候选粒子与新收集器再次碰撞形成的收集器（无重排）

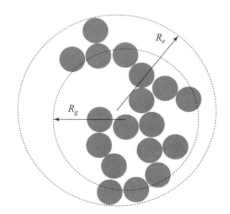

图 4.15　由回转和最小封闭半径 R_g 和 R_e 定义的球体中心具有不同的坐标

大小为 r_i 的同心球（图 4.16），计算每个球的体积，然后计算斜率来确定

$$D_f = \text{slope}\{\ln r_i,\ \ln V_{r_i}\} \tag{4.3}$$

如图 4.16 所示，图中 V_{r_i} 是每个 r_i 包含的体积。

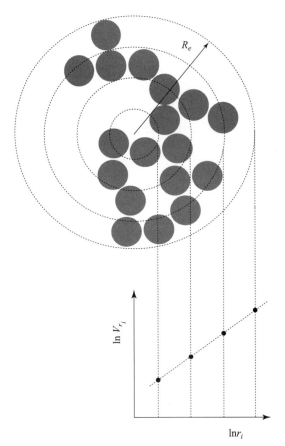

图 4.16 在聚集体周围放置一系列同心球并
计算斜率 $\lfloor \ln r_i,\ \ln V_{r_i} \rfloor$ 来确定分形维数 D_f

回转半径由积分定义

$$R_g^2 = \frac{1}{V} \int_V \tau^2 \mathrm{d}V \tag{4.4}$$

在这种情况下，r 是从 $\vec{x}_{cm}$ 到聚集体内任何点的距离，即

$$r = \parallel \vec{x} - \vec{x}_{cm} \parallel : \vec{x} \in V \tag{4.5}$$

碰撞事件被定义为向收集器添加候选对象。通过在 R^3 中生成随机轨迹来执行碰撞。在计算上，面临的问题是生成一个随机轨迹（$\vec{v}$），最大化收集器和候选对象之间的碰撞机会。在解决这个问题之前，必须先解决一个更简单的问题。首先分析半径为 R_l 和 R_n 的两个普通球 B_l 和 B_n 之间的碰撞。

假设 B_l 在空间中是固定的，并且 B_n 穿过由 $\vec{v}$ 定义的路径。从物理上讲，

只有当 $\vec{v}$ 使 B_n 和 B_l 的中心相距 $R_s = R_l + R_n$ 时，才会发生碰撞，如图 4.17 所示。在视觉上，在 B_l 周围外接同心伪球很有用，采用的方程为

$$\| \vec{x}_s - \vec{x}_s^o \| = R_S \tag{4.6}$$

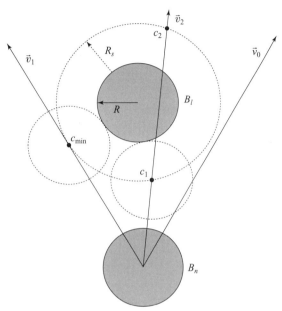

图 4.17　当 $\vec{v}$ 与半径 $R_s = R_l + R_n$ 定义的伪球相交时，

2 个球 B_l 和 B_n 才发生碰撞

式中，$\vec{x}_s^o$ 定义了伪球中心。从图 4.17 中看到，只有当 $\vec{v}$ 与式（4.6）定义的伪球体相交时，才会发生碰撞。可以通过以下方程对 B_n 穿过的路径参数化：

$$\vec{x}_n = \vec{x}_n^0 + c_n \vec{v}, \quad c \in [0, \infty] \tag{4.7}$$

式中，$\vec{x}_n^0$ 定义为其初始坐标。从数学上讲，当 $\vec{x}_s = \vec{x}_n$ 或等效时，式（4.7）定义的路径与伪球体相交：

$$\| \vec{x}_n - \vec{x}_s^o \| = \| (\vec{x}_n - \vec{x}_s^o) + c_n \vec{v} \| = R_S \tag{4.8}$$

式（4.8）在 c_n 中产生了一个二次方程，对于式（4.7）给出的路径和伪球体之间的每个交点，该方程都有一个精确解。如图 4.17 所示，零解表示没有发生碰撞。如果有一个解（c_{min}），则该路径仅与伪球体相交一次。如果有两个解（c_1，c_2），则有两个交点，必须选择物理上真实的解。由于实心球不能真正相互穿过，所以物理解对应于 $c_{min} = \min(c_1, c_2)$。一旦确定 c_{min} 后，B_n 将转换为新坐标，即

$$\vec{x}_n = \vec{x}_n^0 + c_{min} \vec{v} \tag{4.9}$$

此过程描述了所有碰撞中最基本的碰撞，是用于构造聚集体之间更复杂碰撞的基本结构单元。

现在，生成一条随机轨迹（$\vec{v}$），最大化收集器和候选对象之间发生碰撞的机会。因此，生成$\vec{v}$的方法必须至少确保收集器与候选最小封闭球之间的碰撞。

生成$\vec{v}$的第一步是围绕收集器外接一个伪球体，如图4.18（a）所示。伪球体以$\vec{x}_{cg}$为几何中心，半径为R_s。R_s等于收集器和候选对象最小封闭半径之和。如前所述，仅考虑单体—聚集体碰撞。尽管如此，这里概述的算法对于任何聚集体碰撞都是有效的，无论其包含多少个球。

接下来，随机生成两个源于x_{cg}的向量，尺度为R_s。结果向量R_{in}和R_{out}分别是轨迹的起点和终点。当候选对象位于R_{in}时，候选对象和收集器的最小封闭半径首次接触，如图4.18（b）所示。R_{out}对应于它们最后的接触位置。因此，定义了轨迹向量

$$v \equiv R_{out} - R_{in} \tag{4.10}$$

现在可以确定实际的收集器—候选对象的碰撞点。为此，候选者的第n个球（B_n）的路径被参数化为

$$x_n = x_n^0 + c_n v, \ c_n \in [0, 1] \tag{4.11}$$

如式（4.7）所示，c_n是$[0, 1]$而不是$[0, \infty]$的一个元素。$c_n = 0$和$c_n = 1$对应于位置R_{in}和R_{out}。如图4.18（c）所示，考虑$c_n > 1$是没有意义的，因为候选对象已经完全通过收集器。

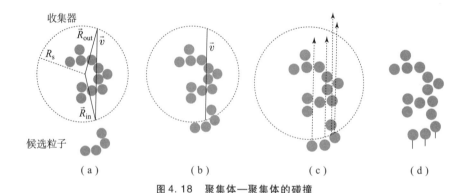

图4.18 聚集体—聚集体的碰撞

（a）候选粒子接近收集器；（b）和（c）候选粒子进入收集器的过程；（d）候选粒子完全进入收集器

接下来，收集器第l个球（B_l）的表面描述为

$$\|x_l - x_l^0\| = R_l \tag{4.12}$$

同样，这是一个半径为R_l的球的简化方程。根据式（4.8），当式

（4.13）成立时，B_n 和 B_l 发生碰撞：

$$\| \boldsymbol{x}_n - \boldsymbol{x}_l^0 \| = \| (\boldsymbol{x}_n - \boldsymbol{x}_l^0) + c_{nl}\boldsymbol{v} \| = R_n + R_l \qquad (4.13)$$

如果候选者和收集器分别有 L 个球和 N 个球，那么式（4.13）在 c_{nl} 中产生一个 $L \times N$ 的二次方程组。如果

$$c_{\min} = \min(c_{nl}) \ \forall n, l \qquad (4.14)$$

则在候选粒子中的每个 B_n 都转换成新坐标

$$\boldsymbol{x}_n = \boldsymbol{x}_n^0 + c_{\min}\boldsymbol{v} \qquad (4.15)$$

$c_{\min}$ 必须在尺度上确定最小的量 $\boldsymbol{v}$，以便在候选球与收集器球中的球之间发生碰撞。如果式（4.13）无任何解，则放弃 $\boldsymbol{v}$ 并生成一个新的，直到有解为止。一旦候选者被转换到新坐标，它就会被附加到收集器的末端，如图 4.18（d）所示。

现在计算下一个碰撞事件发生之前经过的时间量。如果要确定在收集器表面沉积了多少质量，计算这个时间是至关重要的。为此，利用了一种方便的无量纲形式 Fuchs 方程：

$$\boldsymbol{\beta}_{ij} = \frac{\beta}{K} = \boldsymbol{\beta}_{ij}^c \left[\frac{z_i^{1/3} + z_j^{1/3}}{z_i^{1/3} + z_j^{1/3} + 2(\boldsymbol{\delta}_i^2 + \boldsymbol{\delta}_j^2)^{1/2}} + \zeta \frac{\boldsymbol{\beta}_{ij}^c}{\boldsymbol{\beta}_{ij}^f} \right]^{-1} \qquad (4.16)$$

式中，

$$z = Kn^{-3};$$

$$\zeta = \frac{1}{3\eta} \sqrt{\frac{2k_B T \rho}{3\lambda}}$$

$$\boldsymbol{\delta} = z^{1/3} \left[\frac{(1+X)^3 - (1+X^2)^{2/3}}{3X^2} - 1 \right]$$

$$K = \frac{2k_B T \rho}{3\eta}$$

$$\boldsymbol{\beta}_{ij}^f = \frac{\boldsymbol{\beta}_{ij}^f \zeta}{K} = \sqrt{\frac{1}{Z_i} + \frac{1}{Z_j}} (z_i^{1/3} + z_j^{1/3})^2$$

$$\boldsymbol{\beta}_{ij}^c = \frac{\boldsymbol{\beta}_{ij}^c}{K} = (z_i^{1/3} + z_j^{1/3}) \left(\frac{C_i}{z_i^{1/3}} + \frac{C_j}{z_j^{1/3}} \right) \qquad (4.17)$$

Kn 是 Knudsen 数，T 为温度，ρ 为聚集材料的密度，λ 为平均自由程，C 为 Cunningham 滑移校正因子，η 为气体浴黏度，由以下关系式计算 Knudsen 数：

$$Kn = \frac{\lambda}{R_c} \qquad (4.18)$$

式中，R_c 是聚集体碰撞横截面半径。

用于计算式（4.18）中 Kn 的 R_c 与 R_g 成正比。根据 Kruis 等的观点，选择的

系数是为了在理想球形粒子的极限下，碰撞半径和粒子半径相等。对于体积为 V 的完美球体，式（4.4）中的积分变成 $R_g = (3/5)^{1/2} R_c$，比例系数为 $(3/5)^{1/2}$。

如果正在执行第 n 次碰撞，则所有环境参数将在时间 t_n 时进行评估。第 i 次和第 j 次聚集体之间的第 n 次碰撞所经历的时间与平均碰撞速率成反比

$$\Delta t_{ij} = \frac{1}{NK \vec{\beta}_{ij}} \tag{4.19}$$

定义 $\Gamma_{ij} \equiv NK \vec{\beta}_{ij}$，则式（4.19）变成

$$\Delta t_{ij} = \frac{1}{\Gamma_{ij}} \tag{4.20}$$

时间是递增的

$$t_{n+1} = t_n + \Delta t_{ij} \tag{4.21}$$

为了确定表面的质量沉积速率，首先从有维收集器的分析开始。随着质量在表面上的沉积，每个收集器球半径的时间变化速率是

$$\frac{\mathrm{d}R}{\mathrm{d}t} = \Omega \tag{4.22}$$

式中，Ω 是表面传播速率，单位为长度/时间。表面质量沉积速率的单位为 [质量/（长度^2 × 时间）]。用质量沉积速率除以聚集材料的密度得到 Ω。

通过第一次碰撞的初始值和时间 Δt 对初级粒子半径进行归一化，可以得到以下无量纲组：

$$R = \frac{R}{R_0}, \ t = \Gamma_0 t \tag{4.23}$$

将微分链式法则应用于式（4.22），得到

$$\frac{\mathrm{d}R}{\mathrm{d}t} = \frac{\mathrm{d}R}{\mathrm{d}R} \frac{\mathrm{d}R}{\mathrm{d}t} \frac{\mathrm{d}t}{\mathrm{d}t} \tag{4.24}$$

对式（4.23）求导数，得到

$$\frac{\mathrm{d}R}{\mathrm{d}t} = \frac{\Omega}{R_0 \Gamma_0} \equiv \Omega \tag{4.25}$$

将式（4.20）和式（4.25）相结合围绕 t 对 R 按一阶泰勒展开，得到以下关系：

$$R(t + \Delta t) = R(t) + \frac{\mathrm{d}R}{\mathrm{d}t} \Delta t = R(t) + \frac{\Omega}{\Gamma} \tag{4.26}$$

重排为

$$R(t + \Delta t) - R(t) = \frac{\Omega}{\Gamma} \tag{4.27}$$

定义了碰撞之间收集器中每个球半径的增加量。在时间间隔 Δt 内，每个半径同时增加的量为

$$\Delta R = \frac{\Omega}{\Gamma} \tag{4.28}$$

可以将 ΔR 视为每次碰撞之间沉积在收集器表面的质量层厚度（图4.19）。

图 4.19　每次碰撞之间沉积在收集器表面上的质量层厚度 ΔR

每次碰撞后，收集器的空间属性都会发生变化。候选聚集体的加入增加了其体积和表面积，显然，质心、回转体和最小封闭半径也会改变。

使用一种算法计算体积，该算法将聚集体中的每个球从 1 到 N 进行索引。第 n 个球的体积定义为 V_n，目标是计算联合体

$$V = \bigcup_{n=1}^{N} V_n \tag{4.29}$$

该算法首先在聚集体中随机选择一个球（B_n），然后在（B_n）内随机选择一个点（p）。p 可能位于多个球的交叉点内，但它对总体积的贡献只有一次。以下约定用于确保 p 仅贡献一次。定义函数

$$F(p, n) = \begin{cases} 1, & \text{最小的 } n : p \in B_n \\ 0, & \text{其他} \end{cases} \tag{4.30}$$

如果 $F = 1$，则只允许 p 在式（4.29）给出的联合体中计数。

体积计算中采样的点被存储并再次用于估计质心、回转半径和分形维数。如果 $\vec{x}_m$ 是采样点 p 的笛卡儿坐标，则 $\boldsymbol{x}_{cm}$ 通过求和估算：

$$\boldsymbol{x}_{cm} = \frac{1}{M} \sum_{m=1}^{M} \boldsymbol{x}_m \tag{4.31}$$

使用式（4.31），R_g 的估算值通过求和计算

$$R_g^2 = \frac{1}{M} \sum_{m=1}^{M} \| \boldsymbol{x}_m - \boldsymbol{x}_{cm} \|^2 \tag{4.32}$$

通过放置一系列以 $\boldsymbol{x}_{cg}$ 为中心的同心球，然后使用式（4.3）来计算 D_f。通过对 $r_m = \| \boldsymbol{x}_m - \boldsymbol{x}_{cg} \|$ 进行排序来创建一系列球；然后用斜率 $\{\ln \gamma_m, \ln V_{rm}\}$ 确定 D_f，其中 V_{rm} 是由 r_m 定义的球体内的总体积。如图 4.20 所示，R_e 是任意尺寸的一组球中以 $\boldsymbol{x}_{cg}$ 为中心的最小包络球的半径。R_e 和 $\boldsymbol{x}_{cg}$ 的计算是一个精确计算，使用了一个随机增量算法，采用了向前移动的启发式算法。

图 4.20　最小包络球

4.3.3　炭黑氧化

炭黑生成和增长的后期，炭黑粒子数密度和质量通常要有所减少，这是氧化过程的结果。炭黑粒子是留下还是烧掉，这依赖于局部火焰条件，诸如温度、氧浓度、流速和燃料种类（或燃料的 H/C 比，燃料和空气的 C/O 比）。

在炭黑生成阶段，炭黑的生成和炭黑的氧化同时进行，消除它们之间的相互影响是困难的。在火焰的贫燃料部位仅能发生炭黑的氧化作用。多种物质诸如分子氧、原子氧、– OH 都能氧化炭黑粒子。炭黑粒子的氧化是在整个表面的无规则氧化。氧化面向聚集体中心渐进深入。当氧化消耗炭黑聚集体约 80% 时，聚集体发生损毁。在分子氧存在的情况下，碰撞效率是很低的，结果氧分子优先攻击炭黑粒子的缺陷，进而穿透聚集体，而形成孔隙。

炭黑表面存在着 – OH、– CHO、– C = O、羧基 – COOH 和 – $COOCH_3$ 以及其他形式的官能团。在燃烧气体中的含氧组分 CO、CO_2、H_2O 和 O_2 等同生成的炭黑聚集体表面碳原子间发生反应，生成了炭黑表面官能团，还伴有下述反应：

CO 转化反应：$CO + H_2O = CO_2 + H_2$

CO_2 消耗反应：$C + CO_2 = 2CO$

H_2O 消耗反应：$C + H_2O = CO + H_2$

炭黑的氧化作用导致炭黑的孔隙度增加（氧化程度高时会引起聚集体损毁）和炭黑表面官能团的生成。炭黑的消耗反应降低了炭黑的产率，损害了火焰的辐射强度，所以在配方设计中必须有效地控制烟火药的燃烧温度，及时终止炭黑的生成反应

4.3.4　炭黑粒子发射率

烟火火焰辐射的主要来源是火焰中存在的分散度很小的高温炭黑粒子，其决定了火焰的光谱特性，图 4.21 为不同温度时炭黑粒子的质量消光系数。

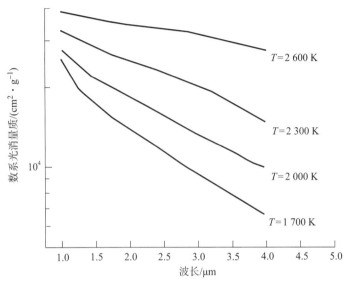

图 4.21　不同温度时炭黑粒子的质量消光系数

炭黑光学性质不能等同于无定形碳或石墨碳的光学性质，石墨和炭黑之间以及各种炭黑之间的一个主要区别是生成它们的碳氢化合物的氢碳比，氢碳比的增加预计会降低自由电子浓度。

基于经典电子理论的色散模型，色散方程为

$$n^2 - k^2 = 1 - \frac{F_c e^2/m \in_0}{g_c^2 + \omega^2} + \sum_j \frac{F_j (\omega_j^2 - \omega^2) e^2/m \varepsilon_0}{(\omega_j^2 - \omega^2)^2 + \omega^2 g_j^2}$$

$$2nk = \frac{F_c g_c e^2/m \in_0}{g_c^2 + \omega^2} + \sum_j \frac{F_j \omega g_j e^2/m \in_0}{(\omega_j^2 - \omega^2)^2 + \omega^2 g_j^2}$$

式中，F 为单位体积中有效自由电子数；g 为电子阻尼常数；ω 为辐射频率；ω_j 为第 j 个电子的固有频率；e 为电子电荷；m 为电子质量；ε_0 为电子介电常数（$3.183 \times 10^3 \ \mathrm{m^3/s}$）；下标 c 代表传导电子；下标 j 代表束缚电子。

将 F_c 降低至其原始值的 1/10，会导致可见光和近红外波段弥散系数 $\alpha (\equiv -\partial \ln \alpha_{\mathrm{abs}, \lambda}/\partial \ln \lambda)$ 值的增加。研究发现 H/C 在 1.23 ~ 1.75 之间变化时，可见光范围的 α 为 0.7 ~ 1.9；在 0.55 μm 波长时，文献中煤燃烧形成炭黑的吸收系数随着 H/C 比的增加而降低。文献报告的可见光波段 α 值分别在 1.23 ~

1.75 和 0.65 ~ 1.43 之间变化。F_c 减少 10 倍会导致 α 增加至 1.6 ~ 2.1。

Dalzell 和 Sarofim 曾研究了 C_2H_2（H/C = 1/14.7）和 $CH_3CH_2CH_3$（H/C = 1/4.6）燃烧形成炭黑的光学常数（表 4.2）。

表 4.2　不同材料形成炭黑的光学常数

波长/μm	乙炔炭黑（H/C = 1/14.7）	丙烷炭黑（H/C = 1/4.6）
0.45	1.56 + i0.31	1.56 + i0.32
0.65	1.56 + i0.28	1.56 + i0.33
0.80	1.57 + i0.29	1.57 + i0.31
3.0	2.62 + i0.62	2.21 + i0.56
4.0	2.74 + i0.6	2.38 + i0.61
5.0	2.88 + i0.63	2.07 + i0.83
7.0	3.49 + i0.62	3.05 + i0.63
8.5	4.22 + i0.82	3.26 + i0.64
10.0	4.80 + i0.8	3.48 + i0.71

乙炔炭黑的光学常数值略高于丙烷炭黑的值，原因是丙烷炭黑中的 H/C 比高于乙炔炭黑。从而表明，不同碳原子的光学性质在较小程度上取决于分子结构的差异，在较大程度上取决于 H/C 比的差异。

根据 Mie 理论，光散射的粒子尺寸参数是 $(\pi d/\lambda)^4$，而光吸收的粒子尺寸参数为 $\pi d/\lambda$，d 是粒子直径，λ 是辐射波长。烟火火焰燃烧形成的炭黑是由粒径非常小的纳米碳粒子组成，与实际应用的波长（1 ~ 14 μm）相比，炭黑颗粒的直径比实际应用的相关波长小得多，因此光谱吸收系数可根据 Mie 方程的小颗粒极限计算，即可以忽略火焰中炭黑粒子的散射贡献。

在该极限条件下，光谱吸收系数 $\alpha_{abs,\lambda}$ 与炭黑粒子所占空间的体积分数 f_v 成正比，与颗粒大小无关，因此

$$\alpha_{abs,\lambda} = \frac{36nk(\pi/\lambda)f_v}{(n^2 - k^2 + 2)^2 + 4n^2k^2}$$

式中，n 是复折射率实部，k 是复折射率虚部，两者都是波长 λ 和温度的函数；f_v 为炭黑体积分数。炭黑体积分数与炭黑颗粒的体积或 d^3 以及炭黑颗粒的数量浓度成正比。对于 60° 角和垂直偏振面

$$f_v = A \frac{d^3}{i_{60,\perp}}$$

比例常数 A 的值取决于体系几何形状、光波长以及测量的散射与入射强度比率。$i_{60,\perp}$ 为 60° 角和垂直偏振面时的 Mie 散射函数。

表 4.3 给出了折射率变化对 Mie 散射系数、体积分数 f_v 和尺寸参数 x（$x \equiv$

πd/λ）的计算值的影响示例，不对称比的典型值为 2.01。

表 4.3 光学常数变化对体积分数计算的影响

m	x	$i_{60,\perp}$	f_v
1.6 ~ 0.6i	1.1	0.315	10^8
1.8 ~ 0.6i	1.073	0.38	0.77×10^8
1.6 ~ 0.8i	1.115	0.5	0.699×10^8

复折射率的实部从 1.6 增加到 1.8，会导致体积分数减少 23%；将虚部从 0.60 增加到 0.80 会导致测量的体积分数减少 30%。

在 3 000 K 和 2 000 K 时，碳粒子的 n 和 k 如图 4.22 所示。

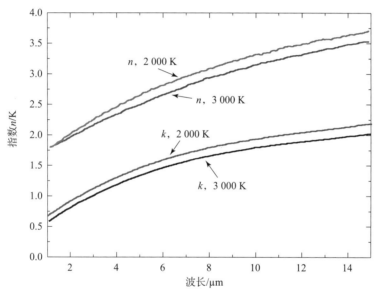

图 4.22 碳粒子的复折射率实部 n 和虚部 k

炭黑粒子的总光谱发射率为

$$\varepsilon_\lambda = \frac{\int_0^\infty (1 - e^{-\alpha_{abs,\lambda}L_m}) E_\lambda d\lambda}{\int_0^\infty E_\lambda d\lambda}$$

式中，E_λ 是由 Planck 方程描述的单色黑体发射功率；L_m 是辐射传播的平均路径。炭黑粒子的散射不会显著影响发射率。

图 4.23 为 750 ~ 2 000 K 温度范围内不同体积浓度 f_v 和长度 $L(10^{-7} \sim 10^{-4}$ cm$)$ 乘积的总发射率。在 $f_v L$ 为固定值时的发射率会随着温度的升高而增加，这是

因为随着温度的升高，短波长高光谱发射率的权重会增加。

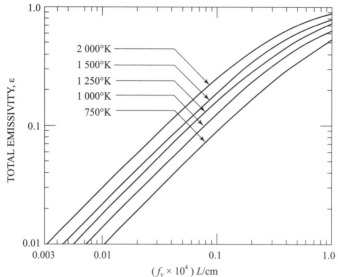

图 4.23 不同温度炭黑悬浮液与体积分数和路径长度乘积的函数关系

上述结果表明，发射率既取决于 $\alpha_{abs,\lambda}$ 的绝对水平，也取决于 $\alpha_{abs,\lambda}$ 对 λ 曲线的斜率。作为这两个变量单独影响的度量，$\alpha_{abs,\lambda}$ 与 λ 的相关性将近似为 $K = \lambda^{\alpha}(\alpha_{abs,\lambda}/f_v)$，其中 α 在感兴趣的波长范围内是常数，$\alpha_{abs,\lambda_{0.5}}$ 将被定义为波长 $\lambda_{0.5}$ 处（低于 50% 黑体辐射发射的波长）的 $\alpha_{abs,\lambda}$ 值（$\lambda_{0.5}$ 可根据位移定律 $\lambda_{0.5}T = c_2/3.5$ 计算，式中 c_2 是第二个 Planck 辐射常数）。对于薄炭黑悬浮液

$$\varepsilon_\lambda = \frac{\int_0^\infty \alpha_{abs,\lambda}LE_\lambda d\lambda}{\int_0^\infty E_\lambda d\lambda} = C\alpha_{abs,\lambda_{0.5}}L$$

式中，$C = \Gamma(4+\alpha)/[6(3.5)^\alpha]$，$\Gamma(\ )$ 是 Gamma 函数。对于 0、1 和 2 的 α 值，C 分别等于 1、1.143 和 1.633。因此，当 $\alpha_{abs,\lambda}$ 对 λ 的相关性从（灰体发射）增加到与 λ^2 成反比时，发射率增加 60%，前提是 $\alpha_{abs,\lambda}$ 在 $\lambda_{0.5}$ 保持不变。当 f_vL 值较大，且 α 接近 1 时，总发射率与 $\alpha_{abs,\lambda_{0.5}}$ 和 α 的相关性由下式给出：

$$\varepsilon_\lambda = 1 - \frac{90}{\pi^4}\sum_{n=1}^\infty\left[\frac{1}{(n+a)^4} - \frac{a(4+\alpha)}{6(n+a)^{4+\alpha}} + \frac{4a}{(n+a)^5}\right]$$

式中，$a = K(T/c_2)^\alpha f_vL$，此式可近似为

$$\varepsilon_\lambda = 1 - \exp-\left\{\left[3.5^{1-\alpha} + \frac{\Gamma(4+\alpha)}{6(3.5)^\alpha(1+a)^\alpha} - \frac{4}{(3.5)^\alpha(1+a)}\right]\right\}\alpha_{abs,\lambda_{0.5}}L$$

该方程表明，在固定的 $\alpha_{abs,\lambda_{0.5}}$ 下，α 的增加会导致短路径长度（小 a）下 ε_λ 的增加，而在长路径长度（大 a）下 ε_λ 的减少。

|4.4　烟火火焰红外辐射效应|

4.4.1　火焰辐射强度

若一个典型烟火诱饵剂的能量密度为 15 000 J/g，则密度为 1.7 g/cm³ 时的体积能量密度约为 25 000 J/cm³。若诱饵剂的质量流量大于 100 g/s，如果在空中要产生超过战斗机的辐射强度，这意味着在对流热损失前烟火诱饵火焰要产生 2.5 MW 的能量。换言之，只有一部分能量转换成所需波段的辐射，这可用 F_λ 来描述。F_λ 描述了对所需波段辐射能有贡献的反应焓分数，是所需波段的辐射发射与曲线总积分的比率（图 4.24）。

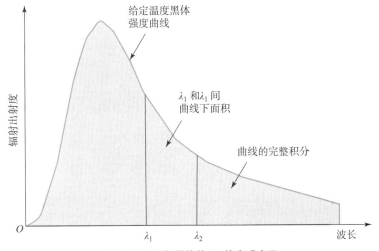

图 4.24　理想黑体的 F_λ 的直观表示

$F_{\lambda_1 \sim \lambda_2, T}$ 是在 $\lambda_1 \sim \lambda_2$ 波段的总辐射分数。对于大多数烟火火焰（已知发射率 ε_λ）可近似为

$$F_{\lambda_1 \sim \lambda_2, T} = \frac{1}{\varepsilon \sigma T^4} \int_{\lambda_1}^{\lambda_2} \frac{\varepsilon_\lambda c_1}{\lambda^5} \frac{1}{\exp(c_2/\lambda T) - 1} \mathrm{d}\lambda$$

式中，ε 为平均辐射率，通常假定为 1；ε_λ 为波长 λ 时的辐射率；T 为火焰温度；$\sigma = 5.67 \times 10^{-8}$ W/(m² · K⁻⁴) 为 Stephen – Boltzmann 常数；$c_1 = 3.742 \times 10^{-16}$ W/m² 为第一 Planck 辐射常数；$c_2 = 1.438\,8 \times 10^4$ μm · K 为第二 Planck

辐射常数。

将含高温辐射粒子（如炭黑）的烟火火焰近似为灰体辐射，则火焰光谱辐射效率 E_λ（$J \cdot g^{-1}/sr$）与其燃烧焓、辐射分数以及应用环境等密切相关，其关系为

$$E_\lambda = \Delta_c H \cdot \frac{F_\lambda \delta_w \delta_a}{4\pi}$$

式中，$\Delta_c H$ 为烟火药载荷的燃烧焓；F_λ 是特定波段范围内的能量辐射分数；δ_w 是气流降低因子；δ_a 是方位角因子。

要提高 $F_{\lambda_1 \sim \lambda_2, T}$ 主要应考虑火焰中较高含量的特定波段高红外发射率的灼热粒子，如游离的聚集碳粒子等。

火焰中高含量、高发射率灼热粒子以及火焰温度和火焰面积等，与烟火药组分的化学计量比、添加剂、燃烧焓、燃烧固相产物种类、质量流量等因素有关。

在已知烟火药压制密度的情况下，可用质量流量 $\dot{m}$（$g \cdot s^{-1}$）来表示燃烧速率 u，即

$$\dot{m} = \rho_f A_p r$$

式中，ρ_f 为烟火药压制密度，g/cm^3；A_p 为燃烧火焰辐射面积，cm^2；r 为压制烟火药的线性燃烧速率，cm/s。

如果压制烟火药以较低的质量流量燃烧，则过度的火焰热损失会阻止形成稳定的羽流，因此辐射的能量可能比理论少。另一方面，如果质量流量太高，羽流中的燃烧动力可能太慢，通过燃烧区的材料不会发生明显氧化，从而产生的能量将低于理论预期。在这种情况下，对于具有相同的基本化学计量比但同时具有不同尺寸分布的镁粉和聚四氟乙烯组成的 MTV 烟火诱饵剂，将影响燃烧速率，所观察到的光谱效率 E_λ 在 $\pm 200\%$ 的范围内变化。

质量流量通过影响火焰中的粒子浓度，从而直接影响任何给定的烟火药燃烧火焰的光学厚度。

环境压力是影响烟火药燃烧速率的主要因素，烟火药的线性燃烧速率 r 与压力关系为

$$r = a \cdot P^n$$

式中，r 为压制烟火药的线性燃烧速率，mm/s；a 为系数，$mm/(s \cdot MPa^{-n})$，描述了温度对燃烧速率的影响；P 为环境压力，MPa；n 为压力指数，描述了压力对燃烧速度的影响。

对于 MTV 烟火诱饵剂，表 4.4 为不同波段的静态燃烧焓、光谱效率及能量辐射分数。

表 4.4　不同波段的静态燃烧焓、光谱效率及能量辐射分数

MTV	$\Delta_c H/(\text{J} \cdot \text{g}^{-1})$	$E_{1.8-2.5\,\mu m}/(\text{J} \cdot \text{g}^{-1}/\text{Sr})$	$E_{3.5-4.8\,\mu m}/(\text{J} \cdot \text{g}^{-1}/\text{Sr})$	$F_{1.8-2.5\,\mu m}$	$F_{3.5-4.8\,\mu m}$
57/30/13	19.011	240	110	0.159	0.073
MTV	$\Delta_c H/(\text{J} \cdot \text{g}^{-1})$	$E_{2-3\,\mu m}/(\text{J} \cdot \text{g}^{-1}/\text{Sr})$	$E_{3-5\,\mu m}/(\text{J} \cdot \text{g}^{-1}/\text{Sr})$	$F_{2-3\,\mu m}$	$F_{3-5\,\mu m}$
45/50/5	9.275	155	112	0.21	0.15

光谱效率 $E_{\lambda_1 \sim \lambda_2}$ 和燃烧速率 u 可用来表征烟火药的燃烧性能。因而，可采用光谱效率 E_λ 和 $\dot{m}$ 计算烟火药燃烧时在一定波段火焰的红外辐射强度 $I_{\lambda_1 \sim \lambda_2}$ ($\text{W} \cdot \text{Sr}^{-1}$)，其关系式如下：

$$I_{\lambda_1 \sim \lambda_2} = E_{\lambda_1 \sim \lambda_2} \cdot \dot{m}$$

对于所研究波段的红外辐射来说，燃烧温度过低或过高都会导致辐射效率降低，但从辐射强度的计算式可以看出，辐射强度随温度的 4 次方的增大而增大，显然温度升高使辐射强度上升的效果要大于温度升高使辐射效率下降造成的辐射强度降低的效果，总体上仍使辐射强度增大，因此提高燃烧温度有利于辐射强度的提高。但对于特定配方的烟火药来说，其燃烧反应的最高燃烧焓是一定的，因此需综合考虑辐射强度的影响因素，对烟火药采用系统设计的方法来提高火焰的辐射效应。

假设在 4π 球面度内，火焰的红外辐射是均匀的，则火焰在 $3 \sim 5\ \mu m$ 和 $8 \sim 14\ \mu m$ 两个大气窗口的辐射强度计算流程如图 4.25 所示。

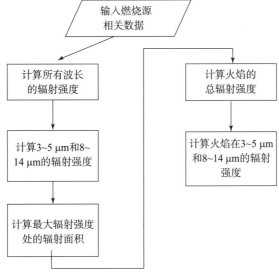

图 4.25　$3 \sim 5\ \mu m$ 和 $8 \sim 14\ \mu m$ 波段辐射强度计算流程

4.4.2 火焰辐射强度时域变化

假设火焰形状近似为球形且为均匀辐射源，若其在 t_p 时刻达到最大辐射强度，此时火焰的最大辐射半径为 r_{max}，则其所对应的辐射面积为

$$A_{pf} = 4\pi \cdot r_{max}^2$$

各向同性辐射源的峰值辐射强度 I_{max} 为

$$I_{max} = \left(\frac{\varepsilon \sigma T_{pf}^4}{4\pi} \right) \cdot A_{pf}$$

进入探测器工作波段的总辐射强度为

$$I(\lambda_1, \lambda_2)_{pf} = I_{max} \cdot \eta_{pf}$$

因此，根据火焰的 t_p，可以预测火焰的时间—辐射强度分布。火焰辐射强度分布的时空变化发展计算流程如图 4.26 所示。

图 4.26　火焰时间—辐射强度分布计算流程

假设达到峰值辐射强度的燃烧时间非常短，足以保证在目标离开视场前，

导弹寻的器截获诱饵，而且其辐射强度将保持足够长的时间，从而保证目标不能被再次捕获。标准 Gamma 分布的概率密度函数可用于模拟此状况。进行模拟时输入起始时间 t_1 和终止时间 t_2 等其他参数，可得到时间函数矩阵 $\boldsymbol{t}$。

Gamma 分布是一个连续随机变量，定义为

$$f(t;a,\beta)=\frac{1}{\beta^a\Gamma(a)}t^{a-1}\mathrm{e}^{-t/\beta},\ t\geqslant0,a>0,\beta>0$$

由于需要模拟的是辐射强度的时空变化，所以 t 参数用于定义时间的相关性。对于标准 Gamma 分布，$\beta=1$。因此，将连续随机变量的几何概率密度函数作为一个标准 Gamma 连续随机变量来模拟，即

$$f(t;a)=\frac{1}{\Gamma(a)}t^{a-1}\mathrm{e}^{-t},\ t\geqslant0,a>0$$

设定，$a>0$ 时，$\Gamma(a)=(a-1)!\ \neq0$，则

$$\frac{\mathrm{d}}{\mathrm{d}t}f(\boldsymbol{t},\ a)=0$$

得到

$$\frac{1}{\Gamma(a)}[(a-1)t^{a-2}\mathrm{e}^{-t}+t^{a-1}\cdot(-1)\mathrm{e}^{-t}]=0$$

$$\Rightarrow(a-1)t^{a-2}\mathrm{e}^{-t}+t^{a-1}\cdot(-1)\mathrm{e}^{-t}=0$$

$$\Rightarrow a=\boldsymbol{t}+1$$

当 $\boldsymbol{t}=t_p$ 时，辐射峰值分布满足

$$t_p=a-1$$

根据此关系，由火焰的不同辐射峰值时间值可预测参数 a 的值。根据图 4.26 的计算流程所编制的程序，可预估辐射强度的时域分布关系式为

$$I(\boldsymbol{t})=I_{\max}\cdot f(\boldsymbol{t},a)$$

图 4.27 分别为 $3\sim5\ \mu\mathrm{m}$ 和 $8\sim12\ \mu\mathrm{m}$ 波段，火焰半径在 2 m 时，不同火焰温度的辐射强度随时间的变化曲线。从图 4 - 27 中可看出，随着燃烧温度的提高，2 个波段的辐射强度都大幅度增加，与 Stephen - Boltzmann 定律表明的辐射强度与温度的 4 次方成正比一致；而且，不同温度时，$3\sim5\ \mu\mathrm{m}$ 波段的辐射强度比 $8\sim12\ \mu\mathrm{m}$ 波段的辐射强度高一个数量级，表明所设计的诱在 $3\sim5\ \mu\mathrm{m}$ 波段的辐射强于 $8\sim12\ \mu\mathrm{m}$ 波段的辐射。

图 4.28 表明，半径为 2 m 和 3 m 时，火焰辐射强度均比半径为 1 m 时高一个数量级，但随辐射时间的变化趋向基本一致。只是半径越大，辐射强度的降低速度也越大，在 5 s 以后趋向一致。

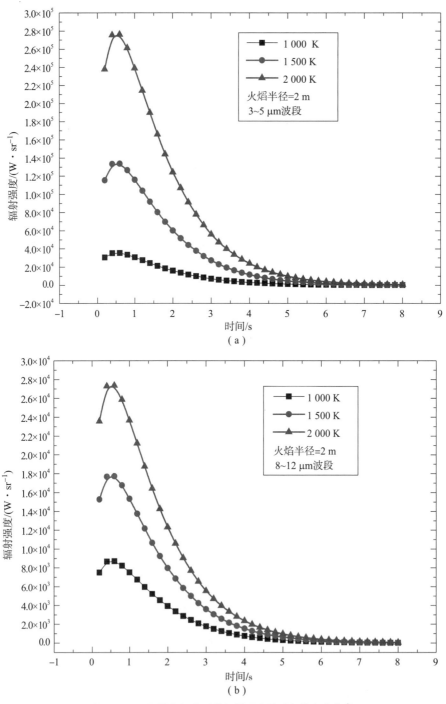

图 4.27 不同燃烧温度时的辐射强度随时间的变化曲线

（a）3~5 μm 波段，火焰半径为 2 m；（b）8~12 μm 波段，火焰半径为 2 m

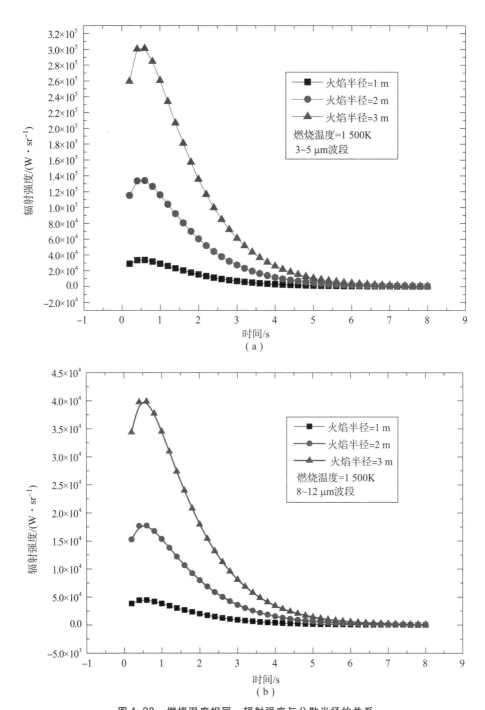

图 4.28　燃烧温度相同，辐射强度与分散半径的关系

（a）3～5 μm 波段，燃烧温度为 1 500 K；（b）8～12 μm 波段，燃烧温度为 1 500 K

图 4.29 为 1 500 K 燃烧温度，分散半径为 2 m 时，3 ~ 5 μm 和 8 ~ 12 μm 波段的辐射强度对比。图 4.29 的结果表明，3 ~ 5 μm 波段的辐射强度比 8 ~ 12 μm 波段的辐射强度高 1 ~ 2 个数量级，这也符合 Plank 黑体辐射定律，温度越高，辐射向短波方向移动的规律。但 3 ~ 5 μm 波段的辐射强度的降低速度较快，在 6 s 时的辐射强度基本与 8 ~ 12 μm 波段的辐射强度一致。

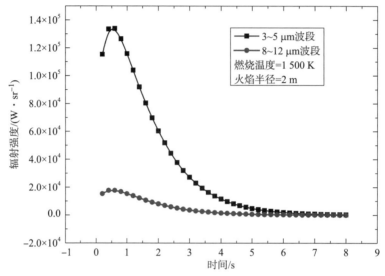

图 4.29 不同红外波段时的辐射强度与时间关系

4.4.3 火焰辐射强度空间分布

假定任一时刻火焰的空间分布符合 Gaussian 分布。通常，连续随机变量 x 为 Gaussian 分布（图 4.30），则概率密度函数为

$$f(x;\mu,\sigma) = \frac{1}{\sqrt{2\pi}\cdot\sigma} \cdot e^{-(x-\mu)^2/2\sigma^2}, \quad -\infty < x < \infty$$

式中，μ 为平均数或中数；σ 为标准偏差。Gaussian 概率密度函数是关于中数对称的，标准偏差是中数到曲线斜率开始变化点的距离。

将方程重排为

$$f(x;\mu,\sigma) = \frac{1}{\sqrt{2\pi}\cdot\sigma}e^{-(x-\mu)^2/2\sigma^2}; \quad -\infty < x < \infty, \quad -\infty < \mu < \infty,$$

$$\text{标准偏差 } \sigma > 0$$

当 $\mu = 0$，$\sigma = 1$ 时，上述方程变为

$$f(x;0,1) = \frac{1}{\sqrt{2\pi}}e^{-x^2/2}, \quad -\infty < x < \infty$$

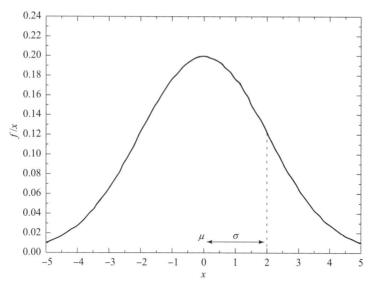

图 4.30　连续随机变量 x 为 Gaussian 分布

为了得到从 $x \to \infty$ 时曲线所包含的面积，进行如下积分：

$$Q(x;0,1) = \frac{1}{\sqrt{2\pi}} \int_x^\infty \frac{e^{-y^2}}{2} dy$$

依据 Complementary 误差函数

$$Q(x) = \frac{1}{2} \cdot \mathrm{erfc}\left(\frac{x}{\sqrt{2}}\right)$$

如果连续随机变量 x 有一个 μ 和 σ，则

$$z = \frac{x - \mu}{\sigma}$$

此即为 $\mu = 0$ 和 $\sigma = 1$ 时的 Gaussian 随机变量，$z \to \infty$ 时，曲线所包含的面积为

$$Q(z;0,1) = \frac{1}{\sqrt{2\pi}} \int_z^\infty \frac{e^{-y^2}}{2} dy$$

而

$$Q(z) = \frac{1}{2} \cdot \mathrm{erfc}\left(\frac{z}{\sqrt{2}}\right)$$

设 $x = 0$，可得从 $0 \to \infty$ 时曲线所包含的面积

$$Q\left(z = -\frac{\mu}{\sigma}\right) = \frac{1}{2} \cdot \mathrm{erfc}\left(\frac{-\mu}{\sqrt{2} \cdot \sigma}\right)$$

火焰辐射强度在空间域的分布计算流程如图 4.31 所示。

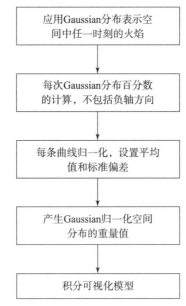

图 4.31 火焰辐射强度在空间域的分布计算流程

输入最大辐射强度时的燃烧时间 t_p、半径 r_{max} 以及燃烧时间函数矩阵 $\bar{t}$，可得到如下参数：

$$u_p = \frac{r_{max}}{t_p} \quad (\text{常数燃烧速度})$$

$$\bar{r}_{maxt} = u_p \cdot \bar{t} \quad (\text{与火焰半径有关的时间})$$

$$\bar{r}_{norm} = \frac{\bar{r}_{maxt}}{r_{max}} \quad (\text{归一化火焰半径})$$

在火焰工作的每一时刻，假定空间辐射强度函数为 Gaussian 分布，并且具有一个平均值，则

$$\mu = \frac{\bar{r}_{maxt}}{r_{max}} = \frac{u_p \cdot \bar{t}}{u_p \cdot t_p} = \frac{\bar{t}}{t_p}$$

从 $0 \to \infty$，每一条曲线下的面积为

$$Q(\bar{t}) = \frac{1}{2} \cdot \mathrm{erfc}\left(\frac{-\dfrac{\bar{t}}{t_p}}{\sqrt{2} \cdot \sigma}\right)$$

其值范围为 $0 < Q(\bar{t}) < 1$。

对于阵列 $\bar{t}$ 中的每一元素，分布值为

$$f(\bar{t}, a) = \frac{1}{\Gamma(a)} \cdot \bar{t}^{\,a-1} \cdot \mathrm{e}^{-\bar{t}}$$

用 $x = \bar{r}_{\text{norm}}$，$\mu = \dfrac{\bar{t}}{t_p}$ 取代火焰的归一化空间分布，则

$$f\left(\bar{r}_{\text{norm}}, \frac{\bar{t}}{t_p}, \sigma\right) = \frac{1}{\sqrt{2\pi} \cdot \sigma} e^{-(\bar{r}_{\text{norm}} - \frac{\bar{t}}{t_p})^2 / 2\sigma^2}$$

采用 $1/Q(t)$ 进行归一化。概率密度函数所定义的 $\bar{r}_{\text{norm}}$ 为正值，其曲线下的面积为 1。得到

$$I\left(\bar{r}_{\text{norm}}, \frac{\bar{t}}{t_p}\right) = f\left(\bar{r}_{\text{norm}}, \frac{\bar{t}}{t_p}, \sigma\right) \times I(\bar{t}) \times \frac{1}{Q(\bar{t})}$$

式中，空间—时间分布的空间积分满足关系式

$$\int I\left(\bar{r}_{\text{norm}}, \frac{\bar{t}}{t_p}\right) dr = I(\bar{t})$$

在图 4.31 中，最后的主步长产生了在空间域中燃烧元完整的可视化模型。图 4.32 为 t 时刻燃烧元辐射强度的空域分布曲线。

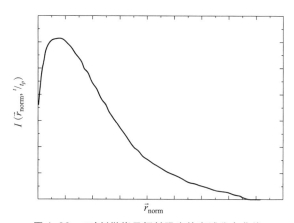

图 4.32　t 时刻燃烧元辐射强度的空域分布曲线

第 5 章

自放热烟火烟云辐射

目标与背景的对比度是决定探测器能否观测到目标的重要因素，当对比度低于探测器阈值时，目标将变为不可见。在目标和探测器之间释放辐射烟幕（云）可有效衰减或抑制目标—背景的辐射能量，从而显著影响工作在热（红外）波段的探测器对目标的探测与识别，降低目标被发现的概率，这是当前对抗红外探测与制导设备的主要手段之一。烟云主要通过吸和散射作用衰减目标辐射。然而，在烟云多次散射并存在烟幕自身辐射及外部热源（太阳、地表、大气辐射等）的共同作用下，烟云不仅可降低目标—背景的信号，同时还会增强烟云粒子的热辐射，被探测器接收形成噪声信号，从而影响对真正目标的探测和识别。内嵌众多孤立的、自放热、点状烟火热源的烟云将是一种更有效的目标—背景红外发射屏蔽技术。

|5.1　热烟云物理特性|

　　烟火燃烧反应是形成战场烟幕云的主要技术途径之一。尽管烟火燃烧反应形成干扰烟幕时会释放大量的热量，而且其中部分热量会被众多的烟幕粒子带至大气中，产生红外辐射，并影响红外探测器对目标的观测。但是在每立方米空气中十分之几克烟幕云粒子浓度的情况下，由于空气对流和热传导的作用，在几微秒内烟幕粒子就可将携载的热量传递至大气，因而大多数烟火反应放出的热量不足以将烟云所携载的空气升高几度。尽管烟火型发烟罐（器）可为其形成的烟幕持续提供能量，但是随着烟幕在大气中的快速扩散和上升，其温度也会快速下降至环境温度。对于发烟罐（器）形成的持续热烟幕，具有红外辐射的烟幕长度（主要与烟幕浓度和红外探测器的灵敏度有关）一般很难超过 20 m（图 5.1）。

 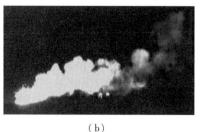

（a）　　　　　　　　　　　　　　　（b）

图 5.1　持续点源（如发烟罐）烟幕的可见光和红外图像

（a）持续点源烟幕可见光图像；（b）持续点源烟幕红外图像

　　若将大面积持续燃烧的烟火辐射源与扩散烟幕相融合，在理论上有可能形成大面积辐射屏蔽烟云，这是提高烟幕有效辐射效应的重要技术途径。图 5.2 为干扰弹瞬间释放的大面积持续燃烧烟火热辐射源的可见光图像，其中图 5.2（d）为图 5.2（c）的红外图像。

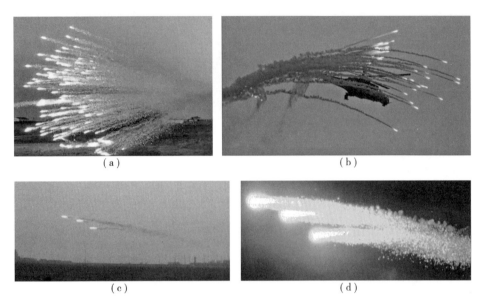

（a）　　　　　　　　　　　　　　　（b）

（c）　　　　　　　　　　　　　　　（d）

图 5.2　持续放热烟火热源典型图像

（a）单发面源干扰弹可见光图像；（b）直升机释放多发 MTV 点源干扰弹可见光图像；

（c）三发 MTV 点源干扰弹飞行图像；（d）图（c）的局部红外图像

5.1.1　烟云温升

　　通过烟火药燃烧放热反应加热烟云粒子，将会使热量快速传递至烟云中的空气，通常烟云中的空气质量比其中的烟云粒子质量大 4 个数量级。若放热反应使每克烟火药产生 ΔH J 的热量，则烟云温度将抬升 ΔT

$$\Delta T = \frac{\Delta H C}{\rho c}$$

式中，C 是烟幕浓度，g/m^3；$\rho = 1\ 300\ g/m^3$，为空气密度；$c = 1\ J/(g\cdot℃)$ 为空气热容。

　　例如，烟火反应产生高于 20 000 J/g 的热量时，将对浓度低于 0.2 g/m^3 的烟云温度抬升 3 ℃。烟云温度抬升与吸收辐射有关，依据能量平衡方程得到

$$T_u E \alpha_{abs} C A_p \mathrm{d}l = c \rho \Delta T A_p \mathrm{d}l$$

式中，T_u 为非散射光透过率；E 是入射能量密度，J/m^3；α_{abs} 是烟云吸收系数

（单位质量烟云的吸收横截面）；A_p 是与辐射传播方向垂直的烟云面积；dl 是探测方向烟云厚度。因而，要使烟云的温度抬升高于 ΔT，则入射的能量密度必须满足

$$E > \frac{c\rho\Delta T}{T_u \alpha_{abs} C}$$

例如，入射能量密度大于 19 500 J/m³ 时，相当于在 1 m/s 的横风时，直径 1 m 的 19.5 kW 的光束照射至烟云上，将使浓度为 0.2 g/m³，吸收系数为 1 m²/g 的烟云，在面对入射方向的烟云温度抬升 3 ℃。使烟云抬升 ΔT 温度时，所需的外部输入功率 P 为

$$P = c\,\dot{m}\,\Delta T$$

式中，$\dot{m}$ 为烟火反应产生的气体与烟云粒子和空气混合后形成烟云的质量流量。如若要使 2 kg/s 质量流量的烟云提升 3 ℃，就必须提供 6 kW 的能量。

5.1.2 热传递时间尺度

对于有限介质内的瞬态热传导，烟云粒子向其周围空气的热传导速率可用瞬态或连续热点源解来估计。瞬态点源解为

$$\Delta T(r,t) = \frac{Q}{8(\pi\kappa t)^{3/2}\rho c} e^{\frac{r^2}{4\kappa t}}$$

式中，$\kappa = 0.187$ cm²/s，为空气热扩散率；Q 为时间 $t = 0$ 时瞬间释放的热量；r 是距点源的距离。在 $t = r^2/6\kappa$ 时，温度达到最大值，这也是热量到达距瞬时点源的距离平方（r^2）的时间。连续点源的解为

$$\Delta T(r,\ t) = \frac{\dot{Q}}{4\pi\kappa r\rho c} \text{erfc}\,\frac{r}{\sqrt{4\kappa t}}$$

式中，$\dot{Q}$ 是连续点源的能量释放速率；$erfc$ 是误差补偿函数，可近似表述为

$$\text{erfc}(x) = 1 - \sqrt{1 - e^{-\frac{4x^2}{\pi}}}$$

时间 $t = r^2/6\kappa$ 后，连续点源释放的初始热量运动到 r^2 位置，此时 $\text{erfc}(\sqrt{3/2}) = 0.077$，其仍是稳态解的小分数

$$\Delta T(r,t=\infty) = \frac{\dot{Q}}{4\pi\kappa r\rho c}$$

最重要的是应认识到瞬态、连续和稳态点源加热烟云的时间，最远距离粒子对烟云内空气的加热是微不足道的，其与最近粒子的加热有关。为了确定烟云中的粒子如何将热量快速传递至烟云中的空气，计算位于最大距离处烟云粒子对空气的加热时间，必须估算烟云内粒子间的距离。对于典型烟云，假定粒子体积为 1 μm³，典型粒子浓度为 0.2 g/m³，典型粒子密度 $\rho = 2$ g/cm³，则每

个粒子重 2×10^{-12} g，那么每立方米烟云中将含 10^{11} 个粒子。如果浓度是均匀的，那么粒子间距将是 214 μm，任一粒子的最大距离取此值的一半。热量传递至烟云中任一空气域的最大时间将与距离的平方一致，此距离等于烟云中任一粒子的最大距离（107 μm），而且在几倍的此时间内（可能少于 1 ms）热传导将达到平衡：

$$t = \frac{0.010\,7^2}{6 \times 0.187} = 102\,(\mu s)$$

5.1.3 热烟云飘浮

由于空气对流和浮力的原因，热烟云将被抬升。抬升速度可由作用在烟云上的飘浮力 F_B 达到平衡时得到

$$F_B = \frac{\pi}{6}\Delta\rho\,D^3 g$$

作用在烟云上的阻力 F_D 为

$$F_D = \frac{\pi}{8}C_D\,D^2\rho\,v^2$$

式中，$\Delta\rho$ 是因加热导致的烟云密度的降低；D 是烟云直径；g 是重力加速度（10 m/s^2）；C_D 是作用在整个烟云上的空气阻力系数；v 是烟云抬升速度。环境温度为 T，烟云温度抬升 ΔT 时，由理想气体定律可预测降低的烟云密度为

$$\Delta\rho = \frac{\rho}{1 + T/\Delta T}$$

Reynolds 数大于 200 000 时，阻力系数为 0.1。由烟云内部空气流动引发的阻力系数降低的校正因子可由层流区域计算得到，气体球穿过具有同等黏度气体的校正因子为 5/6。尽管在层流区域外，但只要速度增大得足够大并产生显著的湍流，预期烟云仍会扩散。Reynolds 数（Re）定义为

$$Re = \frac{vD}{\mu}$$

式中，μ 是空气的运动黏度（293 K 时为 0.152 cm^2/s）。假定浮力等于空气阻力，烟云的抬升速度为

$$v = \sqrt{\frac{\frac{\pi}{6}\Delta\rho\,D^3 g}{\frac{\pi}{8}C_D\,D^2\rho}} = \sqrt{\frac{4\Delta\rho gD}{3\rho C_D}}$$

取代 $\Delta\rho$，得到

$$v = \sqrt{\frac{4gD}{3\left(1 + \dfrac{T}{\Delta T}\right)C_D}}$$

如环境温度为 300 K，直径为 10 m 的烟云，温度抬升 3 ℃时，烟云的抬升
速度为 3.6 m/s。这与 Reynolds 数一致。

$$Re = \frac{3.6 \times 10}{0.000\ 015\ 2} \sim 2\ 370\ 000$$

在此范围内，阻力系数近似为 0.1，因而可预测湍流使烟云快速扩散
解体。

|5.2　烟火热源|

5.2.1　对烟云光学厚度的贡献

粒子最显著的特性是它们的形状和尺寸。假设烟云粒子的形状为类圆盘
状，烟火热源被认为是球形。烟云和烟火热源颗粒的物理性质如表 5.1 所示。

表 5.1　烟云和烟火热源颗粒的物理性质

性质	烟云	烟火热源颗粒
直径/μm	1.0	200 ~ 2 000
厚度/μm	0.1	—
长径比	10	—
浓度	10^{-8}	10^{-8}
下落时间/s	∞	10
光学厚度	1.0	TBD
温度/K	300	TBD

表 5.1 中的 TBD 意味着该量将通过分析确定。长径比是指颗粒直径与厚度
之比。浓度是任意体积内粒子所占体积与总体积之比，为无量纲量。下落时间
是粒子在烟云中下落一定距离所需的时间。表 5.1 中烟云粒子的下落时间为无
穷大。实际上，这是不正确的，但是为了研究目的，将作出这样的假设，因为
这个时间远远大于较大且较重烟火粒子的下落时间，而且在任何情况下，这些
时间远远大于光子传输时间。

如果沿路径的消光系数是常数，则光学厚度（定义见第 5 章 5.4 节）正好
等于消光系数和总路径长度 L 的乘积。结果是当光学厚度为 1.0，总路径为
10 m 时，烟云的体积消光系数是 0.1 m^{-1}。根据浓度的定义，有下列关系：

$$C_s = n_s \nu_s = n_s \pi r_s^2 t_s = n_s \pi \frac{f_s^2 t_s^3}{4}$$

式中，n_s、ν_s、r_s、f_s 和 t_s 分别为类圆盘状烟云粒子的数浓度、体积、半径、长径比和厚度。对于球形烟火热源颗粒，其与烟云类似的关系式为

$$C_F = n_F \nu_F = n_F \frac{4}{3} \pi r_F^3$$

根据表 5.1 中的值，可计算嵌入烟云中烟火热源颗粒的数密度 n_F 以及烟云粒子总数 N_s 与烟火热源颗粒总数 N_F 的比率，如表 5.2 所示。

表 5.2　烟火热源颗粒数密度

$r_F/\mu m$	n_F/m^3	N_F	N_x	$\Delta x/cm$	N_s/N_F
100	$2.387\,324 \times 10^3$	$2.387\,324 \times 10^6$	$133.650\,0$	$7.482\,23$	$5.333\,333 \times 10^7$
200	$2.984\,155 \times 10^2$	$2.984\,155 \times 10^5$	$66.825\,2$	$14.964\,40$	$4.266\,667 \times 10^8$
500	$1.909\,859 \times 10^1$	$1.909\,859 \times 10^4$	$26.730\,1$	$37.411\,00$	$6.666\,667 \times 10^9$
1\,000	$2.387\,324 \times 10^0$	$2.387\,324 \times 10^3$	$13.365\,0$	$74.822\,30$	$5.333\,333 \times 10^{10}$

表 5.2 中的第三列 N_x 是烟火热源总数的立方根，代表了一维烟云中烟火热源数量。Δx 为烟云中烟火热源颗粒间距，即一维烟云内烟火热源颗粒间的平均距离。最后一栏为烟云粒子总数与烟云中嵌入的烟火热源颗粒总数的比率。很容易看出，烟云粒子数量远远大于嵌入的烟火热源颗粒数量。

计算烟火热源的光学厚度以确定在辐射传输计算中是否需要考虑这个值，这是一个有意义的问题。烟火热源的光学厚度为

$$\tau_F = n_F Q_F \pi r_F^2 L$$

式中，Q_F 是总相互作用横截面与几何横截面的比率；L 是穿过烟云的几何路径长度。烟云的相应光学厚度为

$$\tau_s = n_s Q_s \pi r_s^2 L$$

现在，将粒子数密度与粒子半径联系起来，可以得到烟火热源颗粒光学厚度与烟云光学厚度的比值。因此，烟火热源颗粒光学厚度与烟云光学厚度之比为

$$\frac{\tau_F}{\tau_s} = \frac{3 Q_F t_s}{2 Q_s r_F}$$

对于具有特定形状、尺寸和辐射波长的粒子，可以计算出这些光学性质。表 5.3 给出了烟火热源颗粒光学厚度与烟云光学厚度的比值。

表 5.3 烟火热源光学厚度与烟云光学厚度比值

$r_F/\mu m$	τ_F/τ_s	τ_F
100	0.001 50	0.001 50
200	0.000 75	0.000 75
500	0.000 30	0.000 30
1 000	0.000 15	0.000 15

表 5.3 第三列给出了烟火热源的总光学厚度等于第二列中的比值，这仅仅是因为规定了烟云的光学厚度为 1。很明显，烟火热源的光学厚度远小于烟云的光学厚度，因此在辐射计算中可忽略，只有大于 0.1 的光学厚度在辐射计算中才有意义。

5.2.2 辐射功率

当嵌入在烟云中的烟火热源燃烧时，由于发生化学反应，通过能量平衡方程可以计算出烟火热源温度的变化。

$$\frac{4\pi hr_F^3}{3\tau_t} + 4\pi r_F^2 \sigma T_0^4 = 4\pi r_F^2 \sigma (T_0 + \Delta T)^4$$

式中，h 为反应热；r_F 是烟火热源颗粒半径；τ_t 是烟火热源颗粒下落时间；σ 是 Stefan - Boltzmann 常数 $[5.6704 \times 10^{-8} \ W/(m^2/K^4)]$；$T_0$ 是烟云环境温度；ΔT 是烟火热源的温升。可以很容易地解出其温升，表达式为

$$\Delta T = T_0 \left\{ \left[\frac{hr_F}{3\sigma\tau_t T_0^4} + 1 \right]^{\frac{1}{4}} - 1 \right\}$$

例如，若 $h = 20\ 000\ J/cm^3$，烟火热源的下落时间为 10 s，环境温度为 300 K，则温升的简单方程为

$$\Delta T = T_0 \left[\left(1 + 1.175\ 696\ 012 \times 10^{10} \frac{r_F(\mu m)}{T_0^4} \right)^{\frac{1}{4}} - 1 \right]$$

对于 300 K 环境温度，可得出温度升高以及烟火热源的最终温度。计算结果列在表 5.4 中。

表 5.4 烟火热源温度及其半径

$r_F/\mu m$	$\Delta T/K$	$T_0 + \Delta T/K$
100	743.083 842 4	1 043.083 842
200	939.380 413 2	1 239.380 413
500	1 257.635 239	1 557.635 239
1 000	1 552.032 219	1 852.032 219

根据表 5.4 第三列给出的烟火热源最终温度，可计算得到烟火热源的输出功率。功率只是烟火热源表面积和热通量的乘积。已知烟火热源的表面积和最终温度，可计算所有烟火热源输出的总功率。

$$p_F = A_F \sigma T_F^4$$

根据能量平衡方程还可得到

$$T_F^4 = (T_0 + \Delta T)^4 = T_0^4 + \frac{h r_F}{3 \sigma \tau_t}$$

代入举例的数值可得到

$$p_F = T_0^4 r_F^2 (\mu m) \left[7.125\ 634\ 793 + \frac{8.377\ 580\ 41 \times 10^{10} r_F (\mu m)}{T_0^4} \right] 10^{-19}$$

如果环境温度为 300 K，则依据烟火热源半径，可得到烟火热源输出功率的简单方程：

$$p_F = [5.771\ 764\ 182 + 8.377\ 580\ 41 r_F (\mu m)] r_F^2 (\mu m) \times 10^{-9}$$

由此，可计算单个嵌入式烟火热源的输出功率以及所有嵌入式烟火热源的总输出功率，结果列在表 5.5 中。

表 5.5　烟火热源的输出功率

$r_F / \mu m$	N_F	单个粒子功率 p_F / W	所有粒子功率 P_F / W
100	$2.387\ 324\ 2 \times 10^6$	0.008 435 298	20 137.790 7
200	$2.984\ 155\ 2 \times 10^5$	0.067 251 514	20 068.895 4
500	$1.909\ 859\ 3 \times 10^4$	1.048 640 492	20 027.558 1
1 000	$2.387\ 324\ 2 \times 10^3$	8.383 352 174	20 013.779 1

5.2.3　辐射热传递

如果想将更多的热量用于辐射，可以增加粒子尺寸和温度，从而增加辐射的热量，这样可以降低对比度和信噪比透过率，而传递给空气的热量则不会降低大气窗口的对比度和信噪比透过率。增加粒子尺寸将降低用于热传导和辐射损耗的有效表面积，但是可以增加粒子的反应时间和沉降速度。为了观察粒子尺寸对粒子温度的影响，首先看热传导的稳态解，如采用直径为 ξ 的球形粒子，热量经表面积和体积传递至周围空气中。假定较大烟火热源颗粒的间距足够大，可以发生热传导，且不受周围粒子热传导影响。球形粒子产生 $\dot{H}_v$（瓦每单位粒子体积）能量使表面温度的抬升与粒子尺寸的平方成正比，则

$$\Delta T_v = \frac{\dot{H}_v \xi^2}{3K}$$

同时，每单位粒子表面积由于表面加热产生 $\Delta \dot{H}_s(W)$ 能量，温度抬升与粒子尺寸呈线性关系，ΔT_s 为

$$\Delta T_s = \frac{\Delta \dot{H}_s \xi}{K}$$

式中，$K = \kappa \rho c$ 是空气传导率。加热的体积要么是发生在整个粒子体系内的放热化学反应，要么是全部粒子体积吸收的入射高能量密度辐射（粒子尺寸远小于高能量辐射波长）。如果假定所有损耗中，辐射损耗大于传导损耗，则能量平衡预测的体积加热的平衡温度与 $\xi^{1/4}$ 成正比。

$$T_v = \left(\frac{\Delta \dot{H}_v \xi}{3 \sigma \varepsilon} \right)^{1/4}$$

表面加热的平衡温度与粒子尺寸无关，则

$$T_s = \left(\frac{\Delta \dot{H}_s}{\sigma \varepsilon} \right)^{1/4}$$

式中，ε 是粒子的发射率或吸收率。这 2 个表达式清楚地表明，对于发射辐射，粒子尺寸与粒子平衡温度有关，而且来自表面的辐射强于体辐射。当粒子尺寸大于发射辐射的波长时，发射率与粒子尺寸无关；然而，当粒子尺寸小于发射辐射波长时，可引入粒子的体辐射和与尺寸有关的发射率，但是与温度抬升有关的相对于发射波长的粒子吸收/发射横截面用 Rayleigh 低频表达式更精确。在这里，仅考虑嵌入烟云中的烟火热源尺寸远大于最大发射波长（10 μm）的情况，因此发射率与粒子尺寸无关。

传导与热辐射损耗比率是粒子尺寸、发射率和温度的函数。传导热损耗为 $4\pi K \Delta T \xi$，辐射热损耗为 $4\pi \xi^2 \varepsilon \sigma T^4$，因而在特定粒子温度时，辐射与传导热损耗比率与粒子尺寸成正比。设定该比率为 1，产生相等传导和辐射热损耗的粒子尺寸 ξ_{eq} 为

$$\xi_{eq} = \frac{K \Delta T}{\varepsilon \sigma T^4}$$

式中，$T = T_a + \Delta T$。与环境温度 T_a 相比，抬升温度较小，因而粒子尺寸的增加与 ΔT 成正比。如发射率为 1，环境温度为 300 K，温度抬升 3 K 时，产生相等传导和热辐射热损耗的粒子尺寸（量纲为 cm）为

$$\xi_{eq}(303\ \text{K}) = \frac{6.05 \times 10^{-5} \times 4.19 \times 3}{5.67 \times 10^{12} \times 303^4} = 0.0159$$

当环境温度为 300 K，$\Delta T = T_a / 3$ 时，最终的最大尺寸为

$$\xi_{eq}(\max) = \frac{6.05 \times 10^{-5} \times 4.19 \times 100}{5.67 \times 10^{12} \times 400^4} = 0.175$$

最后，对于较高的温度抬升，粒子尺寸的降低与 $1/T^3$ 成正比。如温度抬

升 1 500 K，粒子尺寸（量纲为 cm）为

$$\xi_{eq}(1\ 800\ K) = \frac{6.05 \times 10^{-5} \times 4.19 \times 1\ 500}{5.67 \times 10^{12} \times 1\ 800^4} = 0.639$$

采用较大和较热的烟火热源，烟云辐射的增加值高于热传导，因而可以降低对比度和信噪比透过率。

当烟云温度抬升至 1 500 K 时，最后表达式中烟火热源尺寸增加 2 个数量级，直径达到 0.639 cm，传导热损耗可降低至辐射热损耗的 1%。当然，这么大的球形颗粒不可能长时间飘浮在空中，还必须考虑重力沉降引起的对流热损耗。通过将颗粒形状改为扁平状（如圆盘状或片状）可降低大颗粒的重力沉降速度。只要颗粒的加热和发射辐射与表面积有关而与体积无关，则具有相同表面积的颗粒形状可近似认为具有相同的热损耗及达到同样的平衡温度。例如，直径为 0.9 cm 的薄圆盘粒子，可近似为直径 0.639 cm 的球，但是重力沉降速度和表面化学反应时间是可调节的，与选择的圆盘厚度有关。

5.2.4　重力沉降

在层流、瞬变流和湍流区域的圆盘状烟火热源的重力沉降速度可由阻力系数得到。采用阻力系数方程得到重力沉降速度：

$$v = \sqrt{\frac{2m_F g}{C_D A \rho}}$$

式中，m_F 为烟火热源质量；A 是粒子与空气流垂直方向的横截面积。圆盘状烟火热源质量为

$$m = \rho_F \frac{\pi}{4} d^2 t$$

式中，ρ_F 为圆盘型烟火热源颗粒密度；d 为直径，t 为厚度。在层流区域，运动方向与圆盘对称轴平行的阻力系数为 $64/\pi Re$，沿赤道轴（与对称轴垂直）运动的阻力系数为 $128d/3\pi t Re$。依据主要尺寸定义的 Reynolds 数为

$$Re = \frac{vd}{\mu}$$

在湍流区域，阻力系数为 1，在非常大的 Reynolds 数中，滑动翻滚式运动将使取向趋于随机分布。整个瞬变流的简单近似是下列两个解的简单组合：

对于 $\vec{v}$ 平行对称轴为

$$C_D = \frac{64}{\pi Re} + 1$$

对于 $\vec{v}$ 垂直对称轴为

$$C_D = \frac{128d}{3\pi t \mathrm{Re}} + 1$$

对于 $\vec{v}$ 平行对称轴的层流区沉降速度为

$$v = \frac{\pi t d \rho_F g}{48\eta}$$

对于 $\vec{v}$ 垂直对称轴的层流区沉降速度为

$$v = \frac{\pi t d \rho_F g}{32\eta}$$

式中，空气黏度 $\eta = 1.83 \times 10^{-4}$ g/(cm·s^{-1})。

对于 $\vec{v}$ 平行对称轴的湍流区重力沉降速度为

$$v = \sqrt{\frac{4t\rho_F g}{3\rho}}$$

对于 $\vec{v}$ 垂直对称轴的湍流区重力沉降速度为

$$v = \sqrt{\frac{4d\rho_F g}{3\rho}}$$

对于直径 0.9 cm 的圆盘状烟火热源颗粒，相对于传导，大多数为辐射热损耗，厚度 20 μm，密度为 2 g/cm^3，其近似滑动翻滚沉降速度（cm·s^{-1}）为

$$v = \sqrt{\frac{4t\rho_F g}{3\rho}} = \sqrt{\frac{20 \times 10^{-4} \times 2 \times 980}{3 \times 0.001\,3}} = 63.4$$

相应的 Reynolds 数与选择的阻力系数及取向一致：

$$\mathrm{Re} = \frac{dv}{\mu} = \frac{0.9 \times 63.4}{0.152} = 375$$

5.3　表观温度和直接透过率

Planck 方程表明黑体光谱辐射出射度 $M_b(\lambda, T)$(W/(m^{-2}·μm)) 与其表面绝对温度 T 和波长 λ 的关系为

$$M_b(\lambda, T) = \frac{c_1}{\lambda^5\left[\exp\left(\frac{c_2}{\lambda T}\right) - 1\right]} \tag{5.1}$$

$$c_1 = 2\pi hc^2 = 2\pi \times 6.626 \times 10^{-34} \times (2.998 \times 10^8)^2 = 3.742 \times 10^{-16} \,(\mathrm{W/m^2})$$

$$c_2 = \frac{hc}{k} = \frac{6.626 \times 10^{-34} \times 2.998 \times 10^8}{1.380\,650\,5 \times 10^{-23}} = 1.438\,8 \times 10^4 \,(\mathrm{\mu m/K})$$

式中，c_1 为第一 Planck 辐射常数；c_2 为第二 Planck 辐射常数；$h = 6.626 \times 10^{-34}$ J/s 为 Planck 常数；$c = 2.998 \times 10^{8}$ m/s 为真空光速；$k = 1.380\ 650\ 5 \times 10^{-23}$ J/K 为 Boltzmann 常数，λ 为波长，μm；T 为黑体温度，K。此式即为普朗克定律最常用的表达式，描述了黑体辐射的光谱分布规律。

黑体是一种完全的温度辐射体，也是一个完全的余弦辐射体，其在任意波长、任意角度都能全部吸收入射能量而不发生反射，是一种理想化模型。

任何非黑体所发射的辐射通量都小于同温度下黑体发射的辐射通量；并且非黑体的辐射能力不仅与温度有关，而且与表面材料的性质有关，实际目标所释放的能量并不像 Planck 方程所预期的那样多。

离开自然目标表面的辐射包括自身发射辐射和反射环境辐射两部分。由于探测器不可能区分两种辐射的贡献，因此探测器总是测量两者的总和。该测量值被认为仅是目标自身发射辐射，因此通常被增加一前缀"apparent（表观）"，而相关参数被赋予上标"$*$"，代表"表观"。

假设被探测的自然目标为经典朗伯辐射体，则对于与被探测自然目标的距离为 r，具有特定光谱响应函数的探测器接收到的自然目标的表观辐照度 $E_t^*(\lambda, T_t^*)$ 为

$$E_t^*(\lambda, T_t^*) = \{\varepsilon_t(\lambda) M_b(\lambda, T_t) + [1 - \varepsilon_t(\lambda)] E(\lambda, T_a^*)\} \tau(\lambda, r) F(\lambda)$$

$$(5.2)$$

式中，$\varepsilon_t(\lambda)$ 为目标发射率；$\tau(\lambda, r)$ 为探测器与被探测目标间光路的光谱透过率，无烟幕（云）干扰时为大气透过率，有烟幕（云）干扰时为烟幕（云）透过率（忽略大气透过率）；T_t^* 为表观目标温度，T_t 为目标实际温度，T_a^* 为表观环境温度；$1 - \varepsilon_t(\lambda) = \rho_t(\lambda)$ 为目标表面反射率；$F(\lambda)$ 为探测器系统的光谱响应函数。

式（5.2）右侧大括号中的第一项表示从目标表面发出的固有热发射（辐射），第二项表示目标表面对环境辐射的反射。

表观环境温度 T_a^* 是一个模糊术语。对于水平表面，$E^*(\lambda, T_a^*)$ 表示天空半球的光谱辐照度 $E(\lambda, T_{sky})$。天空半球在近距离和一些表观温度下被视为黑体。对于垂直表面，这是地表和天空辐照度的混合，并且难以确定。这种贡献在很大程度上取决于表面的光谱反射率和背景辐射水平。许多人造和天然材料类似灰体，具有相对低的反射系数 $0.1 < \rho < 0.2$，这导致在中等环境辐射条件下地表对总辐射贡献很低。将天空近似为黑体，则入射至自然目标表面的天空辐照度为

$$E^*(\lambda, T_a^*) = \int_0^{2\pi} \mathrm{d}\mu \int_0^{\pi/2} g(\mu, \phi) \int_{\lambda_0}^{\lambda} M(\lambda, T_a) \mathrm{d}\lambda \mathrm{d}\phi \qquad (5.3)$$

式中，$g(\mu, \phi)$ 是与目标表面取向有关的几何因子。

在遮蔽烟幕（云）环境中（图 5.3），通过应用 Beer 消光定律，引入了光学厚度和直接透过率的概念，即

$$I_{\mathrm{dir}}(r_0, r) = I_t(r_0) \mathrm{e}^{-\tau(r_0, r)} \tag{5.4}$$

式中，$I_{\mathrm{dir}}(r_0, r)$ 定义为直接透射辐射分量，表示从目标 $I_t(r_0)$ 最初发出的穿过光学厚度为 $\tau(r_0, r)$ 的介质且不受阻碍（既不被散射也不被吸收）的传播辐射部分。这种直接透射的辐射分量对目标的探测和识别、目标图像的形成等是有效的，确切地讲与未遮挡条件完全相同。

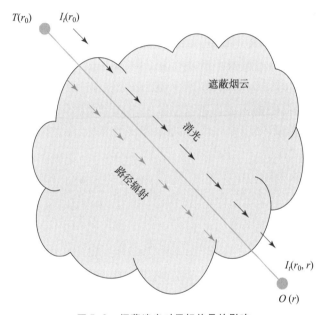

图 5.3　烟幕消光对目标信号的影响

如果直接透射辐射值已知，则对式（5.4）稍加重排就可以作为光学厚度的定义。另一方面，如果烟云质量消光系数 α_{ext} 为常数，则可根据烟云浓度 $C(r)$ 的路径积分计算光学厚度，即

$$\tau(r_0, r) = \int_0^\tau \mathrm{d}\tau' = \alpha_{\mathrm{ext}} \int_0^R C(r') \, \mathrm{d}r' \tag{5.5}$$

式（5.5）可以理解为，对目标（r_0）和探测器（r）的位置之间的总长度（R）的直线路径进行积分。

质量消光系数 α_{ext} 不仅是与波长有关的遮蔽烟云的光学性质，而且还取决

于粒度分布、颗粒组成和形状（通常假设为球形）。其与体积消光系数 K_{ext}（λ，s）或 $\gamma_{ext}(\lambda, s)$、单粒子或分子消光截面 $\sigma_{ext}(\lambda, r_s)$ 和单粒子消光效率 $Q_{ext}(\lambda, r_s)$ 有关。假设粒子为球形，则这些消光系数间的转换关系为

$$\alpha_{ext}(\lambda) = \frac{K_{ext}(\lambda, s)}{C(s)} = \frac{\int \sigma_{ext}(\lambda, r_s) n(r_s)\, da}{\rho \int \frac{4\pi}{3} r_s^3 n(r_s a)\, da} = \frac{3 \int Q_{ext}(\lambda, r_s) r_s^2 n(r_s)\, dr_s}{4\rho \int r_s^3 n(r_s)\, dr_s} \quad (5.6)$$

式中，ρ 是烟云的体质量密度；r_s 是粒子半径；s 是任意两个位置矢量 r_0 和 r 之间的传播路径长度，定义为 $s = |r - r_0|$；$n(r_s)$ 是在 r_s 至 $r_s + dr_s$ 间隔内，单位体积中半径为 r_s 的粒子数。

在烟云浓度均匀时，体积消光系数 K_{ext}（有时写成 γ_{ext}）是最有用的，表示通过烟云的单位距离的光学厚度。

单粒子消光效率 Q_{ext} 是每个粒子的光学消光截面 σ_{ext} 与粒子几何截面积的无量纲比，通常是根据理论计算的。

式（5.6）分母中的积分量是单位体积空气中烟云体积乘以烟云的体质量密度，这等效于遮蔽浓度。因此，质量消光系数等效于对空气中每单位质量浓度烟云的所有尺寸粒子进行积分的粒子消光截面。

质量消光系数是直接光束吸收和向外散射效应的和，即

$$\alpha_{ext} = \alpha_{abs} + \alpha_{sca} \quad (5.7)$$

式中，α_{abs} 定义为质量吸收系数，α_{sca} 定义为质量散射系数，这两个参数通过单散射反照率（ω_0）相联系，ω_0 是一个无量纲量，顾名思义，定义了散射对总消光的相对贡献，即

$$\omega_0 = \frac{\alpha_{sca}}{\alpha_{abs} + \alpha_{sca}} \quad (5.8)$$

因而，（$1 - \omega_0$）表示吸收的相对贡献。$\omega_0 = 0$，对应全吸收（即无散射）烟幕，$\omega_0 = 1$，对应全散射（即无吸收）烟幕（云）。对于红外波段，（$1 - \omega_0$）被称为单位光学厚度的发射率。

|5.4 光学厚度|

根据第 5 章 5.3 节中光学厚度的定义，如果假设烟云的质量消光系数为常数，则对于高斯分布烟云，光学厚度只是简单的乘积（$\alpha_{ext} CL$），其中 CL 是线

性积分浓度，通常称为 **CL** 乘积。根据高斯烟云浓度可以建立计算任意两点 **r** 和 **r₀** 之间光学厚度 $\tau(\boldsymbol{r},\boldsymbol{r}_0)$ 所需的解析表达式。

假设高斯烟云位于图 5.4 起始点中心，则可计算沿虚线路径 **x′** 的光学厚度。该虚线路径从某任意点 **r** 开始，向外延伸至 **r₀** 处虚线圆所示烟云的实际"边缘"，其对应于烟云的"实际"半径 R_0。

图 5.4　高斯烟云光学厚度计算的几何关系

根据式（5.5）的定义，对于高斯浓度分布，**CL** 乘积可写为

$$CL(\boldsymbol{r},\boldsymbol{r}_0) = \int_r^{r_0} C(\boldsymbol{r}')\,\mathrm{d}\boldsymbol{r}' = \frac{Q_0}{(\sqrt{2\pi}\sigma_0)^3}\int_r^{r_0}\exp\left[-\left(\frac{\boldsymbol{r}'}{\sqrt{2}\sigma_0}\right)^2\right]\mathrm{d}\boldsymbol{r}' \qquad (5.9)$$

式中，矢量 **r′** 指示的点也对应于距积分起点的矢量距离 **x′**（图 5.4）。Q_0 为烟云的总质量，为控制浓度的可调参数，其与燃烧产生烟云的过程中所消耗的烟火药质量和成烟效率有关；σ_0 为高斯扩散参数，决定着烟云分布的半宽度。

根据简单的向量几何以及图 5.4，得到 **r′**=**r**+**x′**，将其代入式（5.9）中，得到

$$CL(\boldsymbol{r},\boldsymbol{r}_0) = \frac{Q_0}{(\sqrt{2\pi}\sigma_0)^3}\int_0^{x_0}\exp\left[-\left(\frac{\boldsymbol{r}+\boldsymbol{x}'}{\sqrt{2}\sigma_0}\right)^2\right]\mathrm{d}\boldsymbol{x}' \qquad (5.10)$$

式中，从 **x′**=0 开始，到 **x′**=**x₀** 结束，沿着直线路径 **x′** 进行积分。

为了将式（5.10）表示为更可行的标量形式。首先应用简单几何向量展开上述表达式中的指数参数，获得以下结果：

$$\boldsymbol{r}'^2 = [\boldsymbol{r}+\boldsymbol{x}']^2 = |\boldsymbol{r}|^2 + |\boldsymbol{x}'|^2 + 2rx'(\hat{r}\cdot\hat{x}') = x'^2 + r^2 + 2rx'\mu = (x'+\mu r)^2 + r^2(1-\mu^2)$$

$$(5.11)$$

式中，μ 是径向矢量 **r** 和传播矢量 **x′**（或 **x₀**，两者共线）间夹角的余弦（图 5.4）。式（5.11）中最后一个表达式的形式遵循稍加处理的简单几何结构，并可通过直接展开进行验证。

现在，借助式（5.11），将式（5.10）改写为更可行的（标量）形式，以便进行后续积分，即

$$\begin{aligned}
CL(r,r_0:\mu) &= \frac{Q_0}{(\sqrt{2\pi}\sigma_0)^3}\int_0^{x_0}\exp\left[-\frac{(x'+\mu r)^2 + r^2(1-\mu^2)}{2\sigma_0^2}\right]\mathrm{d}x' \\
&= \frac{Q_0}{(\sqrt{2\pi}\sigma_0)^3}\exp\left[-\frac{r^2(1-\mu^2)}{2\sigma_0^2}\right]\int_0^{x_0}\exp\left[-\left(\frac{x'+\mu r}{\sqrt{2}\sigma_0}\right)^2\right]\mathrm{d}x' \\
&= C_1\int_0^{x_0}\exp\left[-\left(\frac{x'+\mu r}{\sqrt{2}\sigma_0}\right)^2\right]\mathrm{d}x'
\end{aligned} \qquad (5.12)$$

式中，已经明确，此表达式与标量变量（r，r_0，μ）有关。r 和 r_0 是参考烟云中心的标量距离，因而 CL 乘积是标量距离（$r - r_0$）和相对角度 θ（$\mu = \cos\theta$）的函数。常数 C_1 在数值上等于积分起点[如 $C_1 = C(r)$]处的烟云质量浓度。从式（5.12）得到的最终积分结果仅取决于相对角度 μ 以及标量距离（r，x_0），其中 x_0 是总路径距离（$x_0^2 = r^2 + r_0^2$）。

引入中间变量 $t'^2 = (x' + \mu r)^2 / 2\sigma_0^2$，并进行 $\mathrm{d}t' = \mathrm{d}x' / 2\sigma_0$ 替换，从而将式（5.12）简化为

$$CL(r_1, r_2 : \mu) = \sqrt{2}\sigma_0 C_1 \int_t^{t_0} \exp[-t'^2] \mathrm{d}t' \tag{5.13}$$

则现在可用众所周知的误差函数表示式（5.13）中的积分，从而可以立即进行积分：

$$CL(r, r_0 : \mu) = \sqrt{2}\sigma_0 C_1 \left\{ \int_0^{t_0} \exp[-t'^2] \mathrm{d}t' - \int_0^t \exp[-t'^2] \mathrm{d}t' \right\} = \sqrt{\frac{\pi}{2}}\sigma_0 C_1 \{ \mathrm{erf}(t_0) - \mathrm{erf}(t) \}$$

$$= CL_0 \left\{ \mathrm{erf}\left(\frac{x_0 + \mu r}{\sqrt{2}\sigma_0}\right) - \mathrm{erf}\left(\frac{\mu r}{\sqrt{2}\sigma_0}\right) \right\} \tag{5.14}$$

式中，$CL_0 = \sqrt{\pi/2}\,\sigma_0 C_1$ 为另一个常数，其在数值上等于 CL 径向路径。式（5.14）中的误差函数在应用中以常用的符号形式定义为

$$\mathrm{erf}(x) = \frac{2}{\sqrt{\pi}} \int_0^x \mathrm{e}^{-t'^2} \mathrm{d}t' \tag{5.15}$$

实际上，将式（5.15）应用于当前的计算时，所有的计算都是基于固定半径 R_0 的"标准"烟云，代表高斯烟云的"实际"范围（严格讲是扩展至无穷大）。出于实际目的，随机将边缘定义为烟云浓度降至中心处 1/1 000 的数值点。通过定义了该标准烟云的总质量，使得总烟云的 CL 路径或烟云径向光路长度计算为 1。经过相应计算处理后，产生的"标准"烟云值为

$$\sigma_0 = \frac{R_0}{\sqrt{2\ln 1\,000}} = 13.452$$

$$Q_0 = \frac{2\pi\sigma^2}{\mathrm{erf}(R_0 / \sqrt{2}\sigma)} = 1\,350 \tag{5.16}$$

式中，计算值与使用直径为 1 m（即 $R_0 = D_0/2 = 0.5$ m）的烟云的计算值一致，并且在整个计算过程中使用了实际值。随着高斯参数的确定，可以很容易从式（5.14）计算烟云内任一路径上的 CL 乘积，因此光学厚度可以简化为

$$\tau(r, r_0 : \mu) = \alpha_{\mathrm{ext}} CL(r, r_0 : \mu) \tag{5.17}$$

由式（5.17）得出，可以通过两种方式改变烟云光学厚度：①改变光学变量 α_{ext}；②或通过高斯参数 Q_0 或 σ_0 改变烟云浓度。事实证明这两种方法是

完全等效的，也是光学厚度（不是 r）作为光学计算的"真正"自变量基础的一部分。这意味着，一旦对"标准"单位烟云进行计算，结果对任何具有相同光学厚度的烟云都是有效的。

　　假设烟云直径 $D_0 = 1$ m，则 $R_0 = D_0/2 = 0.5$ m。使用式（5.16）中的参数，在图 5.5 中展示了标准烟云浓度和 CL 乘积的一些边到边横截面曲线的数值示例。

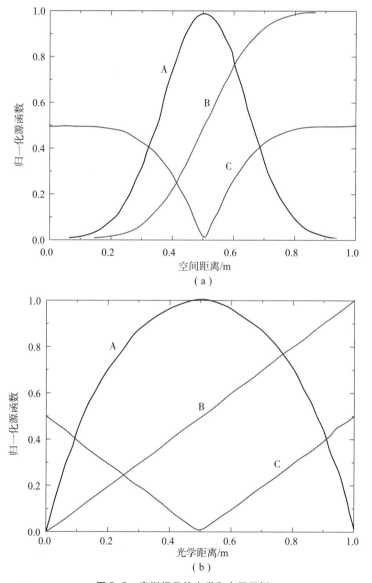

图 5.5　高斯烟云的光学和空间示例

（a）高斯烟云归一化源函数与空间距离的关系；（b）高斯烟云归一化源函数与光学距离的关系

图 5.5（a）基于通常的空间表示，其中横坐标表示从烟云（左）边缘开始并穿过烟云中心的线性距离。图 5.5（b）表示相同的数值数据，但采用 CL 乘积作为横坐标，而不是空间距离。请注意，图 5.5 将轴标记为归一化空间距离（d/d_0）或归一化光学距离（τ/τ_0）。在这两种情况下，标记为 A 的曲线代表浓度（在中心处归一化为 1），标记为 B 的曲线代表从左边缘到 0 的 CL 乘积，标记为 C 的曲线代表从中点到零的"径向" CL 乘积。从图 5.5（a）可以看出，在中心具有最大浓度且呈现明显的径向对称性，径向 CL 乘积从左边缘的 0 上升到中心的 0.50，最后上升到右边缘的 1。径向 CL 乘积在中心处为 0，向两边增加至最大值 0.50。显然，在图 5.5（b）中，光学厚度显示为一条必需的直线，而浓度图在外观上要展宽得多。

5.5　嵌入烟火热源的烟云辐射

对于一个已知温度和反照率的有限大小、含嵌入烟火热源、多次散射的烟云（烟幕），假设它被平面 Lambert 辐射体从上方和下方照射，以代表来自天空和地表的外来入射辐射。到达探测器总辐射贡献的各个分量如图 5.6 所示。图 5.6 中实线代表目标透过烟云的直接透射分量，该过程指的是烟云的消光，包括吸收和向外散射，其受以下两方面影响：

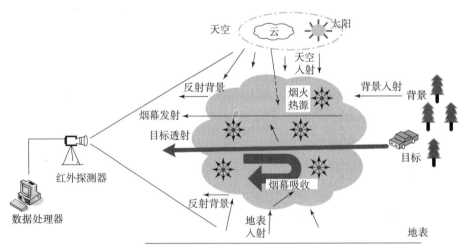

图 5.6　典型热辐射气溶胶（烟云）的工作场景

（1）沿主传播路径上所有粒子的吸收。

（2）沿主传播路径上所有粒子的向外散射。

图 5 - 6 上方虚线代表烟幕的漫散射分量，受以下因素影响：

（1）沿主传播路径所有粒子的直接热发射。

（2）烟云内部所有粒子的向内热散射。

（3）周围环境（天空和地表）的外部入射进来的向内散射。

图 5.6 表明从烟云发出的到达探测器的总辐射（大气路径辐射与烟云辐射相比可忽略），包括目标的直接透射辐射、烟云粒子对环境辐射源（天空、太阳、地表等）的多次散射辐射、烟云粒子自发射（吸收外部辐射和嵌入热源发出的辐射）在烟云内部的多次散射以及嵌入烟火热源的直接热辐射。在这里做如下假定：

（1）嵌入的烟火热源完全镶嵌在烟云内部且均匀分布，在烟云表面不存在正在燃烧的烟火热源，而处于烟云表面的众多烟火热源的辐射，由于其红外辐射性能远强于烟云的辐射，因此可根据第 4 章及第 5 章 5.2 节的内容独立计算。

（2）将含嵌入烟火热源的烟云作为一个整体来处理，在宏观上以烟云温度来近似处理。

（3）引入"局部热力学和辐射平衡"的概念，以方便应用黑体函数。

（4）烟云浓度分布满足高斯函数。

因此，从烟云发出的总辐射，除目标的直接透射辐射外，其他辐射信号均会对探测器带来辐射增益，可以粗略地称为"噪声或干扰"信号，需要对 Beer 定律表达式进行重大修改，最终得到的烟云输出的总辐射传输方程为

$$\frac{1}{C(r)}\frac{\mathrm{d}I(r)}{\mathrm{d}r} = (1 - \alpha_{\mathrm{abs}} - \alpha_{\mathrm{sca}})I_t(r) + \alpha_{\mathrm{sca}}E_{\mathrm{ext}}(r) + \alpha_{\mathrm{sca}}E_{\mathrm{int}}(r) + \varepsilon_{\mathrm{ems}}M(\lambda, T_{\mathrm{cld}})$$

$$(5.18)$$

式中，$C(r)$ 是烟云质量浓度；$I_t(r)$ 代表被烟云遮挡目标最初发出的既未被散射也未被吸收的且沿主路径传播的辐射量；$E_{\mathrm{ext}}(r)$ 为烟云散射环境（地表和天空）入射的源函数；$E_{\mathrm{int}}(r)$ 为烟云内部热发射的多次散射源函数；$\varepsilon_{\mathrm{ems}}$ 为烟云发射率；$M(\lambda, T_{\mathrm{cld}})$ 是烟云黑体辐射出射度函数；T_{cld} 是烟云的真实（即非热力学）温度，通常可能是 r（或等效 τ）的函数。

式（5.18）右侧的第 1 项说明了被遮蔽目标沿主光路被烟云吸收和向外散射（即消光）后透过的辐射量；右侧第 2 项说明了烟云对环境辐射源（天空和地表）的散射；右侧第 3 项解释了烟云对其内部发射的散射；右侧第 4 项解释了烟云的热发射。

式（5.18）的解至少在两种情况下相当简单：第 1 种是 $E_{src} = E_{int}(r) + E_{ext}(r) = 0$ 且无嵌入烟火热源的简单情况，得到 Beer 定律解；第 2 种是 E_{src} 为常数，在这种情况下，进行积分后可以得到

$$I(r_0, r) = I(r_0) e^{-\tau_0} + \omega_0 E_{not} (1 - e^{-\tau_0}) \qquad (5.19)$$

式中，E_{not} 是一个常数，可以根据烟云的几何结构从理论上计算得到，或者在某些情况下，根据现场测量进行经验估算；$\tau_0 = \tau(r_0, r)$ 作为目标—探测器路径距离 R 上的总光学厚度。事实证明，式（5.19）的形式是一些半经验模型的基础，可以用多种方式来推导。

上述处理是对一个复杂过程的一个非常简单的描述，它省略了几个涉及源函数推导和相关过程的几个重要细节。一旦源函数已知，烟云总辐射的计算就相当简单，仅需要简单的（数值）线性积分，这一点代表了源函数方法的实际优势。当然，剩下的问题在于实际确定源函数的各个分量。

5.5.1 源函数确定方法

辐射源函数可以被认为是在环境球体的整个 4π 球面度上从各个方向在某个给定点入射的总辐射（方向加权）度量，并且在任何特定点 r 的数学积分表达式为

$$E(r) = \frac{1}{4\pi} \iint P(\hat{r} \cdot \hat{x}) I(r, r_0) \, d\mu d\phi \qquad (5.20)$$

式中，函数 $I(r, r_0)$ 表示从点 r_0 的方向沿着连接两个点的路径 $x = x(\mu, \phi)$ 到达某个点 r 的辐射（图 5.7）。

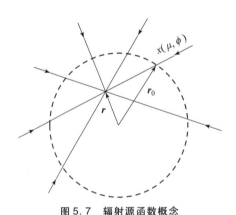

图 5.7　辐射源函数概念

在图 5.7 中，入射箭头代表来自各个方向的辐射，包括烟云的热辐射和多次散射的影响，假设烟云被约束在虚线球体的边界内。方向加权因子 $P(\hat{r} \cdot \hat{x})$

被称为散射"相"函数，则该函数描述了底层烟云介质的角散射特性，并在此处定义为对所有角度的积分，得到下列关系式：

$$\frac{1}{4\pi}\iint P(\hat{r}\cdot\hat{x})\,\mathrm{d}\mu\mathrm{d}\phi=1 \tag{5.21}$$

对于各向同性散射，需要将相函数设置为常数值 1，即 $P(\hat{r}\cdot\hat{x})=1$。微分角坐标（$\mathrm{d}\mu$，$\mathrm{d}\phi$）表示以定义的任意传播路径的角坐标（μ，ϕ）为中心的立体角（$\mathrm{d}\Omega=\mathrm{d}\mu\mathrm{d}\phi$）。理论上，终点 r_0 延伸到无穷远，本文的目的，是将其视为图 5.7 虚线边界表示的（高斯）烟云的实际"边缘"。

以任何直接和简单的方式评估式（5.20）的主要困难在于，辐射函数 $I(r,r_0)$ 必须包括所有散射阶，其本身通常是未知的，并且只能由辐射传递方程的解获得，但在此处以更简洁的符号重写为

$$I(r,r_0)=I_{\mathrm{dir}}+\omega_0\int_0^{\tau_0}E(r')\,\mathrm{e}^{-\tau(r,r')}\mathrm{d}\tau' \tag{5.22}$$

$$I_{\mathrm{dir}}=I(r_0)\,\mathrm{e}^{-\tau(r,r_0)}$$

式中，r' 表示沿积分路径（图 5.4）的任意点的矢量坐标，而 $\tau_0=\tau(r,r_0)$ 是总路径光学厚度。该表达式包括了直接项，适用于整个上下半球的任何方向，而不一定适用于特定位置的单个实际目标。当以这种方式使用时，实际目标上来自环境球体上所有方向的环境边界值，可以作为输入，表示沿对应方向（μ，ϕ）的所有点 r_0 处的入射辐射。

图 5.4 展示了计算式（5.20）中选定单光线路径的计算方法。从图 5.4 中可以看到，积分路径从关注的点 r 开始，沿着方向 $x'=r'-r$ 向外扩展，并在烟云的合理边缘（r_0）终止。在烟云边界处，假设入射辐射的唯一源是来自环境边界输入，最终将使用该输入生成式（5.22）的直接项以计算外部或反射源函数的贡献。

对于径向对称（高斯）烟云，沿任意方向的光学厚度与方位角无关，可以用标量形式表示为

$$\tau(r,r')=\tau(r,r';\mu)$$

式中，r 和 r' 均为以烟云中心为参考的标量径向距离；μ 是主计算轴 r 与积分路径 x' 之间夹角的余弦。

借助这个结果，可以进一步证明，对于各向同性情况，辐射函数也与方位角无关；因此，在这些条件下，可以立即对式（5.20）中的 ϕ 进行积分，得到

$$E(r)=\frac{1}{2}\int_{-1}^{+1}I(r,r_0;\mu)\,\mathrm{d}\mu \tag{5.23a}$$

$$I(r, r_0; \mu) = I_0 + \omega_0 \int_0^{\tau_0} E(r') \mathrm{e}^{-\tau'(r, r'; \mu)} \mathrm{d}\tau' \qquad (5.23\mathrm{b})$$

式中，设定相函数为 1，并利用了这样一个事实，即在引用的环境情况下，源函数仅取决于标量距离 r，而与 r 的矢量方向无关。后一点是因为与 μ 相关的角度是参考 r 而非任何固定轴。在这一点上需要注意，所有距离都是标量，并且所有方向的相关性都包含在单个角度变量 μ 中。现在用式（5.23a）和（5.23b）取代式（5.20）和式（5.22）。

即使进行了上述简化，一个主要困难在于（未知）源函数出现在两个表达式中，最终只是解一个积分方程。解决方法是使用迭代方案，根据以下 2 个方程，将 E_{n+1} 的任何迭代与 E_n 的先前迭代关联起来，生成逐步细化（即更准确）的近似值：

$$E_{n+1}(r) = \frac{1}{2} \int_{-1}^{+1} I_n(r, r_0; \mu) \mathrm{d}\mu, \quad n = 1, 2, 3, 4, 5 \qquad (5.24\mathrm{a})$$

$$I_n(r, r_0; \mu) = I_0 + \omega_0 \int_0^{\tau_\infty} E_n(r') \mathrm{e}^{-\tau'(r', r; \mu)} \mathrm{d}\tau', \quad n = 1, 2, 3, 4 \qquad (5.24\mathrm{b})$$

式中，使用 $\tau_0 = \tau(r, r_0; \mu)$，可以在一致的方案中使用空间（$r$）或光学（$\tau$）表示。初始程序的一阶解被视为特殊情况，其形式基于反射情况的边界条件和发射情况的物理参数。也就是说，对于发射情况的第一次迭代，简单直接项为

$$I_0 = 0$$

发射情况：

$$E_1(r) = (1 - \omega_0) M_{\Delta\lambda}^*(T_{\mathrm{cld}}) \qquad (5.25)$$

对于反射情况，在第一次迭代使用了"单散射"项，该项源自基本考虑

$$I_0(r, \mu) = I_\infty(r_0; \mu) \mathrm{e}^{-\tau(r, r_0; \mu)}$$

反射情况：

$$E_1(r) = \frac{1}{2} \int_{-1}^{+1} I_\infty(r_0; \mu) \mathrm{e}^{-\tau(r, r_0; \mu)} \mathrm{d}\mu \qquad (5.26)$$

式中，$I(r_0; \mu)$ 值来自表示入射天空和地表辐射的边界条件，并假定为已知的常数。

确定一阶解后，通过计算一阶辐射 I_1 开始迭代过程。这是通过将一阶源函数 E_1 代入式（5.24b）来实现的；因此，

$$I_1(r, r_0; \mu) = I_0 + \omega_0 \int_0^{\tau_\infty} E_1(r') \mathrm{e}^{-\tau'(r', r; \mu)} \mathrm{d}\tau' \qquad (5.27)$$

通过将该结果代入式（5.24a），得到二阶源函数的解

$$E_2(r) = \frac{1}{2} \int_{-1}^{+1} I_1(r, r_0; \mu) \mathrm{d}\mu = \frac{1}{2} \int_{-1}^{+1} I_0 \mathrm{d}\mu + \frac{1}{2} \left\{ \int_{-1}^{+1} \left[\int_0^{\tau_\infty} E_1(r') \mathrm{e}^{-\tau'(r', r; \mu)} \mathrm{d}\tau' \right] \mathrm{d}\mu \right\}$$

$$= E_1(r) + \Delta E_1(r) \qquad (5.28)$$

在式 (5.28) 中，$E_1(r)$ 的替换直接遵循式 (5.24b) 给出的定义。ΔE_1 的形式比较清楚，也就是说，从中间表达式的第二项得到

$$\Delta E_1(r) = \frac{1}{2}\left\{\int_{-1}^{+1}\left[\int_0^{\tau_\infty} E_1(r')\,\mathrm{e}^{-\tau'(r',r;\mu)}\,\mathrm{d}\tau'\right]\mathrm{d}\mu\right\} \tag{5.29}$$

只要对 $E_1(r)$ 进行适当的区分，就可以应用于热辐射或反射的情况。从式 (5.28) 确定 $E_2(r)$，二阶辐射变为

$$\begin{aligned}
I_2(r,r_0;\mu) &= I_0 + \omega_0\int_0^{\tau_\infty} E_2(r')\,\mathrm{e}^{-\tau'(r',r;\mu)}\,\mathrm{d}\tau'\\
&= I_0 + \omega_0\int_0^{\tau_\infty} E_1(r')\,\mathrm{e}^{-\tau'(r',r;\mu)}\,\mathrm{d}\tau' + \omega_0\int_0^{\tau_\infty}\Delta E_1(r')\,\mathrm{e}^{-\tau'(r',r;\mu)}\,\mathrm{d}\tau'\\
&= I_1 + \omega_0\int_0^{\tau_\infty}\Delta E_1(r')\,\mathrm{e}^{-\tau'(r',r;\mu)}\,\mathrm{d}\tau' \tag{5.30}
\end{aligned}$$

对于三阶，继续采用一种简单的方式：

$$\begin{aligned}
E_3(r) &= \frac{1}{2}\int_{-1}^{+1} I_1(r,r_0;\mu)\,\mathrm{d}\mu = \frac{1}{2}\int_{-1}^{+1} I_1\,\mathrm{d}\mu + \frac{1}{2}\left\{\int_{-1}^{+1}\left[\int_0^{\tau_\infty}\Delta E_1(r')\,\mathrm{e}^{-\tau'(r',r;\mu)}\,\mathrm{d}\tau'\right]\mathrm{d}\mu\right\}\\
&= E_2(r) + \Delta E_2(r) \tag{5.31}
\end{aligned}$$

再次，进行适当的替换，得到了三阶辐射

$$\begin{aligned}
I_3(r,r_0;\mu) &= I_0 + \omega_0\int_0^{\tau_\infty} E_3(r')\,\mathrm{e}^{-\tau'(r',r;\mu)}\,\mathrm{d}\tau'\\
&= I_0 + \omega_0\int_0^{\tau_\infty} E_2(r')\,\mathrm{e}^{-\tau'(r',r;\mu)}\,\mathrm{d}\tau' + \omega_0\int_0^{\tau_\infty}\Delta E_2(r')\,\mathrm{e}^{-\tau'(r',r;\mu)}\,\mathrm{d}\tau'\\
&= I_2 + \omega_0\int_0^{\tau_\infty}\Delta E_2(r')\,\mathrm{e}^{-\tau'(r',r;\mu)}\,\mathrm{d}\tau' \tag{5.32}
\end{aligned}$$

从中可以看出，目前的趋势很明显。事实上，继续进行必要的步骤，得出以下结论：

$$I_{n+1}(r,r_0;\mu) = I_n(r,r_0;\mu) + \omega_0\int_0^{\tau_\infty}\Delta E_n(r')\,\mathrm{e}^{-\tau'(r',r;\mu)}\,\mathrm{d}\tau' \tag{5.33a}$$

和

$$E_{n+1}(r) = E_n(r) + \frac{1}{2}\left\{\int_{-1}^{+1}\left[\int_0^{\tau_\infty}\Delta E_n(r')\,\mathrm{e}^{-\tau'(r',r;\mu)}\,\mathrm{d}\tau'\right]\mathrm{d}\mu\right\} \tag{5.33b}$$

在所有的步骤中

$$\Delta E_n(r) = E_n(r) - \Delta E_{n-1}(r) \tag{5.33c}$$

这是适用于任何阶的最终解，也是生成球面和平面层对称源函数的算法中实际使用的形式。

在应用上述方程时，使用一种方法反复测试连续的阶数，直到满足收敛判据。对于所有情况，收敛判据均基于线积分量的值

$$X = \int_0^{\tau_0} E(r) e^{-\tau} d\tau \qquad (5.34)$$

在每次迭代结束时执行，在这种情况下，如果变化不超过预设的阈值 10^{-6}，则终止计算。在所有情况下，所有阶都得到了良好的解，从而导致一个光滑单调逼近收敛。收敛所需的阶数普遍随着反照率和烟云光学厚度的增加而增加。最极端的情况（$\omega_0 = 1$，$\tau_0 = 8$）需要 500 次迭代。

5.5.2 等温高斯烟幕源函数

图 5.8 的曲线图显示了迭代法如何在各种散射阶下工作的示例，其中包括导致最终收敛解之前的各种中间解（在 2 种情况下均由最上面的曲线表示）。图 5.8（a）代表反射情况，图 5.8（b）代表发射情况。在两种情况中，横坐标表示烟云的边到边的光学厚度 τ/τ_0，归一化为 1，并且在数值上相当于路径积分浓度或第 5 章 5.4 节讨论的 CL 乘积。在所有情况下，纵坐标是（归一化）源函数，定义为

$$\hat{E}_{int}(\tau_0, \omega_0; r) = \frac{E_{dir}(\tau_0, \omega_0; r)}{M_{\Delta\lambda}^*(T_{cld})} + \omega_0 \frac{E_{int}(\tau_0, \omega_0; r)}{M_{\Delta\lambda}^*(T_{cld})} \qquad (5.35a)$$

$$\hat{E}_{ext}(\tau_0, \omega_0; r) = \omega_0 \frac{E_{ext}(\tau_0, \omega_0; r)}{M_{\Delta\lambda}^*(T_{ext})} \qquad (5.35b)$$

式中，T_{cld} 和 T_{ext} 分别代表烟云（实际）温度和环境（辐射）温度，假定两者都为常数。在式（5.35）中还修改了表示法，以便清晰表示。对于给定的有限高斯烟云，源函数的形式取决于烟云反照率 ω_0 及烟云总的边到边的光学厚度 τ_0。

对于图 5.8 所示的特定示例，总烟云光学厚度 $\tau_0 = 4.0$，反照率 $\omega_0 = 0.905$，这些值恰好便于验证多次散射的影响。这两种情况下的各种曲线都表示散射阶，从最底部的一阶解（$n = 1$）开始，经过 10 个连续阶，在本例中，这是基于式（5.34）的收敛判据所需的迭代次数。

显然，图 5.8 中的所有曲线都是关于烟云中心对称的，并且趋向于在边缘处收敛到一个恒定值，在反射情况下接近 $\omega_0 = 0.905$，在发射情况下接近 $1 - \omega_0 = 0.085$。对于所有阶数，这些曲线图的一个显著特征是：反射曲线都是向上凹的，发射曲线都是向下凹的（一阶发射解 $n = 1$ 除外，它是完全平坦的）。总体来讲，对于这两种情况，所有曲线都随着散射阶的增加而单调地逐点增加，并且总体表现良好，并且可以定性预测。

对于反射示例，一阶解在烟云中心附近的值 $E_{ext} = 0.12$ 时达到最小值。高阶解的整体行为可以从基本考虑来解释，这是基于光穿透烟云中心最困难的事

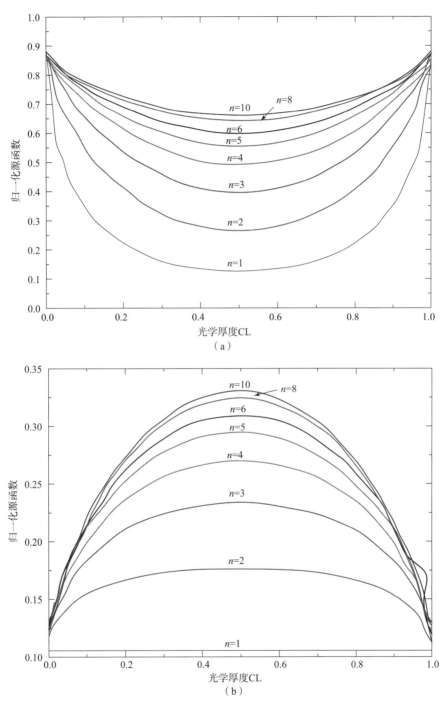

图 5.8　多次散射对反射和发射的累积影响（$t = 8.0$，$\omega_0 = 0.99$）

（a）反射情况；（b）发射情况

实，尤其是对于光学厚度为 4.0 的情况。随着散射阶数的增加，更多的光线穿透内部，曲线变得更宽，中心值增加，最终在边缘几乎没有变化或极小变化时，收敛解达到最大值 $E_{ext} = 0.7$。对于发射示例，一阶曲线是完全平坦的，用一个等于 $(1 - \omega_0)$ 的常数表示，原因是其必须符合式（5.35）。其他曲线表现得很像反射情况：高阶解在中间，在这种情况下，收敛解的最大值为 0.30 ~ 0.35，边缘几乎没有变化或极小变化。

当一起验证时，这两幅图的显著特征是：两种情况的最终收敛解似乎是彼此的倒像；换言之，一个是向上凹（反射），另一个是向下凹（发射）。由于比例不同，这种关系很难直接从图 5.8 中看出，但在图 5.9 示例中可以清楚地看到。

图 5.9 仅显示了各种反照率的最终收敛解，并再次使用烟云光学厚度 4.0 作为示例，展示了反射图 5.9（a）和发射图 5.9（b）情况的结果。每个分图中的各种曲线以 $\Delta\omega_0 = 0.1$ 的增量表示 ω_0 从 0 ~ 1 的反照率范围，在 0.90 ~ 1.0 之间除外，其使用 $\Delta\omega_0 = 0.02$ 的增量。这两种情况之间的明显不对称性立即清晰可见：反射曲线趋于向上凹，而发射曲线趋于向下凹，看起来是互补的。还要注意曲线顺序的反转，其中反射曲线随反照率的增加（向上）而整体幅度增加，而发射曲线随反照率的增加（向下）而整体幅度减小，这表明了一个简单互补关系，稍后将验证。在这个特定示例中，随反射情况下反照率降低或发射情况下反照率增加，曲线的"展宽"或"变平"也很明显。虽然图中没有明确显示，但趋势很明显，随着反照率分别接近 0 或 1，曲线最终在 0 轴（反射）或单位轴（发射）上塌陷成直线。当反照率接近 1 或 0 时，另一个极端曲线也会坍塌为 1（反射）或 0（发射），这种趋势在 0.90 和 1.0 之间的曲线中最为明显。在反照率的 2 个极限处，这种在不同方向的"坍塌"要么是 1，要么是 0，所有示例都会发生，但在光学厚度的较高值处最为明显。正如之前在图 5.8 的讨论中所指出的，在所有情况下，烟云边缘幅度在反射情况下接近 ω_0，在发射情况下接近 $(1 - \omega_0)$。

对基本方程和数值结果的进一步研究最终证实，发射和反射情况的单独解的确是彼此互补的，关系如下：

$$\hat{E}_{ext}(\tau_0, \omega_0; \tau) + \hat{E}_{int}(\tau_0, \omega_0; \tau) = 1 \qquad (5.36)$$

这是一个非常重要的关系，对于使用完全多次散射研究的全范围光学厚度和反照率是有效的。这一结果最明显的影响是：只需要执行一次多次散射计算，无论是反射还是发射，然后通过式（5.36）就可以得到另一个。这种情况与 Van de Hulst 针对平面层提出的广义"嵌入源"方法有关。然而，需要注意的是，这里的所有结果仅适用于等温情况。

在图 5.10 中总结了烟云光学厚度从 $\tau_0 = 0.50$ 到 $\tau_0 = 4.0$ 时的等温情况，

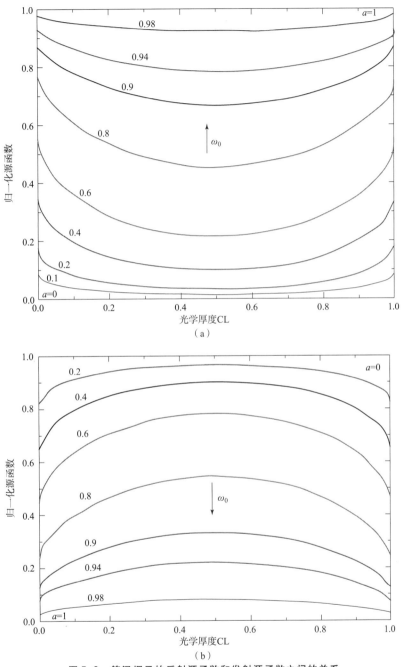

（a）

（b）

图 5.9　等温烟云的反射源函数和发射源函数之间的关系

（a）反射示例；（b）发射示例

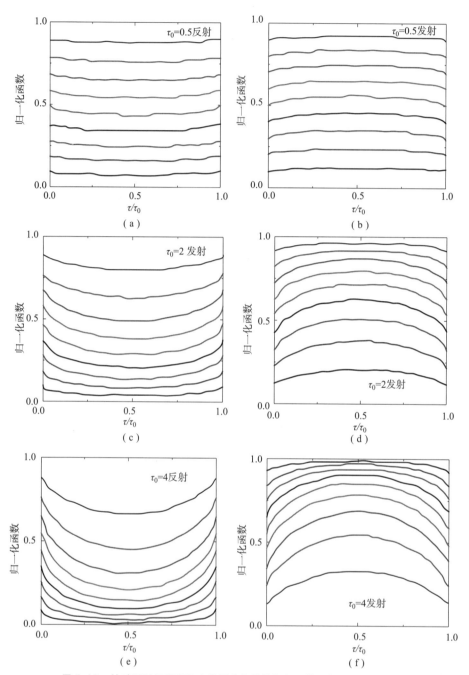

图 5.10　针对不同反照率和光学厚度值的等温烟云的反射和发射源函数

（a）烟云光学厚度 $\tau_0 = 0.5$ 时的反射函数；（b）烟云光学厚度 $\tau_0 = 0.5$ 时的发射源函数；

（c）烟云光学厚度 $\tau_0 = 2$ 时的反射源函数；（d）烟云光学厚度 $\tau_0 = 2$ 时的发射源函数；

（e）烟云光学厚度 $\tau_0 = 4$ 时的反射源函数；（f）烟云光学厚度 $\tau_0 = 4$ 时的发射源函数

并绘制了计算出的反射和发射源函数图，涵盖了大范围的反照率和全烟云光学厚度。在图 5.10 中，各种反照率曲线的标记图例与图 5.9 相同，其中反射曲线的幅度都随反照率的增加而增加，而发射曲线的幅度都随反照率的增加而减少。反照率值范围 ω_0 从 0～1，具有相等的步长（注意，$\omega_0 = 0$ 和 1 的极值是与上下轴重合的平坦线，在图 5.10 上无法辨别）。在所有示例中，根据式（5.36），尽管使用了完整的迭代解产生的结果作为验证，但是反射—发射对是相关联的。作为一个整体验证可以明显看出最显著的特征是：在光学厚度 $\tau_0 = 0.50$ 时，曲线几乎完全平坦，具有接近常数 ω_0（反射）或 $1 - \omega_0$（发射）值。在所有示例中，随着烟云光学厚度的增加，烟云中心的值倾向于减少（反射）或增加（发射），同时也倾向于在边缘保持常数，从而增加了曲率。正如图 5.9 所示，对于所有光学厚度值，当反照率接近 $\omega_0 = 1$（完全散射）或 $\omega_0 = 0$（完全吸收）的极值时，所有曲线都"坍塌"为 1 或 0。

5.5.3 等温烟云发射率与反射率

遵循严格的物理协议，将烟云发射率（更严格讲是发射度）定义为从烟云发出的实际（热源）辐射与相同温度下黑体发射的辐射之比。对于等温烟云，任何光学厚度 τ 的烟云发射率 ε_s 表达式为

$$\varepsilon_s(\tau_0, \omega_0, \tau) = (1 - \omega_0) \int_0^\tau \frac{E_{\text{int}}(\tau_0, \omega_0; \tau')}{M_{\Delta\lambda}^*(T_{\text{cld}})} e^{-\tau'(r_0, r')} d\tau'$$

$$= \int_0^\tau \hat{E}_{\text{int}}(\tau_0, \omega_0; \tau') e^{-\tau'(r_0, r)} d\tau' \qquad (5.37)$$

式中，E_{int} 是总发射源函数，包括直接发射贡献和多次散射贡献。

对于反射率（更严格讲是反射比），再次使用常见的定义：从烟云发出的实际漫反射辐射与入射（外部源）辐射的比率。同样针对各向同性情况，使用辐射传输方程（的光学版本），可以立即写出烟云反射率 r_s 的表达式：

$$r_s(\tau) = \omega_0 \int_0^\tau \frac{E_{\text{ext}}(\tau_0, \omega_0; r')}{M_{\Delta\lambda}^*(T_{\text{ext}})} e^{-\tau'(r_0, r')} d\tau' = \int_0^\tau \hat{E}_{\text{ext}}(\tau_0, \omega_0; r') e^{-\tau'(r_0, r)} d\tau' \quad (5.38)$$

正是这个定义导致在早期只考虑了朗伯天空和地表层的各向同性环境输入。然而，在非各向同性情况下定义加权反射率是没有问题的，但结论更难处理。

图 5.11 展示了基于上述表达式并利用图 5.10 源函数计算的总的边到边的烟云发射率和反射率的结果，图 5.11（a）为发射率，图 5.11（b）为反射率。与之前一样，两个分图中的所有曲线指的是范围从 0～1 的反照率，增量大致为 $\Delta\omega_0 = 0.10$。在两种情况下，曲线的顺序通常是相反的，其中发射情况下，曲线的幅度随反照率的增加而减小；反射情况下，曲线的幅度随反照率的

增加而增加，与之前在源函数中的行为一致。显然，结果行为良好且可定性预测，从而可基于图 5.10 的基础源函数趋势进行预测。

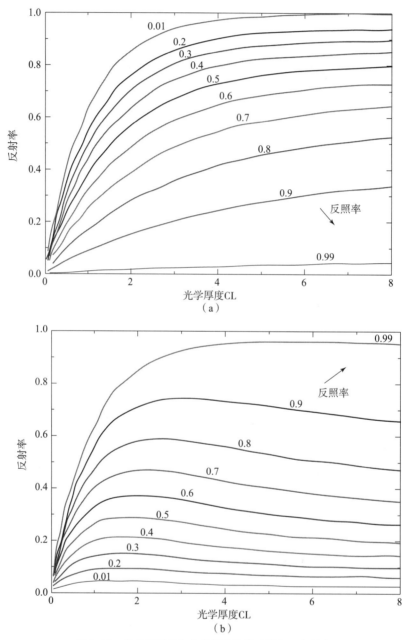

图 5.11　各种反照率和光学厚度值的反射率和发射率

（a）反射率；（b）发射率

首先是发射结果，对于所有情况，随光学厚度的增加，曲线均呈现一致的单调增长，并且随着光学厚度的增加而趋于"平稳"，这种趋势在最上面的曲线中最为明显。而随着反照率的增加（最低曲线），曲线越来越接近线性并最终在极端情况下（$\omega_0 = 1$）沿横轴接近一条平坦线，实际上用稍微倾斜的、接近直线的 $\omega_0 = 0.99$ 来展示。同样正如所预期的那样，随着光学厚度的增加和反照率的降低，发射率通常接近 1，如图 5.11（a）最上面的曲线所示。

参考反射结果，一般的行为在某种程度上与发射情况是互补的，但可能更有趣的是：在趋于平稳之前，曲线显示出一个宽的峰值，似乎在中等反照率下最为显著。在所有情况中，"峰值"都很宽，通常出现在光学厚度为 $\tau = 1 \sim 3$ 位置，随着反照率的增加，峰值变得更宽，并略微偏移至更高的值，在最高反照率下基本上被"冲刷"。同样，以与反射情况互补的方式，随着反照率的降低，曲线更接近线性，最终在极端情况下（$\omega_0 = 0$）沿横轴接近一条平坦线。这里的一般行为在定性上与文献中更传统的平面层结果相似，但存在实质性的定量差异，将在下一节中进行更全面的讨论。结果还表明，反射函数中的"异常"宽峰在现实世界中产生了一些有趣的结果：在某些情况下，导致了一种神奇的"边缘增亮"效应，在较短波长处最为显著。

回到图 5.10 的源函数，并注意到光学厚度较小时"平坦"趋势更明显，从式（5.37）和式（5.38）可以立即清楚，在这些情况下，可以将源函数从积分中移出，并可提取出以下非常有用的近似值：

$$\varepsilon_s = (1 - \omega_0)\,\overline{E}_{int}\left[1 - \exp(-\tau)\right]$$
$$\tau_s = \omega_0\,\overline{E}_{ext}\left[1 - \exp(-\tau)\right] \tag{5.39}$$

式中，E 的上线表示相应归一化源函数的平均值（接近 1）。这两个表达式都是真正的一阶解，只要光学厚度很小，几乎对任何几何体都是非常精确的。当光学厚度接近 0 时，这些表达式还预测了极端情况下的线性形式，这与图 5.11 在适当极限下的数据一致。在较高光学厚度下的逼近失败，但的确预测了至少与精确解在定性一致的渐近极限。对于源函数实际上是常数的任何情况，上述近似都是精确解。发生这种情况的一个特别有用的情况是通过水平均匀平面层的水平路径传播（即，z 为常数）。这是一个非常有用的结果，导致了许多基于平面层的推广，对于有限烟云情况，必须谨慎使用。通常，式（5.39）被最准确地描述为一阶或单散射解，并且在本文的其余部分中都是这么讲的。

图 5.12 中的曲线证明了后一点，其中比较了与图 5.11 使用相同范围值的精确解与相对应的单散射解的比率。以这个比率作为度量标准，图 5.11 基本上证明了偏差为 1 的多次散射的重要性。在图 5.12 中，对于接近 0 的光学厚

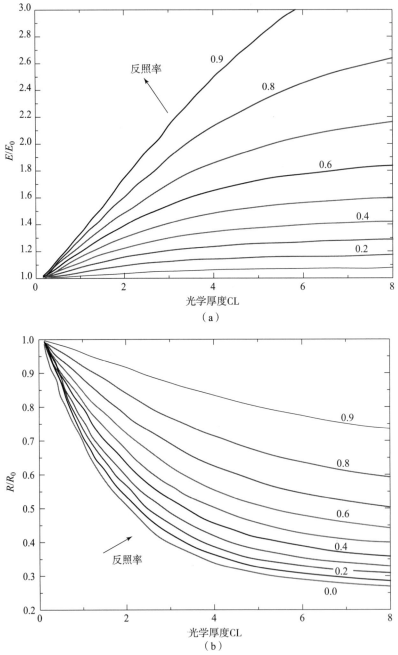

图 5.12　精确解与一维近似的关系

（a）发射；（b）反射

度，所有曲线都从值 1（完全一致）开始，并且随着光学厚度的增加而向上（发射）或向下（反射）。因此，很明显，在两种情况下，误差都会随着光学厚度的增加而增加，但对于这 2 种情况，校正的意义是相反的：从而导致对发射情况下的低估（比率 > 1），对反射情况下的高估（比率 < 1）。对于这两种情况，反照率的影响也是相反的，即发射误差通常随反照率的降低而降低（即接近 1），并最终在极端情况 $\omega_0 = 0$（纯吸收）中趋于 1；而反射误差通常随着反照率的增加（即再次接近 1），并且最终在另一个极端 $\omega_0 = 1$（纯散射）中瓦解为 1。这种情况乍一看可能令人困惑，但更清楚地被认为是近似解低估了发射率但高估了反射率这一事实的表现。

在这两种示例中，曲线在初始从 1 开始要么上升（发射）要么下降（反射），然后单调地增加（发射）或减少（反射），起初速率最快，但是在更高的光学厚度下，这个"平稳"点是反照率的函数，随着反照率降低（发射）或增加（反射），会产生"更平坦"的曲线。曲线的一般预测性质和平滑分析形式表明，存在一些潜在的"修复"，可以提高基于一阶解的现有模型的精度。

通过对式（5.36）进行更仔细的研究，可以更清楚地了解上述结果中一些看似矛盾或至少令人困惑的行为，从中可以得出发射率和反射率之间非常有用的关系。为此，首先将两边乘以指数加权因子 $\mathrm{e}^{-\tau(r, r')}$，然后进行如下积分：

$$\int_0^\tau \hat{E}_{\mathrm{ext}}(\tau_0, \omega_0; \tau')\, \mathrm{e}^{-\tau'(r, r_0)}\, \mathrm{d}\tau' + \int_0^\tau \hat{E}_{\mathrm{int}}(\tau_0, \omega_0; \tau')\, \mathrm{e}^{-\tau'(r, r_0)}\, \mathrm{d}\tau' = \int_0^\tau \mathrm{e}^{-\tau'(r, r_0)}\, \mathrm{d}\tau'$$

$$(5.40)$$

式中，借助式（5.37）和式（5.38），以及在右侧进行（烦琐的）积分之后，得出以下非常有用的表达式：

$$\varepsilon_s(\tau_0, \omega_0; \tau) + r_s(\tau_0, \omega_0; \tau) = (1 - \mathrm{e}^{-\tau}) \qquad (5.41)$$

或

$$\varepsilon_s(\tau_0, \omega_0; \tau) + r_s(\tau_0, \omega_0; \tau) + t_s(\tau) = 1$$

式中，t_s 定义为烟云透射率，并根据光学厚度 $[t = \exp(-\tau)]$ 进行计算。即使是式（5.39）的逼近表达式服从式（5.41）的关系，式（5.41）在形式上也与实际目标具有类比关系，即 $\varepsilon_{\mathrm{sfc}} + r_{\mathrm{sfc}} = 1$，并且不仅适用于球形烟云分布，而且适用于平面层。然而，如果不注意理解推导的起源，这一非常有用的事实有时会导致出现问题和混乱。

5.5.4　非等温烟云发射函数（温度分层）

在本节中，扩展了研究，将温度分层纳入发射烟云公式中。除了烟云发射率的定义不再像等温情况那样符合基本物理原理外，这种扩展相当简单。然而，这只是一个小问题，通过定义归一化为最大值的"实际"发射率来规避，如果持续使用，在本文的应用类型中不会造成真正的问题。此外，对于非等温情况，发射源函数不再像等温情况那样反映反射源函数的倒数，因此，有关发射率与反射率的一般表达式不再有效，需要修改其他基本概念。然而，在实际应用该方法时，不存在真正概念上的困难，但处理方法不那么优雅，结果也有点复杂。

基本方程是热辐射传输方程，按一阶归一化为

$$E_{dir}(\tau_0,\omega_0;\tau) = \frac{1-\omega_0}{M_{\Delta\lambda}^*(T_{max})} \int_0^\tau M_{\Delta\lambda}^* \left[T_{cld}(r) \right] e^{-\tau'(\tau_0,\tau')} d\tau' \qquad (5.42)$$

式中，τ_0 和 ω_0 分别是烟云的总光学厚度和反照率；τ 是光学厚度，在烟云边缘的参考值为 0；T_{max} 是烟云的最高温度，对于比周围高斯烟云更热的烟云，T_{max} 将出现在烟云中心。

烟云温度 $T_{cld}(r)$ 是距离烟云中心径向距离 r 处的烟云真实（热力学）温度，在本文的标准高斯烟云中被模拟为

$$T_{cld}(r) = T_a + \rho_{mix}(r)(T_{max}-T_a) \qquad (5.43)$$

式中，T_a 是烟云外的环境温度；$\rho_{mix}(r)$ 是一个混合因子，与烟云浓度（在烟云中心归一化为 1）成正比，即 $\rho_{mix}(r) = C(r)/C_0$。可以清楚地看出，式（5.43）在烟云中心达到最大值 T_{max}，在烟云边缘下降到接近环境温度 T_a。很明显，整体径向对称性得到了保留，多次散射方法仍然有效。因此，可以使用式（5.42）作为初始条件，迭代计算多次散射源函数。图 5.13 为各种烟云与环境温差下的热分层发射源函数示例。

在图 5.13 中，第一列分图（a）~（c）表示等温情况，其余两列分图（d）~（j）对应烟云光学厚度 $\tau_0 = 0.5, 1, 2$，温差（$\Delta T = T_{max} - T_a$）分别为等温、50 和 100。每个分图中的曲线对应反照率值，从 $\omega_0 = 0$（极端顶部）到 $\omega_0 = 1$（极端底部）以相等增量增加。

在研究图 5.13 的行和列时，有两个总体趋势是显而易见的，即随着光学厚度增加（沿每列）或温差的增加（沿每行），曲线曲率增加或变窄。随着光学厚度的增加，源函数的大小也有一个小的但明显的增加，这似乎在每个分图的低洼曲线所代表的较高反照率时最为显著。升高温度对源函数的大小几乎没有影响，除了在烟云边缘，升高温度大小随温差的增大而明显减小，这主要是由于归一化的结果。这些结果支持了随着温差的增加，中心内部辐射会强烈增强假设。从显示的趋势来看，预计随着温差的增加，曲线将继续变窄，最终在极端情况下，尤其是在光学厚度较高的情况下，曲线会塌陷接近 δ 函数。

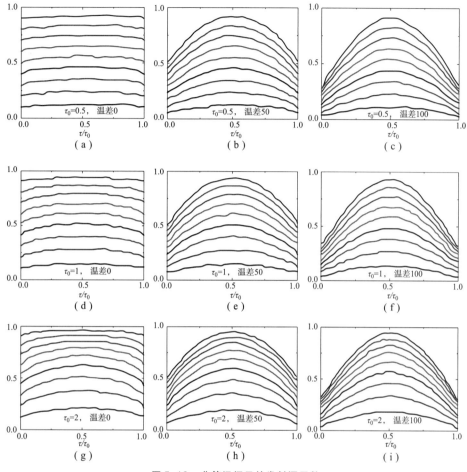

图 5.13　非等温烟云的发射源函数

（a）烟云光学厚度 $\tau_0 = 0.5$，温差为 0 时的反照率与归一化光学厚度关系；

（b）烟云光学厚度 $\tau_0 = 0.5$，温差为 50 时的反照率与归一化光学厚度关系；

（c）烟云光学厚度 $\tau_0 = 0.5$，温差为 100 时的反照率与归一化光学厚度关系；

（d）烟云光学厚度 $\tau_0 = 1$，温差为 0 时的反照率与归一化光学厚度关系；

（e）烟云光学厚度 $\tau_0 = 1$，温差为 50 时的反照率与归一化光学厚度关系；

（f）烟云光学厚度 $\tau_0 = 1$，温差为 100 时的反照率与归一化光学厚度关系；

（g）烟云光学厚度 $\tau_0 = 2$，温差为 0 时的反照率与归一化光学厚度关系；

（h）烟云光学厚度 $\tau_0 = 2$，温差为 50 时的反照率与归一化光学厚度关系；

（i）烟云光学厚度 $\tau_0 = 2$，温差为 100 时的反照率与归一化光学厚度关系

最明显的源函数的一般行为是源辐射在烟云内部的累积，表明这种效应反过来会相应地降低发射率。这在直觉上是合理的，因为烟云中心的任何源在到

达烟云外部时都必然会经历一些"自熄灭"。因此，预计计算的发射率随着温差的增加而越来越低，随着光学厚度的增加而变得越来越明显。一些初步计算证明了这一点；特别是，对于 $\tau = 1$ 的光学厚度，发射率比 $[\varepsilon(\Delta T = x)/\varepsilon(\Delta T = 0)]$ 为 52%，对于 $\tau = 4$ 的光学厚度，发射率比约为 40%，在这两种情况下，反照率均为 $\omega_0 = 0.5$。

|5.6 烟云热辐射对探测器的影响|

红外热成像探测器要识别出目标，至少应有一个目标特征与背景不一样。因此，探测器在识别目标时，必须满足以下两个判据：

（1）目标与背景间的辐射对比度经探测器输出的信号电压必须高于红外系统的噪声电压，这是系统设计的最基本要求，与系统中光电组件的性能有关。

（2）辐射对比度在总的观察场景中必须是可识别的。换言之，如果在观察的场景中存在多个相似的辐射水平，如存在相似的背景杂波，那么就探测不到唯一目标。在较高的背景杂波中，如果考虑较多的目标或背景特征，也有可能识别出目标。

对于绝对温度为 T_a 的环境，探测器除接收目标的表观辐射外，还可以接收背景的表观辐射及路径辐射，因而探测器接收的总辐射量为

$$M(\lambda, T) = M_t^*(\lambda, T_t^*) + M_b^*(\lambda, T_b^*) + M_{env}(\lambda, T_a)$$

$$M_b^*(\lambda, T_b^*) = \{\varepsilon_b(\lambda) M_{bb}(\lambda, T_b) + [1 - \varepsilon_b(\lambda)] \Phi(\lambda)_i\} \tau_a(\lambda, r) f(\lambda) F(\lambda)$$

$$M_{env}(\lambda, T_a) = \frac{c_1}{\lambda^5 \left[\exp\left(\frac{c_2}{\lambda T_a}\right) - 1 \right]} \tau_a(\lambda, r) f(\lambda) F(\lambda)$$

式中，$M_b^*(\lambda, T_b^*)$ 为探测器接收的背景表观辐射；$\varepsilon_b(\lambda)$ 为背景发射率；T_b 为背景的绝对温度；$M_{env}(\lambda, T_a)$ 为大气环境的路径辐射。

探测器感知目标时，接收的是目标与所在背景间的表观辐照度对比度 ΔE^*，则

$$\Delta E^* = M_t^*(\lambda, T_t^*) - M_b^*(\lambda, T_b^*)$$
$$= \{\varepsilon_t(\lambda) M_{bb}(\lambda, T_{tgt}) + [1 - \varepsilon_t(\lambda)] \Phi(\lambda)_i - \varepsilon_b(\lambda) M_{bb}(\lambda, T_b) - [1 - \varepsilon_b(\lambda)] \Phi(\lambda)_i\} \tau_a(\lambda, r) f(\lambda) F(\lambda)$$

此式表明，影响目标辐射对比度的两个参数分别为目标的发射率及表观温度。

5.6.1　烟云表观温度

暂时忽略反射，很明显，发射率的影响会导致整个光谱中的信号均匀降低，这与改变温度的影响大不相同，温度的改变实际上会导致基础光谱的非均匀变化以及整体信号幅度的降低。这种情况如图 5.14 所示，图 5.14（a）绘制了一系列光谱，对应各种表观温度；图 5.14（b）绘制了相应发射对应物的能量等效光谱。为方便起见，使用 $T_{app} = \varepsilon^{1/4} T_{real}$ 的 "全谱" 关系。

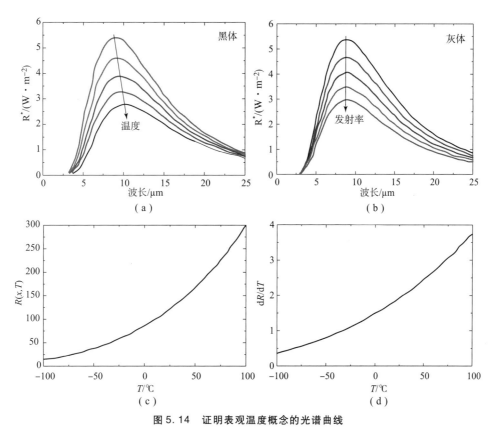

图 5.14　证明表观温度概念的光谱曲线

（a）不同表观温度下黑体的辐射通量；（b）不同发射率灰体的表观辐射通量；
（c）辐射通量与温度的关系曲线；（d）辐射通量的热导数与温度的关系曲线

这两组曲线的一个细微但显著的区别是：图 5.14（a）中的最大波长随温度的降低向较长波长移动，但图 5.14（b）中的每条曲线都有一个简单的乘法效应。这种不一致是表观温度定义的结果，在至关重要的应用中确定温度的实际值时，表观温度可能会导致问题。然而，对于本文的应用，最终只关注测量的辐射能，因而这种不一致性不是主要问题。

现在的问题是，在存在遮蔽烟云的情况下，如何处理接收到的信号。假定由于烟云的消光、发射以及环境向烟云内的散射作用，以及云层、背景和目标温度可能都不同，该烟云可以降低或增强接收到的信号。暂时忽略发射和散射影响，很明显，直接（比尔定律）信号衰减的影响可以通过扩展常用定义来处理，包括"能量平衡"关系中的进一步信号减少。因此，探测器经辐射烟云探测到的目标表观温度表达式为

$$\int_0^\infty f_{\Delta\lambda}(\lambda)M[\lambda,T_{\text{tgt}}^*(\tau)] = t_s(\tau)\left\{\int_0^\infty f_{\Delta\lambda}(\lambda)\varepsilon_t M(\lambda,T_t)\mathrm{d}\lambda + \int_0^\infty f_{\Delta\lambda}(\lambda)r_t M(\lambda,T_{\text{ext}}^*)\mathrm{d}\lambda\right\}$$

$$(5.44)$$

式中，$t_s(\tau) = \mathrm{e}^{-\tau}$ 是烟云直接透过率；ε_t 和 r_t 分别是目标的发射率和反射率；T_{ext}^* 为环境表观温度，其确定了来自周围环境（天空和地表）入射辐照度的大小；$T_t^*(\tau)$ 是通过光学厚度 τ 的烟云探测到的目标表观温度，目前仅考虑直接衰减。因此，对透过率的处理类似于对实际目标发射率的处理，两者的组合效应是相乘的。这个表观目标温度是一个根据黑体校准的探测器实际感知到的辐射温度。

烟云发射率和反射率的影响是独立处理的，但处理方式类似。换言之，考虑烟云的总漫反射（路径）辐射，形成适当的能量平衡，以定义表观烟云温度 $T_{\text{cld}}^*(\tau)$，类似于表观目标温度，如下所示：

$$\int_0^\infty f_{\Delta\lambda}(\lambda)M[\lambda,T_{\text{cld}}^*(\tau)] = \varepsilon_s(\tau)\int_0^\infty f_{\Delta\lambda}(\lambda)\varepsilon_t M(\lambda,T_{\text{cld}})\mathrm{d}\lambda + $$
$$r_s(\tau)\int_0^\infty f_{\Delta\lambda}(\lambda)r_t M(\lambda,T_{\text{ext}}^*)\mathrm{d}\lambda \qquad (5.45)$$

式中，$\varepsilon_s(\tau)$ 和 $r_s(\tau)$ 分别是烟云发射率和反射率；T_{cld} 是烟云的真实（热力学）温度。上述表达式仅定义了烟云表观温度，不包括"目标"的贡献。

现在，通过将（衰减的）目标信号和烟云辐射的贡献添加至整个过程，将复合表观温度定义为受所有过程影响的温度，从而获得总能量平衡的以下结果：

$$\int_0^\infty f_{\Delta\lambda}(\lambda)M[\lambda,T_{\text{mea}}^*(\tau)] = \int_0^\infty f_{\Delta\lambda}(\lambda)M[\lambda,T_{\text{tgt}}^*(\tau)] + \int_0^\infty f_{\Delta\lambda}(\lambda)M[\lambda,T_{\text{cld}}^*(\tau)]\mathrm{d}\lambda$$

$$(5.46)$$

式中，清晰地确定，在这种情况下，表观温度代表实际"测量"辐射温度 $T_{\text{mea}}(\tau)$，并被实际仪器所感知。

依据此观点，展开和重写式（5.46），得到

$$M_{\Delta\lambda}^*[T_{\text{mea}}^*(\tau)] = t_s(\tau)M_{\Delta\lambda}^*(T_t^*) + \varepsilon_s(\tau)M_{\Delta\lambda}^*(T_{\text{cld}}) + r_s(\tau)M_{\Delta\lambda}^*(T_{\text{ext}}^*) \qquad (5.47)$$

对于给定的仪器，式（5.47）右侧的所有项都可以使用已知温度和计算的烟云特性，直接从校准曲线中获得，如图 5.14（或来自查表的等效数值）中的校准曲线；然后，所有项的总和给出了完整的信号辐射，通过使用相同的校准曲线反转过程，可以获得表观温度或"测量"温度。另一方面，可以把这个直观的过程正式表示为

$$T_{\text{mea}} = \frac{R_{\text{mea}}}{M_{\Delta\lambda}^*}$$

式中

$$R_{\text{mea}} = t_s(\tau) M_{\Delta\lambda}^*(T_t^*) + \varepsilon_s(\tau) M_{\Delta\lambda}^*(T_{\text{cld}}) + r_s(\tau) M_{\Delta\lambda}^*(T_{\text{ext}}^*) \quad (5.48)$$

通常，式（5.48）右侧的第 1 项为直接贡献，第 2 项（后两项）为扩散贡献（在应用中也称为路径辐射）。

为方便起见，现在使用表 5.6 中的假设数据进行示例，假设"全光谱"带通和烟云的总光学厚度 $\tau = 1$，即 $t_s = e^{-1} = 0.368$。

表 5.6 带通示例的假设数据

$t_s = 0.368$	$T_{\text{cld}} = 40 ℃$	$M_{\text{cld}}^* = 173$	$t_s M_{\text{cld}}^* = 63.7$
$\varepsilon_s = 0.421$	$T_{\text{ext}}^* = 10 ℃$	$M_{\text{ext}}^* = 116$	$\varepsilon_s M_{\text{ext}}^* = 48.8$
$r_s = 0.211$	$T_t^* = 20 ℃$	$M_t^* = 133$	$r_s M_{\text{tgt}}^* = 28.1$

在表 5.6 中，前两列数据是为举例任意"编造"的原始输入，其余两列中的数据使用上述方法计算。本例中的第一步是计算 3 个分量中每一个分量的分数辐射度 $M_{\Delta\lambda}^*(T)$。由于处理的是全光谱带通，因此可以从 Stefan-Boltzman 解析表达式中完成计算。无论何种情况，结果都如表 5.6 的第 3 列所示。第 4 列数据为第 1 列和第 3 列的乘积，这两列分别给出式（5.48）右侧的 3 项。对最后一列求和得到单位面积的总测量辐射强度为 140.8 W/(m^2·Sr^{-1})，通过逆过程得出表观温度为 24.1 ℃。从示例中注意到，如果忽略路径辐射贡献，复合辐射强度为 63.9 W/(m^{-2}·Sr^{-1}) 时对应的表观温度为 -29.2 ℃，产生的误差为 -73.3 ℃，这在大多数应用中是值得注意的。

5.6.2 辐射对比度（热导数）

事实证明，像 FLIR（前视红外）成像仪这样的扫描系统本身并不是依赖感测信号的大小而设计的，而是利用了基于感测输入信号差异或对比度的概念。在分析红外成像探测系统时，通常会处理感测到的温差 ΔT 足够小的情况，因而可以使用以下线性展开：

$$I(T + \Delta T) = I(T) + \frac{\mathrm{d}R}{\mathrm{d}T}\Delta T \tag{5.49}$$

式中，$I(T)$ 和 $I(T + \Delta T)$ 表示从邻近场景"像素"接收到的 2 个测量信号，并且 $R = R(\Delta\lambda, T)$ 可用带加权的黑体函数来确定。重排式（5.49），得到了辐射对比度 $C_r(T)$ 的定义，或实际上相当于热导数的定义，即

$$C_r(T) = \frac{I(T + \Delta T) - I(T)}{\Delta T} = \frac{\Delta I}{\Delta T} \approx \frac{\mathrm{d}R}{\mathrm{d}T}\bigg|_{T = T_{mea}} \tag{5.50}$$

可用测量温度 T_{mea}（即接收器实际感知到的表观温度）评估热导数，并且必须包括任何干扰烟云的全部影响（包括路径辐射）。可以直接从式（5.48）计算热导数：

$$\frac{\mathrm{d}R}{\mathrm{d}T}\bigg|_{T = T_{mea}} = t_s(\tau)\frac{\mathrm{d}R_1}{\mathrm{d}T}\bigg|_{T_{mea}} + \varepsilon_s(\tau)\frac{\mathrm{d}R_2}{\mathrm{d}T}\bigg|_{T_{mea}} + r_s(\tau)\frac{\mathrm{d}R_3}{\mathrm{d}T}\bigg|_{T_{mea}} \tag{5.51}$$

式中，最终将用分数黑体函数替换 R 函数。列出式（5.51）的目的是要说明，如果 R_1、R_2 和 R_3 的函数形式相同，那么 3 个导数都是相同的，因为它们都在同一 T_{mea} 点上求值。因此，当实际应用式（5.48）时，则有

$$\frac{\mathrm{d}R}{\mathrm{d}T}\bigg|_{T_{mea}} = \{t_s(\tau) + \varepsilon_s(\tau) + r_s(\tau)\}\frac{\mathrm{d}M_{\Delta\lambda}^*(T)}{\mathrm{d}T}\bigg|_{T_{mea}} = \frac{\mathrm{d}M(T)}{\mathrm{d}T}\bigg|_{T_{mea}} \tag{5.52}$$

式中，在编写最后一个表达式时，使用了连续性条件 $\varepsilon(\tau) + r(\tau) + t(\tau) = 1$，并且 $M_{\Delta\lambda}^*(T)$ 适用于所考虑的特定系统的带通函数。需强调的是，式（5.50）适用于对比度较小的情况，不适用于对比度较大的情况（在这种情况下，目标通常很明显）。

辐射对比度对实际感测温差的影响可通过式（5.50）和式（5.52）的组合定义来确定：

$$(\Delta I)_{mea} = \frac{\mathrm{d}B_{\Delta\lambda}^*(T)}{\mathrm{d}T}\bigg|_{T_{mea}}(\Delta T)_{mea} = C_R(T_{mea})(\Delta T)_{mea} \tag{5.53}$$

式中，$(\Delta I)_{mea}$ 表示测量的交流信号差，$(\Delta T)_{mea}$ 表示相应的等效温差。将式（5.53）应用于系统噪声（辐射）信号 ΔR_{sys}，得到

$$\Delta R_{sys} = C_R(T_n)\Delta T_n \tag{5.54}$$

式中，ΔT_n 被称为硬件系统分析中常用的"噪声等效"温差。

现在面临的一个紧迫问题是这些类型的系统不一定能得到精确测量的温度 T_{mea}（因为只考虑了差异）。然而，直接感应对比度的概念在应用中是一个有吸引力的替代方案，因为通过差分至少可以部分缓解路径辐射影响（通常是不利的）。辐射对比度和系统灵敏度通常随着感测温度的增加而增加，因而，路径辐射对辐射对比度的影响可以提高灵敏度。但是，还未考虑烟云辐射引起的噪声影响。

5.6.3 信噪比与信噪比透过率

如 5.6.2 节所述，在对交流耦合系统（如 FLIR）的性能进行建模时，可将接收的辐射度建模为相邻像素的两个连续样本之间的差值，因而影响系统性能的相关参数之一是信噪比。在这种情况下，来自干扰烟云的入射"信号"模拟为

$$\Delta I(\tau_1, \tau_2) = R(\tau_1, T_{1,\text{mea}}) - R(\tau_2, T_{2,\text{mea}}) \tag{5.55}$$

其代表了用下标 1 和 2 标记的两个相邻"像素"之间测量的辐射差异。对所讨论的两个像素应用式（5.48）两次，立即产生

$$\Delta I(\tau_1, \tau_2) = e^{-\tau_1} M_{\Delta\lambda}^*(T_{1,t}^*) - e^{-\tau_2} M_{\Delta\lambda}^*(T_{2,t}^*) + R(\tau_1, T_{1,\text{dif}}) - R(\tau_2, T_{2,\text{dif}}) \tag{5.56}$$

式（5.56）的前两项是对差分信号的直接贡献（如 ΔR_{dir}），后两项代表烟云的扩散贡献（如 ΔR_{dif}），也称为路径辐射。

接下来，通过调用以下近似来遵循通常的发展：

$$\tau_1 \cong \tau_2 \approx \tau$$
$$T_{1,\text{dif}} \cong T_{2,\text{dif}} \approx T_{\text{dif}} \tag{5.57}$$

这两种方法通常都是合理的，因为两个像素是邻近的，因此穿过大气的光程几乎相同。将上述近似应用于式（5.56）得出

$$\Delta I(\tau_1, \tau_2) = e^{-\tau} \left[M_{\Delta\lambda}^*(T_{1,t}^*) - M_{\Delta\lambda}^*(T_{2,t}^*) \right] + R(\tau_1, T_{1,\text{dif}}) - R(\tau_2, T_{2,\text{dif}})$$
$$= e^{-\tau} \left[M_{\Delta\lambda}^*(T_{1,t}^*) - M_{\Delta\lambda}^*(T_{2,t}^*) \right] + \Delta R_s(\tau, T_{\text{dif}}) \tag{5.58}$$

式中，$\Delta R_s(\tau, T_{\text{dif}})$ 表示路径辐射（差异）贡献，由式（5.57）的近似，该贡献被假定为相当小，但不一定为 0，并且相对于直接项也不一定小。因而，式（5.58）第一个括号项是真正的差分信号（即从接收的实际来自目标的那部分辐射导出），其余项视为噪声。因此，信噪比为

$$\text{SNR}(\tau) = \frac{e^{-\tau} \left[M_{\Delta\lambda}^*(T_{1,t}^*) - M_{\Delta\lambda}^*(T_{2,t}^*) \right]}{\Delta R_s(\tau, T_{\text{dif}}) + \Delta R_{\text{sys}}} \tag{5.59}$$

式中，还添加了一项 ΔR_{sys}，包括系统硬件的所有噪声贡献。若假设路径辐射贡献相互抵消，或者至少与直接项相比差异很小，在这种情况下，烟云噪声项可以忽略。在某些极端情况下，这是一个有效的假设。然而，一般来说，更合理的假设是烟云的贡献与路径辐射量的平均值成正比。因此，可以写为

$$\Delta R_s(\tau, T_{\text{dif}}) \propto \frac{R(\tau_1, T_{1,\text{dif}}^*) + R(\tau_2, T_{2,\text{dif}}^*)}{2} = \delta_w R(\tau, T_{\text{dif}}) \tag{5.60}$$

式中，δ_w 是一个与特殊"天气"相关的参数，推测该参数的范围从低湍流条件的 0 到高湍流条件的 1。显然，式（5.60）的路径辐射量可依据烟云的特性

表示为

$$R(\tau, T_{\mathrm{dif}}^{*}) = \varepsilon_s(\tau) M_{\Delta\lambda}^{*}(T_{\mathrm{cld}}) + r_s(\tau) M_{\Delta\lambda}^{*}(T_{\mathrm{ext}}^{*}) \tag{5.61}$$

接下来调用"小信号"近似，这相当于假设潜在的直接信号差足够小，使得式（5.50）成立。在这种情况下，可以用相应的表观温差替换式（5.59）分子项中的辐射温差：

$$M_{\Delta\lambda}^{*}(T_{1,t}^{*}) - M_{\Delta\lambda}^{*}(T_{2,t}^{*}) \approx C_r(T_{\mathrm{mea}})(T_{1,t}^{*} - T_{2,t}^{*}) \tag{5.62}$$

式中，$C_r(T_{\mathrm{mea}})$ 是式（5.53）定义的热导数，并在测量的表观温度（最终将其作为两个目标像素的平均值）下进行评估。

对式（5.59）进行替换：

$$\mathrm{SNR}(\tau) = \frac{\mathrm{e}^{-\tau} C_r(T_0)(\Delta T)_0}{\delta_w R(\tau, T_{\mathrm{dif}}) + C_r(T_n)\Delta T_n} \tag{5.63}$$

式中，还使用辐射对比度 $C_r(T_n)$ 将系统噪声 R_{sys} 从基于辐射的参数转换为噪声等效温差 ΔT_n，这在系统分析中是常见的［如式（5.54）］。还用 T_0 代替平均表观温度［即 $T_0 = (T_{1,t} + T_{2,t})/2$］，用 ΔT_0 代替了相应的温差（如 $\Delta T_0 = T_{1,t} - T_{2,t}$）。

最后，收集所有项并进行所有建议的替换，则有

$$\mathrm{SNR}(\tau) = \frac{\mathrm{e}^{-\tau} M_{\Delta\lambda}^{*}(T_0)}{\delta_w R(\tau, T_{\mathrm{dif}}^{*}) + C_r(T_n)\Delta T_n} \frac{C_r(T_0)(\Delta T)_0}{M_{\Delta\lambda}^{*}(T_0)} \tag{5.64}$$

式中，为方便起见，将分子和分母乘以平均目标辐射度 $M_{\Delta\lambda}^{*}(T_0)$。因此，式（5.64）中的第 2 项表示在目标表面基于表面（如无遮挡）辐射的对比度（即 $\Delta R_0/R_0$），第 1 项有时也称为广义"对比度透过率"。

在烟云噪声确实可以忽略的极限范围内，或者是因为诸如参数 δ_w 很小的条件，或者是因为系统噪声 ΔR_{sys} 相对较大，式（5.64）降低到了以下公式给出的普遍接受的"清洁空气"形式：

$$\mathrm{SNR}(\tau)_{\Delta R_r \to 0} = \mathrm{e}^{-\tau} \frac{\Delta T_0}{\Delta T_n} \tag{5.65}$$

式中，假设信号和系统噪声的温度足够接近，热导数相同（如 $T_0 \sim T_n$），这一假设在实际应用中需要谨慎和注意。

在烟云和周围大气之间热平衡（如 $T_{\mathrm{cld}} = T_{\mathrm{ext}}$）的情况下，忽略系统噪声项，对比度透过率 T_{con} 变为

$$T_{\mathrm{con}}(\tau) = \frac{\mathrm{e}^{-\tau} M(T_0)}{1 - \mathrm{e}^{-\tau} M_{\Delta\lambda}^{*}(T_{\mathrm{cld}})} \tag{5.66}$$

对于完全平衡情况（如 $T_t = T_{\mathrm{cld}} = T_0$），式（5.66）简化为众所周知的经典结果 $[(1 - \mathrm{e}^{-\tau})/\mathrm{e}^{-\tau}]$，通常适用于平面层。

参考文献

［1］ Anthony R West. Solid state chemistry and its applications ［M］. Second edition. New York: John Wiley & Sons, Ltd, 2014.

［2］ Ernst-Christian Koch. Metal-Fluorocarbon Based Energetic Materials ［M］. New York: Wiley-VCH Verlag & Co, KGaA, 2012.

［3］ R L Tuve. Principles of Fire Protection Chemistry ［M］. Boston: National Fire Protection Association, 1976.

［4］ J Agrawal. High Energy Materials: Propellants, Explosives and Pyrotechnics ［M］. New York: Wiley-VCH, 2010.

［5］ J Akhavan. The Chemistry of Explosives. London ［J］. The Royal Society of Chemistry Special Publications, 2011（2）: 15.

［6］ L L Jones, B B. Nielson. Infrared Illuminant and Pressing Method ［R］. US Patent, 5056435, 1991.

［7］ B E Douda. Visible Radiation from Illuminating-Flare flames: Strong Emission Features ［J］. Journal of the Optical Society of America, 1970（60）: 1116.

［8］ E－C Koch. 2, 4, 6-Trinitrotoluene: A Surprisingly Insensitive Energetic Fuel and Binder in Melt-Cast Decoy Flare Compositions ［J］. Angewandte Chemie, 2012（51）: 1.

［9］ John A. Conkling. Chemistry of pyrotechnics ［M］. New York: Marcel Dekker, INC, 1985.

［10］ R. C. Weast. CRC Handbook of Chemistry and Physics ［M］. 75th ed. Boca

Raton，FL：CRC Press，1994.

[11] Michael S Russell. The Chemistry of Fireworks［M］. 2nd ed. London：The Royal Society of Chemistry，2008.

[12] Sara McAllister, Jyh-Yuan Chen A.，Carlos Fernandez-Pello. Fundamentals of Combustion Processes［M］. New York：Springer Science + Business Media, LLC 2011.

[13] K H Bayer. Engineering Design Handbook Military Pyrotechnics Series. Part One. Theory and Application［R］. AMCP 706 - 185，Headquarters，U S Army Materiel Command：1967.

[14] 姚钟鹏，王瑞君，张习军. 传热学［M］. 北京：北京理工大学出版社，1995.

[15] McLain. 从固态化学观点论述烟火学［M］. 张丙辰，等，译. 北京：国防工业出版社，1986.

[16] J E Rose. Flame propagation parameters of pyrotechnic delay and ignition compositions［R］. IHMR 71 - 168，Indian Head，MD：Naval Ordnance Station, 1971.

[17] Andriy M Gusak. Diffusion controlled Solid State Reactions［M］. Weidheim. WILEY-VCH Verlag GmbH & Co，2010.

[18] T. Shimizu. Fireworks—The art，science and technique［M］. Tokyo：1981.

[19] 日本化学会. 无机固态反应［M］. 董万堂，董绍俊，译. 北京：科学出版社，1985.

[20] 潘功配. 烟火学［M］. 北京：北京理工大学出版社，1996.

[21] 潘功配. 高等烟火学［M］. 哈尔滨：哈尔滨工程大学出版社，2005.

[22] 周遵宁. 光电对抗材料基础［M］. 北京：北京理工大学出版社，2017.

[23] Mihail Demestihas. Simulations to Predict the Countermeasure Effective of using pyrophoric type packets deployed from TALD aircraft［D］. Monterey：Naval Postgraduate School，1999.

[24] 希特洛夫斯基. 烟火学原理［M］. 诸葛蒿，沈玉华，译. 北京：国防工业出版社，1958.

[25] Tadao Yoshida, Yuji Wada, Natalie Foster. Safety of Reactive Chemicals and Pyrotechnics［M］.. ELSEVIER SCIENCE B V，1995.

[26] J A Conkling，C J Mocella. Chemistry of Pyrotechnics：Basic Principles and Theory［M］. Boca Raton：CRC Press，Taylor & Francis Group，2011.

［27］ Naminosuke Kubota. Propellants and Explosives：Thermochemical Aspects of Combustion ［M］. Tokyo：Wiley-VCH Verlag & Co KGaA，2007.

［28］ Clive Woodley，R. Claridge，N. Johnson，A. Jones. Ignition and combustion of pyrotechnics at low pressures and at temperature extremes ［J］. Defence Technology，2017（13）：119－126.

［29］ W Komatsu，T. Uemura. Kinetic Equations of Solid State Reactions for Counter-diffusion Systems ［J］. Neue Folge，1970（72）：59－75.

［30］ Sudhir S，Chandratreya. Theoretical Aspects of Solid State Reactions in a Mixed Particulate Ensemble and Kinetics of Lead Zirconate Formation ［D］. Berkeley：University of Caljfornia，1979.

［31］ R H Spitzer，F S Manning，W O Philbrook. Mixed Control Reaction Kinetics in the Gaseous Reduction of Hematite ［J］. Trans. Met. Soc. AIME. 1966（236）：726－742.

［32］ W K Lu. The General Rate Equation for Gas-Solid Reactions in Metallurgical Processes. Trans ［J］. Met. Soc. AIME，1963（227）：203－206.

［33］ J W Mitchell et al. Reactivity of Solids ［M］. Wiley：N Y，1969.

［34］ A M Ginstling，B I Brounshtein. Concerning the Diffusion Kinetics of Reactions in Spherical Particles ［J］. J. Appl. Chern. USSR（English Translation），1950（23）：1327.

［35］ S Song. Study on Non-Cataiytic Gas-Solid Reactors ［D］. Berkeley：University of California，1975.

［36］ R H Spitzer，F S Manning，W O Philbrook. Generalized Model for the Gaseous，Topochemical Reduction of Porous Hematite Spheres ［J］. Trans. Met. Soc. AIME，1966（236）：1715－1724.

［37］ A M Telengator，S B Margolis and F A Williams. Stability of quasi-steady deflagrations in confined porous energetic materials ［R］. SAND2000-8577c，Sandia National Laboratories，2000.

［38］ S B Margolis. Influence of Pressure-Driven Gas Permeation on the Quasi-Steady Burning of Porous Energetic Materials ［J］. Combustion Theory and Modelling，1998（2）：95－113.

［39］ M R Baer. A Model for Interface Temperatures Induced by Convection Heat Transfer in Porous Materials ［R］. SAND88－1073，Fluid and Thermal Sciences Department Sandia National Laboratories，1989.

［40］ S B Margolis，Forman A. Williams. Effects of Gas-Phase Thermal Expansion on the Stability of Deflagration through a Porous Energetic Material ［R］. SAND95 - 8456，Sandia National Laboratories，1995.

［41］ S B Margolis and F A Williams. Effects of Two-Phase Flow on the Deflagration of Porous Energetic Materials ［J］. Propulsion and Power，1995（11）：759 - 768.

［42］ S B Margolis and F A Williams. Influence of Porosity and Two-Phase Flow on Diffusional/Thermal Instability of a Defiagrating Energetic Material ［J］. Combustion Science and Technology，1995（106）：41 - 68.

［43］ S B Margolis. Influence of Pressure-Driven Gas Permeation on the Quasi-Steady Burning of Porous Energetic Materials ［J］. The Seventh International Conference on Numerical Combustion/SIAM，York，UK，1997.

［44］ B W Asay，S F Son and J B Bdzil. The Role of Gas Permeation in Convective Burning ［J］. Multiphase Flow，1996（22）：923 - 952.

［45］ M R Baer and J W Nunziato. A Two-Phase Mixture Theory for the Deflagration to-Detonation Transition（DDT）in Reactive Granular Materials ［J］. Multiphase Flow，1986（12）：861 - 889.

［46］ S B Margolis，F A Williams，and R C Armstrong. Influences of Two-Phase Flow in the Deflagration of Homogeneous Solids ［J］. Combustion and Flame，1987（67）：249 - 258.

［47］ S B Margolis and F A Williams. Diffusional/thermal instability of a solid propellant flame ［J］. SIAM J Appl，1989（49）：1390 - 1420.

［48］ M R Denison and E Baum. A Simplified Model of Unstable Burning in Solid Propellants ［J］. ARS，1961（31）：1112 - 1122. .

［49］ S B Margolis and F A Williams. Stability of homogeneous-solid deflagration with two phase flow in the reaction zone ［J］. Combust Flame，1990（79）：199 - 213.

［50］ A P Aldushin and K I Zeinenko. Combustion of pyrotechnic mixtures with heat transfer from gaseous reaction products ［J］. Combustion Explosion & Shock Waves，1991（27）：700 - 703.

［51］ M P Mengüc and S Manickavasagam. Radiative properties of particles in flames ［D］. Kentucky：University of Kentucky，1996.

［52］盖顿，伍法德，火焰学 ［M］.王方，译.北京：中国科学技术出版

社，1994.

[53] 希洛夫. 烟火药火焰的发光［M］. 马永利，译. 北京：国防工业出版社，1959.5.

[54] Thomas M Klapötke. Chemistry of High-Energy Materials［M］. 2nd Edition. Berlin：Walter de Gruyter GmbH & Co，2012.

[55] Georg Steinhauser and Thomas M. Klapötke. "Green" Pyrotechnics：A Chemists' Challenge［J］. Chem，2008（47）：3330 – 3347.

[56] 樊美公，姚建年，佟振合，等. 分子光化学与光功能材料科学［M］. 北京：科学出版社，2009.

[57] 李石川，张同来，周遵宁，等. 富碳有机物的成碳及干扰性能实验研究［J］. 光学学报（增刊）. 2012，32：S116001 – S116006.

[58] Johann Glück，Thomas M Klapötke，Magdalena Rusan. Shaw. Improved Efficiency by Adding 5-Aminotetrazole to Anthraquinone-Free New Blue and Green Colored Pyrotechnical Smoke Formulations［J］. Pyrotech，2017（42）：131 – 141.

[59] David Pollock. The Infrared & Electro-Optical Systems Handbook（Vol 7）［M］. Michigan Infrared Information Analysis Center Environmental Research Institute of & SPIE Optical Engineering Press，1993.

[60] W H Dalzell and A F Sarofim. Optical constants of soot and their application to heat-flux calculations［J］. Journal of Heat Transfer，1969，91（1）：100 – 104.

[61] Ernst-Christian Koch and Axel Dochnahl. IR emission behaviour of Magnesium/Teflon/Viton［J］. Propellants、Explosives、Pyrotechnics，2000，25，37 – 40.

[62] 道奈，沃埃特. 炭黑［M］. 王梦蛟，李显堂，郭尚奎，等，译. 北京：化学工业出版社，1982.

[63] 李炳炎. 炭黑生产与应用手册［M］. 北京：化学工业出版社，2000.

[64] M B Hamadi，P Vervisch and A Coppalle. Radiation properties of soot from premixed flat flame［J］. Combustion and Flame，1987（68）：57 – 67.

[65] Pablo A. Mitchell. Monte Carlo Simulation of Soot Aggregation with Simultaneous Surface Growth［D］. University of California，Berkeley，2001.

[66] D M Roessler and F R Faxvog. Optical properties of agglomerated acetylene smoke particles at 0.5145 and 10.6 microns wavelength［J］. J. Opt. Soc.

Am. 1980（70）：230 – 235.

[67] F E Kruis，K A Kusters，and S E Pratsinis. Aerosol. Sci. Technol. ，1993，19：514 – 526.

[68] M B Colket and R J Hall. Soot Formation in Combustion：Meclzanisms and Models，chapter Successes and Uncertainties in Modelling Soot Formation in Laminar，Premixed Flames，Springer-Verlag，Berlin，1994（8）：442 – 468.

[69] G W Autio and Scala E. The normal spectral emissivity of isotropic and anisotropyic materials［J］. Carbon，1966（4）：13 – 28.

[70] R C Millikan. Optical properties of soot［J］. Journal of the Optical Society of America，1961（51）：698.

[71] J T McCARTNEY and S Ergun. Optical properties of coal and graphite［J］. Fuel. 1958（37）：272 – 282.

[72] C Jager，H Mutschke，J Dorschner et al. ，Optical properties of carbonaceous dust analogues［J］. Astrophys，1988（4）：291 – 332.

[73] 李毅，潘功配，周遵宁. 碳黑消光性能的影响因素［J］. 火工品. 2000（4）：7 – 9.

[74] D M Roessler and F R Faxvog. Optoacoustic measurement of optical absorption in acetylene smoke［J］. J. Opt. Soc. Am. 1979（69）：1699 – 1704.

[75] O Nishida and S Mukohave. Optical measurements of soot particles in a laminar diffusion flame［J］. Combust Sci Technol，1983（35）：157 – 173.

[76] H Chang and T T. Charalampopoulos. Determination of the wavelength dependence of refractive indices of flame soot［J］. Mathematical and Physical Sciences，1990（430）：577 – 591.

[77] R A Dobbins，C M Megaridis and N P Bryner. Comparison of a fractal smoke optical model with light extinction measurements［J］. Atmospheric Environment，1994，28（5）：889 – 897.

[78] U O Koylu and G M Faeth. Optical properties of overfire soot in buoyant turbulent diffusion flames at long residence times［J］. Journal of Heat Transfer，1994（116）：152 – 159.

[79] U O Koylu and G M Faeth. Structure of overfire soot in buoyant turbulent diffusion flames at long residence times［J］. Combust and Flame，1992（89）：140 – 156.

［80］ 宁功韬. 红外成像诱饵设计及对抗有效性研究［D］.北京：北京理工大学，2015.

［81］ Eric J Miklaszewski, J M Dilger and Christina M. Yamamoto. Development of a Sustainable Perchlorate-Free Yellow Pyrotechnic Signal Flare［J］. ACS Sustainable Chem, 2017（5）：936－941.

［82］ S N Rogak and R C Flagan. Coagulation of aerosol agglomerates in the transition regime［J］. Colloid Interface Sci, 1992（151）：203－224.

［83］ W Koch and S K Friedlander. The effect of particle coalescence on the surface area of a coagulating aerosol［J］. Colloid and Interface Sci, 1990, 140（2）：419－427.

［84］ Richard C Flagan. Combustion fume structure and dynamics［R］. California institute, 1995.

［85］ H Y Chen, M F Iskander and J E Penner. Light scattering and absorption by fractal agglomerates and coagulations of smoke aerosols［J］. Modern Optics, 1990（2）：171－181.

［86］ C M Sorensen, W Kim, D. Fry et al. , Aggregates and Super-aggregates of Soot with Four Distinct Fractal Morphologies［R］. Kansas State University, 2004.

［87］ R E Turner. Investigation of Emissive Smoke［R］. U S Army Research Development and Engineering Command, 2006.

［88］ Janon Embury. Emissive Versus Attenuating Smokes［R］. U S Army Soldier and Biological Chemical Command, 2002.

［89］ 李毅. 非球形微粒及其形成烟幕的消光机理研究［D］.南京：南京理工大学，2001.

［90］ P A Jacobs. Thermal Infrared Characterization of Ground Targets and Backgrounds［M］. Second Edition. New York：The International Society for Optical Engineering, 2006.

［91］ 周遵宁. 燃烧型抗红外发烟剂配方设计及应用研究［D］.南京：南京理工大学，2004.

［92］ R A Sutherland, D W Hoock. An Improved Smoke Obscuration Model, ACT II：Part 1 Theory［R］. U S Army Atmospheric Sciences Laboratory, 1982.

［93］ R A Sutherland, J C Thompson, and J D Klett. Effects of Multiple Scattering and Thermal Emission on Target-Background Signatures Sensed through

Obscuring Atmospheres [J]. Proceedings of SPIE, 2000 (4029): 300 – 309.

[94] K F Evans. The Spherical Harmonic Discrete Ordinate Method for Three-dimensional Atmospheric Radiative Transfer [J]. Atmospheric Sciences. 1998 (55): 429 – 446.

[95] W L Wolfe. Radiation Theory [M]. The Infrared and Electro-Optical Systems Handbook. Washington: SPIE Press, 1993.

[96] D W Hoock and R A Sutherland. Obscurant Countermeasures 6 Vol [M] // The Infrared and Electro-Optical Systems Handbook. Washington: SPIE Press, 1993.

[97] C F Bohren and D R Huffman. Absorption and Scattering of Light by Small Particles [M]. John Wiley & Sons, 1983.

[98] H C Van de Hulst. Multiple Light Scattering Tables, Formulas, and Applications (Vol 1) [M]. New York: Academic Press, 1983.

[99] D W Hoock and R A Sutherland. A Combined obscuration Model for Battlefield Induced Contaminants [M]. COMBIC. ASL-TR-0213, 1984.

[100] R A Sutherland, J E Thompson and S D Ayres. Infrared Scene Modeling in Emissive, Absorptive, and Multiple Scattering Atmospheres [D]. Proceedings of SPIE, 2001.

[101] W M Farmer. Analysis of emissivity effects on target detection through smoke/obscurants [J]. Opt. Eng. 1991, 30 (11): 1701 – 1708.

[102] R A Sutherland, J C Thompson and S D Ayres. Infrared Scene Modeling in Emissive, Absorptive, and Multiple Scattering Atmospheres [J]. Proceedings of SPIE, 20014370: 210 – 219.

[103] R A Sutherland. Determination and Use of IR Band Emissivities in a Multiple Scattering and Thermally Emitting Aerosol Medium [R]. ARL-TR-2688, Survivability/Lethality Analysis Directorate Information & Electronic Protection Division, 2002.

[104] R A Sutherland. Verification of the Aerosol Emissivity Model, PILOT – EX [R]. ARL-TR-2689, Survivability/Lethality Analysis Directorate Information & Electronic Protection Division. July 2001.

[105] J M Valeton. Smoke Transmission and Reflection Threshold (START) Model; the Oldebroek (Netherlands) 2 Trials, May 1981. N8618187, Institute

for Perception TNO National Defense Research Organization Group：Vision Research，1985.

[106] G C Holst Infrared transmission through screening smokes：experimental considerations ［R］. ARCSL-TR-80004，Chemical Systems Laboratory，US-AARRADCOM，Aberdeen proving ground. 1980.

[107] S Cudzilo. Studies of IR-Screening Smoke Clouds ［J］. Propellants Explosives Pyrotechnics，2001，26（1）：12 – 16.

[108] K H BAYER. Engineering Design Handbook Military Pyrotechnics Series. Part One. Theory and Application ［R］. AMCP 706 – 185，Headquarters，U S Army Materiel Command，1967.

索 引

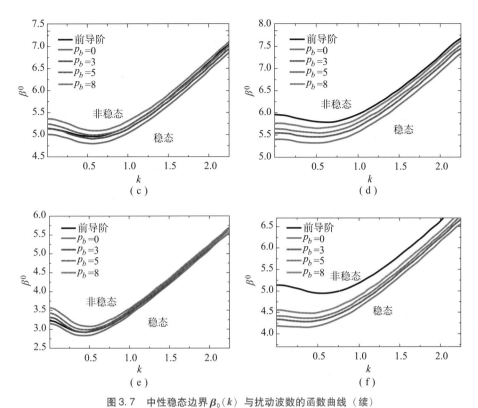

图 3.7 中性稳态边界 $\beta_0(k)$ 与扰动波数的函数曲线（续）

(c) $\hat{b} = 0.75$, $\hat{l}^* = 1$；(d) $\hat{b} = 1$, $\hat{l}^* = 1$；(e) $\hat{b} = 0.25$, $\hat{l}^* = 0.5$；(f) $\hat{b} = 0.75$, $\hat{l}^* = 0.5$

图 4.5 五彩斑斓的烟火火焰发光

彩　　插

图 1.7　镁颗粒（红色）和氧化锰颗粒（绿色）组成烟火药的 SEM 图像

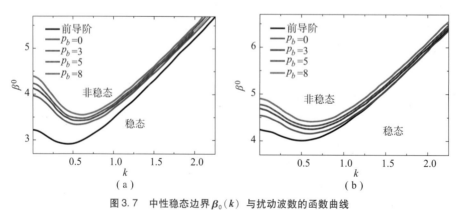

图 3.7　中性稳态边界 $\beta_0(k)$ 与扰动波数的函数曲线

（a）$\hat{b} = 0.25$，$\hat{l}^* = 1$；（b）$\hat{b} = 0.5$，$\hat{l}^* = 1$